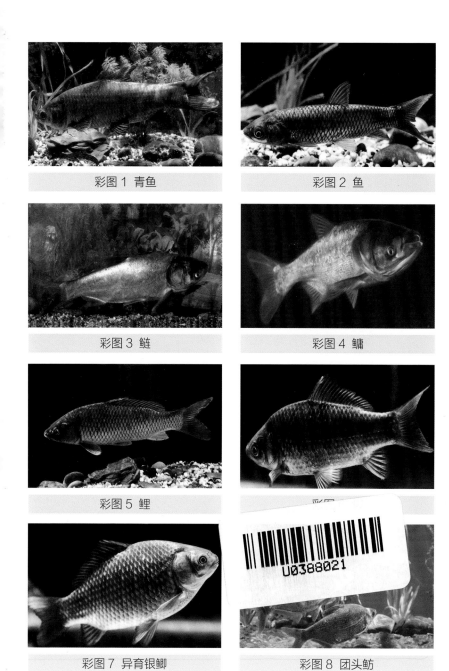

彩图 1 青鱼

彩图 2 鱼

彩图 3 鲢

彩图 4 鳙

彩图 5 鲤

彩图 7 异育银鲫

彩图 8 团头鲂

彩图 9 出血病红肌肉型草鱼

彩图 10 出血病红鳍红鳃盖型草鱼

彩图 11 出血病红肠型草鱼

彩图 12 肠炎病草鱼

彩图 13 赤皮病草鱼

彩图 14 烂鳃病草鱼

彩图 15 草鱼酸性卵甲藻病

彩图 16 小瓜虫形成的白点

鲤斜管虫染色标本

彩图 17 斜管虫

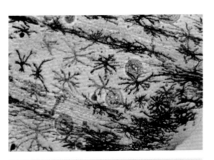

彩图 18 车轮虫在鳍上

车轮虫染色片，反口面观

彩图 19 车轮虫在鳃上

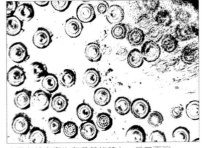

大量车轮虫寄生在鱼苗的鳍上，反口面观

彩图 20 车轮虫病

彩图 21 杯体虫在尾鳍

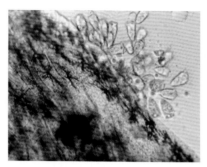

彩图 22 杯体虫在鱼背

彩图 23 指环虫在鳃丝

彩图 24 三代虫在鲫鳃

彩图 25 头槽绦虫头节形态

彩图 26 舌状绦虫在鲫体腔

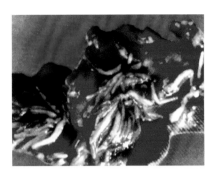

彩图 27 棘头虫病鱼肠

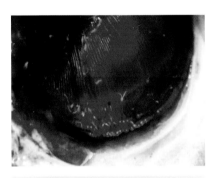

彩图 28 大中华鳋在草鱼鳃

彩图 29 锦鲤疱疹病毒病

彩图 30 痘疮病鲤（一）

彩图 31 痘疮病鲤（二）

彩图 32 竖鳞病鲤

彩图 33 鲤白云病鲤

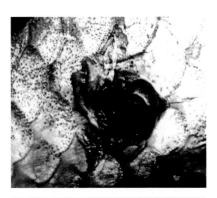

彩图 34 似嗜子宫线虫在鲤鳞下

彩图 35 鲤锚头鳋破坏鲤鳞

彩图 36 打印病鲢

彩图 37 细菌性败血病鲢（一）

彩图 38 细菌性败血病鲢（二）

彩图 39 细菌性败血病鲢（三）

彩图 40 细菌性败血病鲢（四）

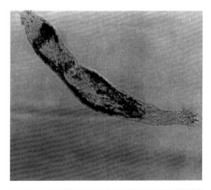

彩图 41 指环虫在鲢鳃

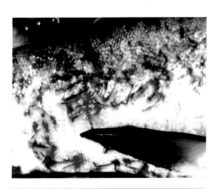

彩图 42 多态锚头鳋在鲢体表

彩图 43 丑陋圆形碘泡虫病鲫

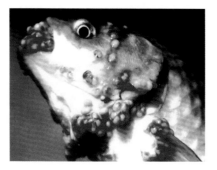

彩图 44 丑陋圆形碘泡虫病鲫头

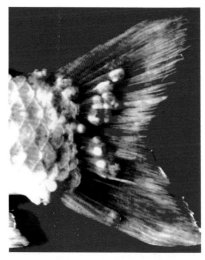

彩图 45 丑陋圆形碘泡虫病鲫尾

彩图 46 鲫嗜子宫线虫在鲫尾鳍

彩图 47 出血病团头鲂（一）

彩图 48 出血病团头鲂（二）

水/产/高/效/健/康/养/殖/丛/书

淡水鱼
DANSHUIYU
GAOXIAO YANGZHI YU JIBING FANGZHI JISHU
高效养殖与疾病防治技术

汪建国 总主编　　　　顾泽茂　汪建国 等编著

化学工业出版社

·北京·

淡水鱼类养殖是我国淡水水产养殖最重要的组成部分。2012 年，我国淡水养殖鱼类产量 2334.11 万吨。我国淡水鱼类的养殖有池塘养殖、工厂化养殖、网箱养殖和大水面养殖等几种模式。本书以青鱼、草鱼、鲢、鳙、鲤、鲫、鳊等淡水养殖中的主养品种为主的池塘高效养殖技术、工厂化高效养殖技术、网箱高效养殖技术、大水面高效增养殖技术等不同养殖模式的高效养殖技术与病害防治技术相结合。书中引用了许多学者的研究成果，既重视养殖技术，又重视病害防治技术，为我国淡水鱼养殖业的可持续发展作贡献。

　　本书可为广大淡水鱼养殖从业者提供指导，也可供水产养殖专业的师生、有关科技人员及管理人员阅读和参考。

图书在版编目（CIP）数据

淡水鱼高效养殖与疾病防治技术/顾泽茂，汪建国等编著.
北京：化学工业出版社，2014.9（2022.5 重印）
（水产高效健康养殖丛书/汪建国总主编）
ISBN 978-7-122-21490-4

Ⅰ.①淡…　Ⅱ.①顾…②汪…　Ⅲ.①淡水鱼类-鱼类养殖
②淡水鱼类-鱼病-防治　Ⅳ.①S965.1②S943.1

中国版本图书馆 CIP 数据核字（2014）第 172230 号

责任编辑：漆艳萍　邵桂林　　　　　　　装帧设计：史利平
责任校对：王素芹

出版发行：化学工业出版社
　　　　　（北京市东城区青年湖南街 13 号　邮政编码 100011）
印　　刷：北京京华铭诚工贸有限公司
装　　订：三河市振勇印装有限公司
850mm×1168mm　1/32　印张 8½　彩插 4　字数 220 千字
2022 年 5 月北京第 1 版第 13 次印刷

购书咨询：010-64518888
售后服务：010-64518899
网　　址：http://www.cip.com.cn
凡购买本书，如有缺损质量问题，本社销售中心负责调换。

定　　价：29.00 元　　　　　　　　　　版权所有　违者必究

编写人员名单

<table>
<tr><td>总　主　编</td><td>汪建国</td><td></td><td></td><td></td></tr>
<tr><td>本书编写人员</td><td>顾泽茂</td><td>汪建国</td><td>覃剑晖</td><td>曹小娟</td></tr>
<tr><td></td><td>章晋勇</td><td>李　明</td><td>王启烁</td><td>陈昌福</td></tr>
<tr><td></td><td>邓　琼</td><td>徐军民</td><td>陆　军</td><td></td></tr>
</table>

序

我国池塘养鱼有着悠久的历史，远在三千多年前的殷末周初就有池塘养鱼的记载。世界上最早的养鱼著作《养鱼经》，就是公元前460年左右的春秋战国时期由我国养鱼历史上著名的始祖范蠡根据当时池塘养鲤的经验写成的。几千年来，我国人民在生产实践中积累了丰富的养鱼技术和经验。

近30年来，我国的水产养殖业发展迅速。2012年，我国淡水池塘养殖面积256.69万公顷、水库养殖面积191.15万公顷、湖泊养殖面积102.48万公顷、河沟养殖面积27.48万公顷，池塘养殖面积占淡水养殖总面积的43.45%。淡水鱼类养殖产量2334.11万吨，其中草鱼产量478.17万吨、鲢产量368.78万吨、鲤产量289.70万吨、凡纳滨对虾产量69.07万吨、河蟹产量71.44万吨。在满足水产品市场供应、保障国家粮食安全、增加农民渔民就业和收入等方面都发挥了重要作用，也为世界渔业发展作出了重要贡献。

"以养为主"的渔业发展模式，不仅符合我国国情，而且突破了世界渔业发展过分依赖天然渔业资源的旧模式，拓展了我国渔业发展的空间，走出了一条有中国特色的渔业发展道路。目前，我国水产养殖业正从传统养殖向健康养殖转变，由数量增长型向效益增长型转变。节水、高效、生态、健康型养殖模式已成为我国水产养殖业的主体。实践证明，科技进步是渔业发展的根本出路，必须加快渔业科技创新步伐，加速渔业科技成果的转化与推广，将经济增长转到依靠科技进步和劳动者素质提高上来。因此，推广经济价值较高的养殖鱼类品种，普及健康养殖技术，加强病害防治技术，就成为我国水产养殖业可持续发展的一项重要任务。

淡水鱼类养殖是适合在农村推广发展的致富项目之一，具有广阔的发展前景。化学工业出版社组织编写《水产高效健康养殖丛书》，结合当前淡水养殖业的发展趋势和养殖种类的区分，特别设置8个分册，包括《淡水鱼高效养殖与疾病防治技术》、《黄鳝高效养殖与疾病防治技术》、《泥鳅高效养殖与疾病防治技术》、《龟鳖高效养殖与疾病防治技术》、《河蟹高效养殖与疾病防治技术》、《南美白对虾高效养殖与疾病防治技术》、《克氏原螯虾（小龙虾）高效养殖与疾病防治技术》、《鳜鱼高效养殖与疾病防治技术》，不仅讲解了常见淡水鱼类的养殖与疾病防治技术，而且涉及目前比较热门的几种特种淡水鱼类，既涵盖了草鱼、青鱼、鲢、鳙、鲤、鲫、鳊的常规养殖鱼类的高效健康养殖与疾病防治技术，又涵盖了鳜鱼、黄鳝、泥鳅、龟、鳖、虾、蟹等名特优新养殖品种的高效健康养殖与疾病防治技术。

《水产高效健康养殖丛书》系统性强、语言通俗易懂、内容科学实用、操作性强，并结合养殖对象的疾病防治技术配套彩图插页，图文并茂，有利于读者的知识积累和实践应用，符合水产养殖业者的阅读需求。丛书的编著者不仅是专业知识扎实的专家，而且在实践中积累和总结了较丰富的经验和技术。在丛书的立意中强调选项以优质养殖对象为主，内容以技术为主，技术以实用为主。丛书的问世，无疑将成为推广淡水鱼类高效健康养殖和疾病防治技术的水产科技工作者和养殖业者养殖致富的好帮手，也为水产养殖等专业的科技人员和教学人员提供了有益的参考。

由于许多技术仍在不断完善的过程中，难免有不足之处，希望读者指正并提出宝贵意见，以便在丛书再版时予以修正。

2014 年 1 月

丛书总主编简介

汪建国，中国科学院水生生物研究所研究员、中国科学院大学教授、博士研究生导师。主要从事鱼病学、寄生原生动物学和水产健康养殖学等的研究。主编和参与编写的著作 20 余部；发表学术论文 100 余篇。在科学研究工作中，作为主要贡献者的科技成果获奖项目有中国科学院重大科技成果奖、湖北省科学技术进步奖、中国科学院科学技术进步奖、中国科学院自然科学奖、河南省优秀图书奖等。

前言

　　我国是世界水产养殖大国，全国水产养殖面积808.84万公顷，其中淡水养殖面积590.75万公顷，淡水养殖产量占到淡水产品的90％以上。据《中国渔业年鉴2013》资料，我国2012年淡水养殖产量为2644.54万吨，其中鱼类产量2334.11万吨，占总比重的88.26％，淡水鱼类养殖是我国淡水水产养殖最重要的组成部分。目前，我国淡水鱼类养殖有池塘养殖、工厂化养殖、网箱养殖和大水面养殖等几种模式。为了持续健康发展我国淡水水产养殖业，在各主要的淡水鱼类养殖模式中开发高效的养殖技术显得尤为重要。

　　结合近些年来的市场分析，淡水鱼类主要养殖品种的高效养殖与疾病防治类的图书，大部分同类书籍大都是要么只重视养殖技术，忽视了病害防治；要么只讲病害防治，忽视了管理方面的内容。同时，许多养殖业者渴望鱼病防治内容中给出彩色图片，为养殖业者在养殖过程中提供正确的方法诊断鱼病，更有效地防治鱼病，为养殖业者和阅读者带来更大的收获。本书以青鱼、草鱼、鲢、鳙、鲤、鲫、鳊等淡水养殖中的主养品种为主的池塘高效养殖技术、工厂化高效养殖技术、网箱高效养殖技术、大水体高效增养殖技术等不同养殖模式的高效养殖技术、病害防治技术、管理技术结合，既重视养殖技术，又重视病害防治技术，融入有效的管理技术，既是本书的特色，又能满足市场需要，为淡水养殖业的可持续发展作贡献。

　　书中引用了许多学者的研究成果，在此深表谢意！同时，也在这里感谢化学工业出版社相关工作人员的辛勤付出。当然，限于时间和编著者的水平，有不当之处，敬请广大读者批评指正，以便再版时修正。

编著者

2014 年 6 月

目录

第一章
淡水鱼类养殖生物学

第一节　青鱼和草鱼的生物学

一、青鱼的生物学

青鱼 [*Mylopharyngodon piceus*（Richardson）1846]，又名乌青、黑鲩（彩图 1）。

1. 形态学

外形与草鱼相似，但吻较尖。

背鳍 3，7；臀鳍 3，8。侧线鳞 6～7/39～45/4～5-V。咽齿 1 行，4(5)/5(4)。

体粗壮，近圆筒形，腹部圆，无腹棱。头中大，背面宽，头长一般小于体高。吻短，稍尖，吻长大于眼径。口中大，端位，呈弧形，上颌略长于下颌；上颌骨伸达鼻孔后缘的下方。唇发达，唇后沟中断，间距宽。眼中大，位于头侧的前半部，眼间宽而微凸，眼间距为眼径的 2 倍多。鳃孔宽，向前伸至前鳃盖骨后缘的下方；鳃盖膜与颊部相连，颊部较宽。鳞中大；侧线约位于体侧中轴，浅弧形，向后伸达尾柄正中。

背鳍位于腹鳍的上方，无硬刺，外缘平直，起点至吻端的距离与至尾鳍基约相等，或近后者。臀鳍中长，外缘平直，起点在腹鳍起点与尾鳍基的中点，或近尾鳍基，鳍条末端距尾鳍基颇远，腹鳍起点与背鳍第一或第二分枝鳍条相对，鳍条末端距肛门较远。肛门紧位于臀鳍起点之前。尾鳍浅分叉，上下叶约等长，末端钝。

鳃耙短小，下鳃耙呈颗粒状。下咽骨宽短，前臂宽短，其长短于后臂。咽齿呈臼状，齿冠面光滑无沟纹。鳔 2 室，前室粗壮，短于后室，后室末端尖形。肠长，盘曲多次，肠长为体长 2 倍左右。腹膜黑色。

体呈青灰色，背部较深，腹部灰白色，鳍均呈青黑色或灰黑色。

2. 生态学

分布广，除青藏高原外，广泛分布于黑龙江至云南元江，主要分布在长江以南的平原地区，华北较少。多生活于水的中下层，以螺蛳、蚬、蚌等为食。青鱼肉味鲜美，深受人们喜爱，被视为上等食用鱼类，具有较高的经济价值。

3. 繁殖生物学

青鱼是我国传统的四大淡水养殖鱼类之一，是重要的养殖对象，个体大，最大可达 70 余千克。繁殖期在长江中下游为 4 月下旬至 6 月，最小性成熟年龄为 6 冬龄，于江河流水中繁殖，产漂流性卵，可人工繁殖。人工繁殖技术总结如下。

（1）亲本选择与培育　青鱼性成熟年龄较鲢、鳙、草鱼要晚得多，一般选择雄亲鱼 6～20 冬龄、雌亲鱼 7～20 冬龄，体重 12～25 千克以上为好。

亲本培育分为产后护理、秋冬季培育和春季强化培育。亲本产后注意护理，受伤亲本用高锰酸钾溶液清洗伤口，另按亲本每千克体重注射 0.5 万单位青霉素。亲鱼产后半个月逐渐恢复体质，并开始摄食，此时投喂少量螺肉，并视摄食情况，酌情增减。到了冬季，气温逐渐下降，此期应保持池水最高水位，使亲本安全越冬。春季气温回暖，这时应降低水位、提高水温，使亲本尽早开食。观察亲鱼吃食情况，逐渐增加投饲量。催产前一个月，为刺激性腺发育和保持水质清新，每隔 3～5 天冲水一次，每次 20～30 厘米；催产前半个月，减少日投喂量，至催产前 3 天，停止投喂。

（2）人工催产　雌鱼应选择腹部膨大、柔软，腹部向上可见体侧卵块下垂的轮廓，特别是生殖孔附近饱满、柔软，略有弹性，生殖孔红润，体重在 15 千克以上的个体；雄鱼应选择第二性征明显，胸鳍条上有明显的珠星，轻压腹部能挤出少量白色精液，遇水即散。雌雄性比例为1∶1。

催产一般选择在水温达到24～28℃为宜（长江中下游地区的季节大约在5月20日以后）。水温达到22℃以上，催产成功率比较高。催产药物为鲤脑垂体、促排卵素（LRH-A）和绒毛膜激素HCG合剂，一般采用二针注射法，针距8～10小时。采用腹部胸鳍部位二次注射方式催产，将注射后的亲鱼放入圆形产卵池中，加大水流，观察亲鱼发情、成熟。效应时间随水温升高而缩短，一般在8～12小时。水温26℃时，效应时间为9小时。当观察到雄鱼剧烈追逐雌鱼时，可以拉网，进行人工授精。人工催产授精结束后，立即将受精卵移入环道池中孵化。

（3）孵化与出苗 青鱼卵属漂浮性卵，可置于孵化环道或孵化缸内孵化。孵化密度为每立方米水体放60万～80万粒，水流调节以鱼卵在水中徐徐翻动为宜。青鱼卵的卵膜比较脆弱，用浓度为5毫克/升的高锰酸钾溶液慢慢加于环道内，能起到巩固卵膜的作用，提高孵化率，也能使脱膜后的鱼苗体质健壮。当鱼苗刚出膜时，应加强管理，勤洗纱窗；出膜后，水流应适当加大，以防鱼苗下沉死亡；鱼苗全部孵出24小时后，水流可适当减少，避免水流过大消耗鱼苗体力。

青鱼水花银黄色、个体大，不易辨别苗的嫩和老，所以在孵出后3～4小时，鳔室充气，能够平游，鱼苗即可下塘或销售。

二、草鱼的生物学

草鱼 [*Ctenopharyngodon idella* (Valenciennes) 1844]（彩图2），又名草根、鲩鱼、鲩子、草青。

1. 形态学

背鳍3，7；臀鳍3，8。侧线鳞6～8/39～46/4～6-V。咽齿2行，2.5～4.2，侧扁，梳状。

体延长，躯干部略呈圆筒状，尾部侧扁，腹部圆，无腹棱。头宽，中等大，前部略平扁。吻部较宽钝，无口须，吻长稍大于眼径。口端位，口裂宽，口宽大于口长；上颌略长于下颌。上颌骨末端伸至鼻孔的下方，唇后沟中断，间距宽。眼中大，位于头侧的前半部；眼间宽，稍凸，眼间距约为眼径的 3 倍。鳃孔宽，向前伸至前鳃盖骨后缘的下方，鳃盖膜与颊部相连；颊部较宽。

鳞中大，呈圆形，每一鳞片有黑色边缘，使全身构成网纹状。侧线前部呈弧形，后部平直，伸达尾鳍基，背鳍无硬刺，外缘平直，位于腹鳍的上方，起点至尾鳍基的距离较至吻端为近。臀鳍位于背鳍的后下方，起点至尾鳍基的距离近于至腹鳍起点的距离，鳍条末端不伸达尾鳍基，胸鳍短，末端钝，鳍条末端至腹鳍起点的距离大于胸鳍长的 1/2。尾鳍浅分叉，上下叶约等长。

鳃耙短小，数少。下咽骨中等宽，略呈钩状，后臂稍大。下咽齿侧扁，呈"梳"状，侧面具沟纹，齿冠面斜直，中间具一狭沟。鳔 2 室，前室粗短，后室长于前室，末端尖形。肠长，多次盘曲，其长为体长的 2 倍以上。腹膜黑色。

体呈茶黄色，腹部灰白色，体侧鳞片边缘灰黑色，胸鳍、腹鳍灰黄色，其余各鳍浅色。

2. 生态学

分布广，除西藏及新疆外，广泛分布于黑龙江至云南元江，我国南北水域常见。性活泼，通常生活在水的中下层和近岸多水草区域。因其能迅速清除水域中各种水草，而有"开荒者"之称。草鱼为典型的草食性鱼类，在长江中最大的可达 35 千克左右。在人工饲养的条件下，也吞食糠糟、豆饼等其他食物。

草鱼食性简单，食物来源广，生长快，肉质鲜嫩，是优良的养殖鱼类，也是我国传统的四大淡水养殖鱼类之一，经济价值较高。

3. 繁殖生物学

草鱼性成熟年龄一般为 4 龄，最小为 3 龄，繁殖期南北各地有差异，在长江为 4～6 月，东北稍迟。产浮性卵，于各江河及大型水库上游产卵，受精卵顺水漂流发育成幼鱼，为我国重要的天然鱼苗资源，亦可人工繁殖。

（1）亲本选择与培育　一般选择长江原种草鱼作为亲本。亲本选择4～5冬龄、相对体形大、体型好、壮实、体色正常、鳞片完整和无伤病的成鱼作为亲本。亲鱼培育池面积2～5亩（1亩≈667米²）、水深1.5～2.5米，排水方便，环境安静。放养密度一般为120～150千克/亩。草鱼亲本培育分产后培育（产后一个月）、秋季培育（7～11月）、冬季培育（12月～翌年2月）和春季培育（3～5月）四个阶段。亲鱼产后体虚、易感染，要求池水清新偏瘦，以颗粒料为主；秋季水温高、食欲旺，以苏丹草为主（鱼体重30%），保持中度肥水；冬季水温低，食量减退，视天气给予少量颗粒饲料；春季水温回升，食欲渐旺，以黑麦草为主，繁殖前1个月加大投喂量，并每周冲水2～3次，每次2～3小时。

（2）人工催产　雌鱼选择腹部膨大、松软有弹性，稍露水面明显可见两侧卵巢轮廓。雄鱼轻挤腹部有精液流出，遇水后立即散开，雌雄比例为1∶1或者1∶1.25。

5月初，水温达到18℃以上，连续几天晴朗，就可催产。催产药物为LRH-A，分两次注射效果较好。雌鱼第一次注射LRH-A$_3$ 2～3微克/千克，6小时后进行第二次注射，剂量为LRH-A$_3$ 18～20微克/千克。雄鱼与雌鱼第二次同时注射，剂量为雌鱼第二针的一半。水温在25～27℃时效应时间为6～8小时。当观察到雄鱼剧烈追逐雌鱼时，可以拉网，进行人工授精。人工催产授精结束后，立即将受精卵移入孵化器中孵化。

（3）孵化与出苗　鱼卵孵化采用环道或孵化缸进行。环道孵化同青鱼。孵化缸在容水量300千克左右的缸中进行，一般每缸放卵100万粒左右，水温控制在25～27℃，注意控制水速、及时清除网罩上的卵膜和其他杂物，保证水流畅通。在孵化过程中，如发现剑水蚤过多，可用敌百虫等药物在安全浓度范围内进行杀灭。

鱼卵经6～7天孵化，出现腰点后即可出缸装运。放苗前要经过预冷，使池水和袋内温差逐步缩小，最多相差不超过4℃。

第二节　鲢和鳙的生物学

一、鲢的生物学

鲢［*Hypophthalmichthys molitrix*（Valenciennes）1844］（彩图 3）又称"鲢子"、"白鲢"。

1. 形态学

背鳍 3，7；臀鳍 3，12～13。侧线鳞 28～32/108～120/16～20-V。咽齿 1 行，4/4。

体侧扁，稍高，腹部扁薄。腹棱完全，从胸鳍基部前下方至肛门间有发达的腹棱。无须。吻短而钝圆。口宽大，端位，口裂稍向上倾斜，后端伸达眼前缘的下方。鼻孔高，在眼前缘的上方。眼较小，下侧位，眼间宽，稍隆起。下咽齿宽而平扁，呈铲状，齿面具羽毛状细纹。鳃耙呈海绵状。左右鳃盖膜彼此连接而不与颊部相连。具发达的螺旋形咽上器。

鳞小。侧线完全，前段弯向腹侧，后延至尾柄中轴。背鳍基部短，起点位于腹鳍起点的后上方，第三根不分枝鳍条为软条。胸鳍较长，但不达或伸达腹鳍基部。腹鳍较短，伸达至臀鳍起点间距离的 3/5 处，起点距胸鳍较距臀鳍为近。臀鳍起点在背鳍基部后下方，距腹鳍基较距尾鳍基为近。尾鳍深分叉，两叶末端尖。

鳔大，分两室，前室长而膨大；后室锥形，末端小。肠长约为体长的 6 倍。成熟雄鱼在胸鳍第一鳍条有明显的骨质细栉齿，雌性则较光滑。

体银白，各鳍灰色。腹腔大，腹膜黑色。

2. 生态学

分布极广，南自海南岛、元江、珠江，北至黑龙江流域的我国东部地区各江河、湖泊、水库均有分布。

为中上层鱼类，栖息于江河干流及附属水体的上层。性活泼，善跳跃，主食浮游植物，但是鱼苗阶段亦食浮游动物和各种碎屑，是一种典型的浮游生物食性鱼类。为我国四大家鱼之一，生长快，个体大，在长江最大个体可达 40 千克。天然产量较高，抗病力较强，易饲养，养殖成本低，为水库、湖泊、池塘的主要养殖对象，是重要的大中型经济鱼类。

3. 繁殖生物学

生殖期 4～6 月，于江河流水环境和大型水库上游繁殖，产漂流性卵。成熟年龄一般为 4 龄，最小为 3 龄。产卵场一般在河床起伏不一、流态复杂的场所。当流域降雨，水位陡然上涨、流速加大时进行繁殖活动。

刚孵出的仔鱼随水漂流，幼鱼能主动游入河湾或湖泊中索饵。产卵群体每年 4 月中旬开始集群，溯河洄游至产卵场繁殖。产卵后的成鱼往往进入饵料丰盛的湖泊中摄食。冬季不太活动，湖水降落时，成体多数到河床深处越冬，幼体大多留在湖泊等附属水体深水处越冬。

二、鳙的生物学

鳙 [*Hypophthalmichthys nobilis* (Richardson) 1844]（彩图 4），又名"花鲢"、"胖头"。

1. 形态学

背鳍 3，7；臀鳍 3，12～13。侧线鳞 20～23/96～100/13～16-V。咽齿 1 行，4/4，平扁呈铲状，齿面光滑。

体侧扁，较高，腹部在腹鳍基部之前较圆，其后部至肛门前有狭窄的腹棱。头极大，约为体长的 1/3，前部宽阔，头长大于体高。吻短而圆钝。口大，端位。口裂向下倾斜。下颌稍突出，口角可达眼前缘垂直线之下，上唇中间部分很厚。无须。眼小，位于头前侧中轴的下方，眼间宽阔而隆起。鼻孔近眼缘的上方。鳃耙数目很多，呈页状，排列极为紧密，但不联合。具发达的螺旋形咽上器。鳞小。侧线完全，在胸鳍末端上方弯向腹侧，向后延伸至尾柄正中。

背鳍基部短，起点在体后半部，位于腹鳍起点之后，其第 1～

3 根分枝鳍条较长。胸鳍长，末端远超过腹鳍基部。腹鳍末端可达或稍超过肛门，但不达臀鳍。肛门位于臀鳍前方。臀鳍起点距腹鳍基较距尾鳍基为近。尾鳍深分叉，上下叶约等大，末端尖。

鳔大，分两室，后室大，为前室的 1.8 倍左右。肠长约为体长的 5 倍。腹膜黑色。

雄性成体的胸鳍前面几根鳍条上缘各具有 1 排角质"栉齿"。雌性无此性状或只在鳍条的基部有少量"栉齿"。

背部且体侧上半部微黑，有许多不规则的黑色斑点。腹部灰白色。各鳍呈灰色，上有许多黑色小斑点。

2. 生态学

分布极广，南起海南岛，北至黑龙江流域的我国东部各江河、湖泊、水库均有分布，主要分布于长江、珠江流域，但在黄河以北各水体的数量较少，东北和西部地区均为人工迁入的养殖种类。

温水性鱼类，适宜生长的水温为 25～30℃，能适应较肥沃的水体环境。性情温顺，行动迟缓。从鱼苗到成鱼阶段都是以浮游动物为主食，兼食浮游植物，是典型的浮游生物食性鱼类。

生活于江河干流、平缓的河湾、湖泊和水库的中上层，个体大，最大可达 35～40 千克。生长速度快，疾病少，易饲养，塘养 2 龄可达 0.8～1.5 千克，为我国湖泊、水库、池塘养殖的大中型经济鱼类，经济价值较高，是我国传统的四大淡水养殖鱼类之一。

3. 繁殖生物学

幼鱼及未成熟个体一般到沿江湖泊和附属水体中生长，性成熟时到江中产卵，产卵后大多数个体进入沿江湖泊摄食肥育，冬季湖泊水位跌落，它们就回到江河的深水区越冬，翌年春暖时节则上溯繁殖。产漂流性卵，于江河流水环境及大型水库的上游繁殖。性成熟为 4～5 龄，雄鱼最小为 3 龄。繁殖期在 4～7 月。繁殖时对外界环境条件的要求与鲢相同。

养殖生产中鲢、鳙苗种均通过人工繁殖获得，方法如下。

(1) 亲鱼培育 亲本来源为产后亲本和大规格健康性成熟个体，选择个体大、体型正常、鳞片完整的个体进行培育。鲢、鳙亲本培育阶段与青鱼和草鱼相似：产后培育需在水质清澈、病原微生物较少的环境中休养 7～10 天，补充少许饵料；夏季高温季节亲鱼摄食量增加，看水施肥，培育浮游生物，保证充足饵料；秋季水温降低，池水溶解氧升高，在越冬前贮存较多脂肪，促进性腺发育，故入冬前要加强施肥，增加饵料生物；入冬后遇天气暖和，再补充少量追肥；春季降低水位，提高培育池水温，适当施肥，增加饵料生物，并辅以精料。催产前 15～20 天，应少施或不施肥，并经常冲水，促进性腺发育。

(2) 人工催产 选择性腺发育成熟的亲本进行催产，雌鱼主要表现在下腹卵巢轮廓明显，柔软而有弹性，生殖孔微红而松弛，雄鱼轻压生殖孔前斜上方有白色浓精液流出表明发育很好。雌雄鱼比例为 1：(1.1～1.5)。

长江中下游地区适宜鲢、鳙催产的时间为 5～6 月。华南地区性腺成熟约提早 1 个月。东北地区推迟 1 个月左右。催产最适水温22～28℃，鲢催产一般比鳙稍早。催产剂药物为 LRH-A 和 HCG，分两次注射。第一次每千克雌鱼用 1～2 微克，雄鱼剂量减半；第二次剂量一般每千克雌鱼用 10～15 微克，加 HCG500 国际单位，具体剂量根据鱼的成熟度和水温进行调整。两针相隔 6～24 小时。注射第二针后，水温21℃时亲鱼效应时间为 22～24 小时；28℃时则为 8～9 小时。鲢、鳙催产后可以自然产卵，也可人工授精。自然产的卵通过采卵箱收集，人工授精获得的卵直接在容器内，两者均可放入孵化设备中孵化。

(3) 孵化和出苗 受精卵可以在环道孵化，也可在专用孵化缸中孵化。根据受精卵发育情况调节水流速度，使卵球均匀、缓慢翻滚。刚破膜的水花，鳔没形成，不会游泳，十分脆弱，此时应略加大水流；当幼苗能平行游动时，适当减小水流，以免幼苗因顶流消耗过多体能，影响鱼苗体质。鱼苗腰点（鳔）出齐后，即可转入网箱暂养数小时后下塘饲养。

第三节 鲤和鲫的生物学

一、鲤的生物学

鲤，学名 *Cyprinus carpio* Linnaeus，1758（彩图 5）。

1. 形态学

背鳍 3～4，16～21；臀鳍 3，5。侧线鳞 5～7/32～40/5～6-V。下咽齿 1 行，4～4，呈臼形，齿面有沟纹 2～5 道。

体延长而侧扁，肥厚而略呈纺锤形，背部略隆起，腹缘呈浅弧形。头中大，头顶宽阔。吻钝圆，上颌包着下颌。口略小，下位，斜裂，呈圆弧形，有须 2 对。吻须较短，颌须较长。鳃耙短而呈三角形，鳃耙数 19～24。

体被圆鳞，侧线完全，略为弧形。背鳍与臀鳍第三条硬棘后缘有锯齿。腹鳍起点前于背鳍起点，背鳍前部呈三角形突出，后缘具一深的缺刻。背鳍、臀鳍第三棘状鳍条后缘具锯齿。尾鳍叉形。

鳔前室大，前室长为后室长的 1.2～1.5 倍。体背部暗灰色或黄褐色，侧面略带黄绿色，腹面浅灰色或银白色。背鳍和尾鳍基部微黑色；胸鳍和腹鳍微金黄色。体侧鳞片后部有新月形黑斑。

2. 生态学

原分布于欧亚大陆，目前已广泛分布于世界各地，广布于我国南北各水体。为底栖杂食性鱼类，以小型无脊椎动物与底栖动物为主要食物，亦食藻类、水生植物等。性活泼而善跳跃，适应性强，能在低温及低溶解氧条件下生存，即使在矿泉水或沿海咸淡水里也能生存。栖息于河川中下游、湖泊、水库等水流静止的地区，尤其喜好富营养之底层或水草繁生之水域中下层，较少栖息于流水域中，有集体群游习性。

3. 繁殖生物学

繁殖期为 5～6 月，产黏性卵。鲤鱼在我国最早进行了饲养，现已成为世界性的重要养殖对象。目前饲养的丰鲤、红鲤、荷包鲤、鳞鲤、镜鲤等优良品种均为长期的人工培育和自然选择的结果。选育的品种一般采用人工繁育，主要技术如下。

(1) 亲鱼培育　雌鲤鱼应选择 2 龄以上、体重 1 千克以上的个体，雄鲤鱼略小，体重为 0.75 千克左右，亲鱼应体高、背厚、体质强壮、体形略长以及活动力强而无伤。来源以湖泊、网围、外荡、池塘养殖为好，是无公害的优质亲本。

亲鱼池面积一般 3～4 亩，水深 1.5～1.8 米。亲鱼的放养密度一般 150 千克/亩，混养少量的鲢、鳙控制浮游生物的过量繁殖。在越冬后、产卵前将雌雄亲鲤分开，避免温度升高，突然下暴雨时鲤自然繁殖。培育期间应给予足够的食物，同时也可适当施肥使水质肥沃，补充天然饵料，并注意产卵前 15～20 天用优质饲料进行强化培育，促进性腺的发育。

(2) 人工催产　鲤鱼对催产激素的剂量和种类无严格要求，脑垂体、绒毛膜激素都有较好的催产效果。雌鱼的注射剂量垂体 4～10 毫克/千克，或绒毛膜激素 1500～2000 国际单位/千克或释放激素类似物 35～100 微克/千克，也可以取两种激素混合使用，效果更好。雄鱼的剂量为雌鱼的一半，均采用 1 次注射法。催产后让其自产也可进行人工授精，鱼卵未遇水不呈黏性，一般采用干法授精。然后将受精卵均匀地撒在预先放在浅水中的鱼巢上孵化，也可脱黏后放在孵化槽或孵化环道中孵化。

(3) 孵化与出苗　鲤的受精卵孵化可以采用池塘孵化、淋化孵化和脱黏流水孵化三种模式。池塘孵化主要是让催产亲鱼自产的卵在池塘中孵化，将鱼巢固定在水下 10 厘米，每亩放 25 万～30 万卵，孵化至鱼苗离开鱼巢游泳觅食，可以去掉鱼巢；淋化孵化是将看卵的卵巢放在室内悬吊或平铺在架子上，用喷水保持鱼巢湿润，当胚胎发育到发配期时，将鱼巢移到孵化池内孵化；脱黏流水孵化是将受精卵用黄泥浆或滑石粉脱黏后，在孵化设备中进行孵化，目前大规模鲤苗种繁殖都采用此方法。水温 18～20℃时，受精卵到脱膜的时间约需 3 天，脱膜后 2 天鱼苗腰点长齐、可平游时就可出售或下池。

二、鲫的生物学

鲫，学名 *Carassiusauratus auratus*（Linnaeus）1758（彩图 6）。

1. 形态学

背鳍 3，15～19；臀鳍 3，5。侧线鳞 7/27～30/5～6-V。咽齿 1 列，齿式 4/4。

体高而侧扁，前半部弧形，腹部圆形，无腹棱。头短小。吻圆钝而无须。口呈弧形，斜向下方，唇较厚。鳃耙细长，呈针状，排列较密，鳃耙数 37～54。体被中大型圆鳞；侧线完全，微向下弯，后部延伸达尾部中央。

背鳍基部较长，背鳍与臀鳍第三根硬棘后缘有锯齿。背鳍后缘平直或微内凹，最后一枚鳍棘较强，其后缘锯齿较粗且稀。

体背银灰色，颜色较深，腹部银白色而略带黄色，各鳍灰白色，尾鳍浅叉形。

2. 生态学

分布广，我国除西部高原地区外，各水域均有分布。适应性强，生性敏感而警觉性高。能忍受含氧量不高的污浊水，不论是深水或浅水、流水或静水，高温水（32℃）或低温水（0℃）均能生存。栖息于河川中下游水草较多之浅水域、溪流或静水水体中，而以水草杂生水域与泥质浅水域最多。对盐度的适应性比鲤强，即使盐水较高的水域（如达里湖盐度为 4.5‰）仍可大量生存。

为杂食性鱼类，幼鱼以浮游动物为主食，成鱼则以植物碎片、藻类、腐殖质或底栖甲壳类动物为食。因其生长慢，个体不大，所以在养殖上没有得到应有的重视。其肉味鲜美，为我国最普通的食用鱼类。

3. 繁殖生物学

生殖期 3～9 月，产黏性卵黏附于水草上。鲫的品种很多，常见的有各色各样的金鱼，目前养殖较多的异育银鲫（彩图 7）等都是经过人工长期培养和选育的结果。下面主要介绍异育银鲫的人工繁殖技术。

（1）亲本培育 异育银鲫是用异源精子激发银鲫卵进行雌核发育而繁殖的一种优良品种，母本为方正银鲫或异育银鲫，父本为兴国红鲤。母本一般用杂交子代（异育银鲫），选择侧线鳞 30～32 个、头小、体高、背厚，体格健壮，无伤、病、残，年龄 2～3 龄，体重 250 克以上，腹部略膨大的个体，选择时要注意剔除雄性异育银鲫。兴国红鲤选择体长、高、背厚，外观强壮，无伤、病、残，年龄 2～3 龄，体重 500～1000 克的个体，稍挤压腹部有黄白色精液流出，选择时严禁混入雌性鲤。

培育池 2～3 亩，水深 1.5～2 米，每亩放 150～200 千克，雌雄分开培育，搭配少许鲢、鳙鱼种，调节水质；亲本从秋季开始强化培育，投喂精饲料催肥；入冬后，投饲量减少；开春后，投饲量按鱼体重的 3%～5% 投喂，随水温升高而增加，适当加注新水，促进性腺发育成熟。临近繁殖（15 天）停止注水，否则易导致流产。

（2）人工催产 雌鱼选择腹部膨大、柔软、有弹性，翻转鱼体可见腹部凹陷、生殖孔红润，稍压可见灰黄色卵粒；雄鱼轻压腹部有乳白色精液流出，遇水即散。催产药物为 $LRH-A_3$、HCG 或脑垂体（PG），一次腹腔注射，催产剂量一般控制在体重 250～350 克的银鲫，每尾注入 $LRH-A_2$（2～3）微克＋HCG（250～350）国际单位。雄鲤鱼也可以注射 HCG 400～500 国际单位/千克鱼体重，催产剂量也可以根据鱼体大小和天气状况而定。效应时间 10～15 小时，一般采用人工授精。

（3）孵化与出苗 异育银鲫的受精卵孵化一般采用脱黏流水孵化，主要是将受精卵用黄泥浆或滑石粉脱黏后，在孵化设备中进行孵化，目前大规模异育银鲫苗种孵化都采用此方法。水温 18～20℃时，受精卵到脱膜的时间约需 3 天，脱膜后 2 天鱼苗腰点长齐、可平游时就可出售或下池。

第四节　团头鲂的生物学

团头鲂（*Megalobrama amblycephala* Yih，1955），俗称武昌鱼（彩图 8）。

1. 形态学

背鳍 3，7；臀鳍 3，27～32。侧线鳞 11～13/50～60/8～9-V。咽齿 3 行，2·4·5/4·4·2。

体侧扁而高，呈菱形，体长为体高的 1.9～2.3 倍。背部较厚，自头后至背鳍起点呈圆弧形。腹部在腹鳍起点至肛门具腹棱，尾柄宽短，尾柄长小于尾柄高。头小，侧扁，头长小于体高，体高为头长的 2.1～2.6 倍。口端位，口裂较宽，呈弧形，头宽为口宽的 1.7～2.0 倍。上下颌具狭而薄的角质，上颌角质呈新月形。眼中大，位于头侧，眼后头长大于眼后缘至吻端的距离。眼间宽而圆凸，眼间距大于眼径，为眼径的 1.9～2.6 倍，上眶骨大，略呈三角形。鳃孔向前伸至前鳃盖骨后缘稍前的下方；鳃盖膜连于颊部；颊部较宽。鳞中等大，背部、腹部鳞片较体侧为小。侧线约位于体侧中央，前部略呈弧形，后部平直，伸达尾鳍基。

背鳍位于腹鳍基的后上方，外缘上角略钝，末根不分枝鳍条为硬刺，刺粗短，其长一般短于头长，起点至尾鳍基的距离较至吻端为近。臀鳍延长，外缘稍凹，起点至腹鳍起点的距离大于其基部长的 1/2。胸鳍末端略钝，后伸达或不达腹鳍起点。腹鳍短于胸鳍，末端圆钝，不伸达肛门。尾鳍深分叉，上下叶约等长，末端稍钝。

鳃耙短小，呈片状。下咽骨宽短，呈弓形，前后臂粗短，约等长，角突显著。咽齿稍侧扁，末端尖而弯。鳔 3 室，中室大于前室，后室小，其长大于眼径。肠长，盘曲多次，肠长为体长2.5倍左右。腹膜灰黑色。

体呈青灰色，体侧鳞片基部浅色，两侧灰黑色，在体侧形成数行深浅相交的纵纹。鳍呈灰黑色。

2. 生态学

分布于长江中下游中型湖泊，是一种适应于湖泊静水水体繁殖生长的鱼类，多生活于水的中下层。成鱼主食植物性饵料，但也食少量浮游动物；幼鱼以枝角类和其他甲壳类动物为主食，也食少量植物嫩叶。团头鲂近年来已成为池塘混养和湖泊水库放养的对象。

3. 繁殖生物学

2～3龄性成熟，产卵期5～6月，产黏性卵，产出后附着在水草或其他物体上。团头鲂一般采用人工繁殖，主要技术如下。

（1）亲鱼培育　在湖泊、水库或池塘捕捞成鱼时，选留体质健壮、鳞完整、无伤病的3龄以上大个体作亲本，也可由鱼种选育而成。亲鱼培育池1～2亩，每亩放养0.8～1.5千克的亲本100尾左右，套养鲢、鳙5～8尾。为避免流产，应在每年冬前或开食前将雌雄亲本分开培育。早春开始投喂少量精料催肥，水温上升后，采用精料和青料强化培育，定期加注新水，刺激性腺发育，同时加强防病管理。

（2）人工催产　选择腹部膨大、松软而有弹性，鱼托出水面时，腹部两侧有明显略下垂的卵巢轮廓，生殖孔张开突出而呈微红色的雌鱼；雄鱼用手轻压后腹部有乳白色精液流出，精液浓厚，进水后迅速散开；催产药物为LRH-A$_3$，一次性胸腔注射，每千克雌鱼注射60～100微克，雄鱼减半，效应时间与水温有关，一般为6～16小时。雌、雄鱼激烈追逐时，起捕并进行人工授精，将受精卵采用滑石粉脱黏，随后放入孵化设备中进行孵化。

（3）孵化与出苗　脱黏后的团头鲂鱼卵，可放入孵化缸中孵化，放卵密度为每100千克水50万～100万粒，也可在孵化环道中进行孵化，放卵密度为 70 万～80 万粒/米^2。由于卵的体积较小，相对密度较大，故水流要适当比草鱼、鲢鱼卵的孵化水流大，防止沉底死亡。一般在水温 25～26℃时，1～2 天可孵出，出膜后 4～5 天长到 6～6.5 毫米出现腰点时，就可以出苗过数，下塘饲养或外运。

第二章
淡水鱼类高效养殖技术

　　我国是世界水产养殖大国，全国水产养殖面积808.84万公顷，其中淡水养殖面积590.75万公顷，淡水养殖产量占到淡水产品的90％以上。据《中国渔业年鉴2013》资料，我国2012年淡水养殖产量为2644.54万吨，其中鱼类产量2334.11万吨，占比88.26％，由此可知，淡水鱼类养殖是我国淡水水产养殖最重要的组成部分。目前，我国淡水鱼类养殖有池塘养殖、工厂化养殖、网箱养殖和大水面养殖等几种模式。为了持续健康发展我国淡水水产养殖业，在各主要的淡水鱼类养殖模式中开发高效的养殖技术显得尤为重要。

第一节　池塘高效养殖技术

　　池塘养殖是我国的传统渔业，也是淡水渔业的支柱产业。长期以来，我国渔业工作者以"充分利用自然资源，有效发挥不同养殖种类间共生互利作用"为指导，提出并逐步完善了以"适度肥水培育天然饵料生物，多品种合理搭配优势互补"为核心的"八字精养法"，显著提高了池塘的生产能力和经济效益，在池塘养殖理论和实践方面创立了有中国特色、具世界先进水平的技术路线和生产措施，为我国水产品总量的增加作出了重大贡献。

　　目前，我国的池塘养殖业无论是在规模上还是在产量上已遥遥领先于世界其他国家，我国池塘养殖业的快速发展除得益于养殖技术的提高外，养殖设施的进步和养殖设备的发展应用发挥了不可替代的作用。但是，由于我国的池塘主要建于20世纪六七十年代，目前多数池塘设施已破败陈旧、坍塌淤积严重，池塘养殖的设施化、机械化水平依然落后。同时，由于多数水产养殖场仍采取传统的养殖方式，其生产粗放、水资源浪费严重且存在养殖污染等问题。这些已严重制约了我国池塘养殖业的发展。为推动池塘养殖的持续、稳定发展，改进和提升池塘养殖技术水平是现阶段的必然选择。

一、养殖场的设计与施工

1. 养殖场的设计

根据水产养殖场的规划目的、要求、规模、生产特点、投资大小、管理水平以及地区经济发展水平等，养殖场的建设可分为经济型池塘养殖模式、标准化池塘养殖模式、生态节水型池塘养殖模式和循环水池塘养殖模式等四种类型。具体应用时，可以根据养殖场具体情况，因地制宜，在满足养殖规范规程和相关标准的基础上，对相关模式具体内容作适度调整。

经济型池塘养殖模式是指具备符合无公害养殖要求设施设备条件的池塘养殖模式，具有"经济、灵活"的特点。经济型池塘养殖模式是目前池塘养殖生产所必须达到的基本模式要求，须具备以下要求：养殖场有独立的进排水系统，池塘符合生产要求，水源水质符合《无公害食品 淡水养殖用水要求（NY 5051)》。养殖场有保障正常生产运行的水电、通讯、道路、办公值班等基础条件，养殖场配备生产所需要的增氧、投饲、运输等设备，养殖生产管理符合无公害水产品生产要求等。该池塘养殖模式适合于规模较小的水产养殖场，或经济欠发达地区的池塘改造建设和管理需要。

标准化池塘养殖模式是根据国家或地方制定的"池塘标准化建设规范"进行改造建设的池塘养殖模式，其特点为"系统完备、设施设备配套齐全，管理规范"。标准化池塘养殖场应包括标准化的池塘、道路、供水、供电、办公等基础设施，还有配套完备的生产设备，养殖用水要达到《渔业水质标准（GB 11607—1989)》，养殖排放水达到淡水池塘养殖水排放要求（SC/T9101)。标准化池塘养殖模式应有规范化的管理方式，有苗种、饲料、肥料、渔药、化学品等养殖投入品管理制度和养殖技术、计划、人员、设备设施、质量、销售等生产管理制度。该模式是目前集约化池塘养殖推行的模式，适合大型水产养殖场的改造建设。

生态节水型池塘养殖模式是在标准化池塘养殖模式基础上，利用养殖场及周边的沟渠、荡田、稻田、藕池等对养殖排放水进行处理排放或回用的池塘养殖模式，具有"节水再用，达标排放，设施标准，管理规范"的特点。养殖场一般有比较大的排水渠道，可以通过改造建设生态渠道对养殖排放水进行处理。闲置的荡田可以改造成生态塘，用于养殖水源和排放水的净化处理。对于养殖场周边排灌方便的稻田、藕田，可以通过进排水系统改造，作为养殖排放水的处理区，甚至可以以此构建有机农作物的耕作区。该模式的生态化处理区要有一定的面积比例，一般应根据养殖特点和养殖场的条件，设计建造生态化水处理设施。

循环水池塘养殖模式是一种比较先进的池塘养殖模式，它具有标准化的设施设备条件，并通过人工湿地、高效生物净化塘、水处理设施设备等对养殖排放水进行处理后循环使用。循环水池塘养殖系统一般有池塘、渠道、水处理系统、动力设备等组成。循环水池塘养殖模式的鱼池进排水有多种形式，比较常见的为串联形式和并联形式（图2-1）。池塘串联进排水的优点是水流量大，有利于水层交换，可以形成梯级养殖，充分利用食物资源；缺点是池塘间水质差异大，容易引起病害交叉感染。循环水池塘养殖模式的水处理设施一般为人工湿地或生物净化塘。人工湿地有潜流湿地和表面流湿地等形式，潜流湿地以基料（砾石或卵石）与植物构成，水从基料缝隙及植物根系中流过，具有较好的水处理效果，但建设成本较高，主要取决于当地获得砾石的成本。在平原地区，潜流湿地的造价偏高，但在山区，砾石（或卵石）的成本就低很多；表面流湿地如同水稻田，让水流从挺水性植物丛中流过，以达到净化的目的，其建设成本低，但占地面积较大。目前一般采取潜流湿地和表面流湿地相结合的方法。植物选择也很重要，并需要专门的运行管理与维护。在处理养殖排放水方面，循环水池塘养殖模式的人工湿地或

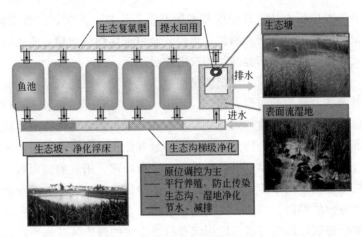

图 2-1　并联循环水池塘养殖模式

生物氧化塘一般通过生态渠道与池塘相连，生态渠道有多种构建形式，其水体净化效果也不相同，目前一般是利用回水渠道通过布置水生植物、放置滤食性或杂食性动物构建而成；也有通过安装生物刷、人工水草等生物净化装置以及安装物理过滤设备等进行构建的。人工湿地在循环系统内所占的比例取决于养殖方式、养殖排放水量、湿地结构等因素，湿地面积一般为养殖水面的 10%～20%。池塘循环水养殖模式具有设施化的系统配置设计，并有相应的管理规程，是一种"节水、安全、高效"的养殖模式，具有"循环用水，配套优化，管理规范，环境优美"的特点。

2. 养殖场的施工

新建和改建水产养殖场要充分考虑当地的水文、水质、气候等因素，结合当地的自然条件决定养殖场的建设规模、建设标准，并选择适宜的养殖品种和养殖方式。新建养殖场首先要充分考虑养殖用水的水源、水质条件。水源分为地面水源和地下水源，无论是采用那种水源，一般应选择在水量充足、水质良好的地区建场。水产养殖场的规模和养殖品种要结合水源情况来决定。采用河水或水库水作为养殖水源，要考虑设置防止野生鱼类进入的设施，以及周边水环境污染可能带来的影响。使用地下水作为水源时，要考虑供水量是否满足养殖需求，一般要求在 10 天左右能够把池塘注满。选择养殖水源时，还应考虑工程施工等方面的问题，利用河流作为水源时需要考虑是否筑坝拦水，利用山溪水流时要考虑是否建造沉砂排淤等设施。水产养殖场的取水口应建到上游部位，排水口建在下游部位，防止养殖场排放水流入进水口。水质对于养殖生产影响很大，养殖用水的水质必须符合《渔业水质标准（GB 11607—1989)》规定。对于部分指标或阶段性指标不符合规定的养殖水源，应考虑建设水源处理设施，并计算相应设施设备的建设和运行成本。建设水产养殖场时还要充分调查了解当地的土壤、土质状况，不同的土壤和土质对养殖场的建设成本和养殖效果影响很大。池塘土壤要求保水力强，最好选择黏质土或壤土、砂壤土的场地建设池塘，这些土壤建塘不易透水渗漏，筑基后也不易坍塌。砂质土或含腐殖质较多的土壤，保水力差，做池埂时容易渗漏、崩塌，不宜建塘。含铁质过多的赤褐色土壤，浸水后会不断释放出赤色浸出物，对鱼类生长不利，也不适宜建设池塘。pH 值低于 5 或高于 9.5 的土壤地区不适宜挖塘。另外，水产养殖场还需要有良好的道路、交通、电力、通讯、供水等基础条件。水产养殖场的布局结构一般分为池塘养殖区、办公生活区、水处理区等。

水产养殖场施工工作包括了池塘、进排水系统、场地和道路、越冬和繁育设施、建筑物和配套设施的建设等内容。

池塘是养殖场的主体部分。按照养殖功能可分为亲鱼池、鱼苗池、鱼种池和成鱼池等。池塘面积一般占养殖场面积的 65%～75%。各类池塘所占的比例一般按照养殖模式、养殖特点、品种等来确定。池塘形状主要取决于地形、品种等要求。一般为长方形，也有圆形、正方形、多角形的池塘。长方形池塘的长宽比一般为 (2～4)∶1。长宽比大的池塘水流状态较好，管理操作方便；长宽比小的池塘，池内水流状态较差，存在较大死角和死区，不利于养殖生产。池塘的朝向应结合场地的地形、水文、风向等因素，尽量使池面充分接受阳光照射，满足水中天然饵料的生长需要。池塘朝向也要考虑是否有利于风力搅动水面，增加溶解氧。在山区建造养殖场，应根据地形选择背风向阳的位置。池塘的面积取决于养殖模式、品种、池塘类型、结构等。面积较大的池塘建设成本低，但不利于生产操作，进排水也不方便。面积较小的池塘建设成本高，便于操作，但水面小，风力增氧、水层交换差。大宗鱼类养殖池塘按养殖功能不同，其面积不同。在南方地区，成鱼池一般 5～15 亩，鱼种池一般 2～5 亩，鱼苗池一般 1～2 亩；在北方地区养鱼池的面积有所增加。另外，养殖品种不同，池塘的面积也不同，特色品种的池塘面积一般应根据品种的生活特性和生产操作需要来确定。池塘水深是指池底至水面的垂直距离，池深是指池底至池堤顶的垂直距离。养鱼池塘有效水深不低于 1.5 米，一般成鱼池的深度在 2.5～3.0 米，鱼种池在 2.0～2.5 米。北方越冬池塘的水深应达到 2.5 米以上。池埂顶面一般要高出池中水面 0.5 米左右。水源季节性变化较大的地区，在设计建造池塘时应适当考虑加深池塘，维持水源缺水时池塘有足够水量。深水池塘一般是指水深超过 3.0 米以上的池塘。深水池塘可以增加单位面积的产量，节约土地，但需要解决水层交换、增氧等问题。池埂是池塘的轮廓基础，池埂结构对于维持池塘的形状、方便生产及提高养殖效果等有很大的影响。池塘塘埂一般用匀质土筑成，埂顶的宽度应满足拉网、交通等需要，一般为 1.5～4.5 米。池埂的坡度大小取决于池塘土质、池深、护坡与否和养殖方式等。一般池塘的坡比为 1：(1.5～3)，若池塘的土质是壤土或黏土，可根据土质状况及护坡工艺适当调整坡比，池塘较浅时坡比可以为 1：(1～1.5)。护坡具有保护池形结构和塘埂的作用，但也会影响池塘的自净能力。一般根据池塘条件不同，池塘进排水等易受水流冲击的部位应采取护坡措施，常用的护坡材料有水泥预制板、混凝土、防渗膜等。采用水泥预制板、混凝土护坡的厚度应不低于 5 厘米、防渗膜或石砌坝应铺设到池底。池塘底部要平坦，为了方便池塘排水、水体交换和捕鱼，池底应有相应的坡度，并开挖相应的排水沟和集池坑。池塘底部的坡度一般为 1：(200～500)。在池塘宽度方面，应使两侧向池中心倾斜。主沟最小纵向坡度为 1：1000，支沟最小纵向坡度为 1：200（图 2-2）。

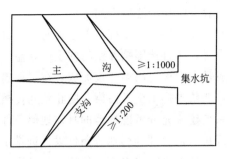

图 2-2　池塘主沟和支沟坡度示意图

面积较大的池塘可按照回形鱼池建设，池塘底部建设有台地和沟槽。台地及沟槽应平整，台面应倾斜于沟，坡降为 1：（1000～2000），沟、台面积比一般为 1：（4～5），沟深一般为 0.2～0.5 米的。在较大的长方形池塘内坡上，为了投饵和拉网方便，一般应修建一条宽度约 0.5 米的平台，平台应高出水面。池塘进水一般是通过分水闸门控制，水流通过输水管道进入池塘，分水闸门一般为凹槽插板的方式，很多地方采用预埋 PVC 弯头拔管方式控制池塘进水，这种方式防渗漏性能好、操作简单。池塘进水管的长度应根据护坡情况和养殖特点决定，一般为 0.5～3 米。进水管太短，容易冲蚀塘埂；进水管太长，又不利于生产操作和成本控制。池塘进水管的底部一般应与进水渠道底部平齐，渠道底部较高或池塘较低时，进水管可以低于进水渠道底部。进水管中心高度应高于池塘水面，以不超过池塘最高水位为好。进水管末端应安装口袋网，防止池塘鱼类进入水管和杂物进入池塘。每个池塘一般设有一个排水井。排水井采用闸板控制水流排放，也可采用闸门或拔管方式进行控制。拔管排水方式易操作，防渗漏效果好。排水井一般为水泥砖砌结构，有拦网、闸板等凹槽。池塘排水通过排水井和排水管进入排水渠，若干排水渠汇集到排水总渠，排水总渠的末端应建设排水闸。排水井的深度一般应到池塘的底部，可排干池塘全部水为好。有的地区由于外部水位较高或建设成本等问题，排水井建在池塘的中间部位，只排放池塘 50% 左右的水，其余的水需要靠动力提升，排水井的深度一般不应高于池塘中间部位。

淡水池塘养殖场的进排水系统是养殖场的重要组成部分，进排水系统规划建设得好坏直接影响养殖场的生产效益。水产养殖场的进排水渠道一般是利用场地沟渠建设而成，在规划建设时应做到进排水渠道独立，严禁进排水交叉污染，防止鱼病传播。设计规划养殖场的进排水系统还应充分考虑场地的具体地形条件，尽可能采取一级动力取水或排水，合理利用地势条件设计进排水自流形式，降低养殖成本。养殖场的进排水渠道一般应与池塘交替排列，池塘的一侧进水另一侧排水，使得新水在池塘内有较长的流动混合时间。

水产养殖场需要稳定的电力供应，供电情况对养殖生产影响重大，应配备专用的变压器和配电线路，并备有应急发电设备。另外，水产养殖场应安装自来水，满足养殖场工作人员的生活需要。条件不具备的养殖场可采取开挖可饮用地下水，经过处理后满足工作人员的生活需要。自来水的供水量大小应根据养殖小区规模和人数决定，自来水管线应按照市政要求铺设施工。水产养殖场的生活、办公区要建设生活垃圾集中收集设施和生活污水处理设施。

二、鱼池的清整与消毒

经过一年的饲养后，池塘应进行清淤整理。常用的清塘药物有生石灰、漂白粉、茶粕、氨水、巴豆等。生石灰清塘有干法清塘和带水清塘两种。干法清塘是先将池塘水放干或留水深5～10厘米，在塘底挖掘几个小坑，每亩用生石灰70～75千克，并视塘底污泥的多少而增减10%左右。把生石灰放入小坑或用水缸等乳化，不待冷却立即均匀遍洒全池，次日清晨最好用长柄泥耙耙动塘泥，充分发挥石灰的消毒作用，提高清塘效果。一般经过7～8天药力消失后，即可以放鱼；对于清塘之前不能排水的池塘，可以进行带水清塘，每亩水深1米用生石灰125～150千克，通常将生石灰放入木桶或水缸中溶化后立即趁热全池均匀遍洒。7～10天后药力消失即可放鱼。相比而言，带水清塘比干法清塘防病效果好，且带水清塘不必加注新水，避免了清塘后加水时又将病原体及敌害生物随水带入，缺点是成本高，生石灰用量比较大。

不论是带水清塘还是干法清塘，经过生石灰清塘后，数小时即可达到清塘效果，防病效果好。但必须注意的是，碱性较强的水体不能用此法清塘。

漂白粉有强烈的杀菌和杀死敌害生物的作用。清塘时先用木桶加水将药物溶解，立即全池均匀遍洒，之后再用船和竹竿在池中荡动，使药物在水体中均匀分布，以增加药效。每亩水深1米的池塘用13.5千克。4～5天后药力消失即可放鱼。漂白粉有很强的杀菌作用，但易挥发和潮解，使用时应先检测其有效含量，如含量不够，需适当增加用量。

氨水是一种很好的液体氮肥，呈强碱性。高浓度的氨水能使池水的pH值发生显著变化，能杀灭野杂鱼类和起到杀菌灭虫的效果，有较好的防病作用。使用时一般将池水排干或留水深6～9厘米，每亩用氨水12～13千克，加适量水全池均匀遍洒，过4～5天即可加水放鱼。

茶粕又称茶籽饼，含有皂素，能杀死泥鳅等各种野杂鱼类、螺蛳、河蚌、蛙卵、蝌蚪和一部分水生昆虫。一般用茶饼带水清塘，将茶粕捣碎，放在缸内浸泡，隔日取出，连渣带水泼入塘内即可，用量为每亩1米水深用40～45千克。由于皂素易溶于碱性水中，使用时每50千克茶粕加1.5千克食盐和1.5千克生石灰，药效更佳。茶粕还可起到增肥水体的作用。

巴豆只能杀死大部分野杂鱼，而且毒性消失时间较前几种长。因此，采用巴豆清塘消毒后需在10天左右后才能放养鱼苗，并且在鱼苗下塘时，要试水检查池水的毒性。使用时先将巴豆带水打碎，然后浸泡3天，入塘时连渣带汁全池泼洒。其用量为平均水深1米，每亩用3～5千克。

塘克宁是一种新型植物提取物、绿色环保清塘剂，专杀鱼类、泥鳅、蝌蚪、螺蛳、钉螺等，但对虾蟹安全，可用于虾、蟹池塘清塘，具有其他药物不可取代的功效。用量为本品1千克可使用6亩15厘米水深，即每亩1米水深用1千克。本品易溶于碱性水中，使用时每千克塘克宁加 3 千克食盐和 3 千克生石灰混合后加水搅匀泼洒，效果更佳。

清整好的池塘，注入新水时要用密眼网过滤，防止野杂鱼进入，待清塘药物药性消失后方可放入鱼种进行饲养。

三、池塘放养模式

池塘放养模式指的是不同品种、不同规格的鱼种按不同的数量进行搭配组合。养殖同样的品种，好的放养模式可以降低饲料系数，而一个差的养殖模式可能使饲料系数升高，达到 2.0 甚至超过 2.5。因此，养殖模式的好坏直接影响养殖成本的大小。我国地域辽阔，各地自然条件、养殖对象、饵料来源等均有较大差异，因而各自形成了一套适合当地特点的池塘放养模式。主要有以下几种。

1. 以草鱼为主养鱼的放养模式

主要是对草鱼（还包括团头鲂）投喂青饲料，利用草鱼、团头鲂的粪便肥水，产生大量腐屑和浮游生物养殖鲢、鳙。由于青饲料容易解决，成本较低，已是我国最为普遍的一种混养类型（表 2-1）。

表 2-1　以草鱼为主养鱼每 666.7 米² 净产
500 千克放养收获模式（上海郊区）

鱼类	放养			成活率/%	收获		
	规格/克	尾数	重量/千克		规格	毛产量/千克	净产量/千克
草鱼	500～750	65	40	95	2 千克以上	106	
	100～150	90	11	85	500～750 克	45	164	111.5
	早繁苗 10	150	1.5	70	100～150 克	13	
团头鲂	50～100	300	22	90	250 克以上	68	
	10～15	500	6	28	70	50～100 克	26	94	66
鲢	100～150	300	33	95	750 克以上	170	
	夏花	400	0.5	33.5	80	100～150 克	35	205	171.5

续表

鱼类	放养			成活率/%	收获			净产量/千克
	规格/克	尾数	重量/千克		规格	毛产量/千克		
鳙	100~150 夏花	100 150	13 13	95 80	1千克以上 100~150克	57 15	72	59
鲫	25~50 夏花	500 1000	14 1 15	95 60	250克以上 25~50克	71 16	87	72
鲤	35	30	1	95	750克 以上	21		20
总计			143			643		500

该种放养模式的特点有如下几个方面。

（1）放养大规格鱼种　其来源主要由本塘套养解决。一般套养鱼种占总产量的 15%~25%，本塘鱼种自给率在 80% 以上。

（2）以草类作为主要饲料投喂　每 666.7 米² 净产 250 千克以下一般只施基肥，不追施有机肥；每 666.7 米² 净产 500 千克以上的主要在春、秋两季追施有机肥料，在 7~10 月份轮捕 2~3 次。

（3）鲤放养量要少，放养规格适当大些　因为动物性饲料量少，故鲤放养不能多；放养大规格鲤鱼种便于及时上市。由于鲫价格比鲤高，有些地区采取"以鲫代鲤"的做法，即不放养鲤，而增加异育银鲫等优良鲫种的放养量，鲫的放养量可增至 1.5~2.0 倍。

2. 以鲢、鳙为主养鱼的放养模式

以滤食性鱼类鲢、鳙为主养鱼，适当混养其他鱼类，特别重视混养以有机碎屑为食的鱼类（如罗非鱼、鲴类等）。饲养过程中主要采取施有机肥料的方法。由于养殖周期短，有机肥料来源丰富，故成本较低。但是这种混养模式下生产的优质鱼类比例偏低。目前该养殖类型已逐步增加了优质鱼类的放养量（表2-2）。

该种放养模式的特点有如下几个方面。

（1）鲢、鳙放养量占 70%~80%，毛产量占 50%~60%，其大规格鱼种采用成鱼池套养解决。鲢、鳙鱼种从 5 月份开始轮捕

表 2-2　以鲢、鳙为主养鱼每 666.7 米² 净产
600 千克放养收获模式（湖南衡阳）

鱼类	放养			成活率/%	收获/千克		
	规格/克	尾数	重量/千克		规格	毛产量	净产量
鲢	200 5～8 月放 50	300 350	60 17 （77）	98 90	0.8 0.2	235 62 （297）	220
鳙	200 5～8 月放 50	100 120	20 6 （26）	98 95	0.8 0.2	78 23 （101）	75
草鱼	160	50	8	80	1.0	40	32
团头鲂	60	50	3	90	0.35	16	13
鲤	50	30	1.5	90	0.8	21.5	20
鲫	25	200	5	90	0.25	45	40
银鲴	5	1000	5	90	0.1	80	75
罗非鱼	10	500	5		0.25	130	125
总计			130.5			730.5	600

注：先放养 200 克鲢、鳙鱼种，待生长到上市规格轮捕后，再陆续补放 50 克的鲢、鳙鱼种，一般全年轮捕 6～7 次。

后，即补放大规格鱼种，其补放鱼种数量与捕出数量大致相等。

（2）以施有机肥料为饲养的主要措施　一般池塘较大（6667～20010 米²），适宜于施用有机肥料肥水。

（3）为改善水质，充分利用有机碎屑　重视混养以有机碎屑为食的鱼类（如罗非鱼、鲴类等），它们比鲤、鲫更能充分地利用池塘施有机肥后形成的饵料资源。

（4）实行鱼、禽、畜、农结合，开展综合养鱼　如湖南衡阳的"鱼、猪、菜"三结合，江苏南京的"鱼、禽、菜"三结合，对废物进行合理地再利用，提高了能源利用率，并且保持了生态平衡。

3. 以草鱼、青鱼为主养鱼的放养模式

这是江苏无锡渔区的典型放养模式（表 2-3）。

表 2-3　以草鱼、青鱼为主养鱼每 666.7 米² 净产

750 千克放养收获模式（江苏无锡）

鱼类		放养				成活率 /%	收获/千克		
		月份	规格/克	尾数	重量/千克		规格	毛产量	净产量
草鱼	过池	1~2	500~750	60	37	95	2 以上	120	
	过池	1~2	150~250	70	14	90	0.5~0.75	37	117.5
	冬花	1~2	25	90	2.5	80	0.15~0.25	14	
青鱼	过池	1~2	1000~1500	35	37	95	4 以上	140	
	过池	1~2	250~500	40	15	90	1~1.5	37	138
	冬花	1~2	25	80	2	50	0.25~0.5	15	
鲢	过池	1~2	350~450	120	48	95	0.75~1.0	100	
	冬花	1~2	100	150	12	90	1.0	135	213
	春花	7	50~100	130	10	95	0.35~0.45	48	
鳙	过池	1~2	350~450	40	16	95	0.75~12	40	
	冬花	1~2	100	50	6.5	90	1.0	45	75
	春花	7	50~100	45	3.5	90	0.35~0.45	16	
团头鲂	过池	1~2	150~200	200	35	85	0.35~0.4	60	52.5
	冬花	1~2	25	300	7.5	70	0.15~0.2	35	
鲫	冬花	1~2	50~100	500	40	90	0.15~0.25	90	
	冬花	1~2	30	500	15	80	0.15~0.25	80	154
	夏花	7	4 厘米	1000	1	50	0.05~0.1	40	
总计					302			1052	750

该放养模式的特点有如下几个方面。

（1）草鱼和青鱼的放养量较接近。

（2）同种异龄混养。放养种类和规格多（通常在 15 档以上），密度高，放养量大。

（3）以成鱼池套养培养大规格鱼种，成鱼池鱼种自给率达 80% 以上。

（4）以投天然饵料和施有机肥料为主，辅以青饲料和颗粒饲料的投喂。

（5）自 7~9 月轮捕 2~3 次，6 月补放鲢、鳙春花为暂养于鱼种池的鱼种。

（6）实行"鱼、禽、畜、农"结合，"渔、工、商"综合经营，成为城郊"菜篮子工程"的重要组成部分和综合性的副食品供应基地。

4. 以青鱼为主养鱼的放养模式

主要对青鱼投喂螺、蚬等贝类，利用青鱼的粪便和残饵饲养鲫、鲢、鳙、鲂等鱼类（表2-4）。放养量较小，而青鱼经济价值高，深受消费者喜爱。但是由于其天然饵料贝类资源量少，限制了该养殖类型的发展。目前青鱼配合饲料已研制成功，生产上初见成效。

表 2-4　以青鱼为主养鱼每 666.7 米² 净产
750 千克放养收获模式（江苏吴县）

鱼类	放养			成活率/%	收获/千克		
	规格/克	尾数	重量/千克		规格	毛产量	净产量
青鱼	1000～1500	80	100	98	4～5	360	355.5
	250～500	90	35	90	1～1.5	100	
	25	180	4.5	50	0.25～0.5	35	
鲢	50～100	200	15	90	1 以上	200	185
鳙	50～100	50	4	90	1 以上	50	46
鲫	50	500	25	90	0.25 以上	125	124
	夏花	1000	1	50	0.05	25	
团头鲂	25	80	2	85	0.35 以上	26	24
草鱼	250	10	2.5	90	2	18	15.5
总计			189			939	750

注：1. 青鱼池饲养鲤效果很好，但鲤当地市场价格低，故采用"以鲫代鲤"法；
2. 不实行轮捕轮放；3. 鱼种自给率为 67.7%。

5. 以鲮、鳙为主养鱼的放养模式

该类型是珠江三角洲普遍采用的一种养殖模式（表2-5）。

该放养模式的主要特点有如下几个方面。

（1）鱼产品要求均衡上市，常年供应　特别是鳙要求的食用规格和数量均较大，因此采用多级轮养法及时提供足量大规格鱼种。

表 2-5　以鲮、鳙为主养鱼每 666.7 米² 净产

750 千克放养收获模式（广东佛山）

鱼类	放养			收获/千克		
	规格/克	尾数	重量/千克	规格	毛产量	净产量
鲮	50 25.5 15	800 800 800	48 24 12	0.125 以上捕出	360	276
鳙	500 100	40×5 40	100 4	1 以上捕出	226	122
鲢	50	60×2	6	1 以上捕出	106	100
草鱼	500 40	100 200	60 8	1.25 以上 0.5 以上	125 100	157
鲫	50	100	5	0.4 以上	40	35
罗非鱼	2	1000	2	0.4 以上	42	40
鲤	50	20	1	1 以上	21	20
总计					1020	750

（2）鳙一般每年放养 4～6 次　鲢第一次放养 50～70 尾，待鳙收获时，满 1 千克的鲢捕出。通常捕出数量与补放数相等。

（3）鲮放养密度为大、中、小三档规格，依次分批捕捞出塘。因鲮饲料容易解决，耐肥能力强，食用规格较小，其肉味鲜美，售价较低，故深受群众喜爱。

（4）在饲养管理中，投饵与施肥并重。

（5）养鱼与蚕桑或甘蔗（或花卉）相结合　在鱼池堤埂上或附近普遍种植桑树或甘蔗（或花卉），即所谓桑基鱼塘或蔗基鱼塘（或花基鱼塘），是一种综合经营的好形式，也是珠江三角洲养鱼的重要特色。蚕粪是养鱼的优质肥料，蚕蛹是鱼的动物性饲料之一，甘蔗叶等可作为草鱼的青饲料；而塘泥则是桑树和甘蔗（或花卉）的优质肥料。两者相互促进，不仅发展了生产，还提高了经济效益、生态效益和社会效益。

（6）经营管理细致　为保证产品均衡上市，各级鱼种池和成鱼池生产上环环紧扣，密切配合。

6. 以鲤为主养鱼的放养模式

我国北方地区人民喜食鲤，加之鲤种来源远比草鱼、鲢、鳙容易解决，故很多采用以鲤为主养鱼的放养模式，表 2-6 就是一例。

表 2-6　以鲤为主养鱼每 666.7 米² 净产

500 千克放养收获模式（辽宁宽甸）

鱼类	放养			成活率/%	收获/千克		
	规格/克	尾数	重量/千克		规格	毛产量	净产量
鲤	100	650	65	65	0.75	440	375
鲢	40 夏花	150 200	6	96 81	0.7 0.04	101 6.5	101.5
鳙	50 夏花	30 50	1.5	100 80	0.75 以上 0.05	22.5 2	23.5
总计			72.5			572	500

该种放养模式的主要特点有如下几个方面。

（1）鲤放养量占总放养量的 90% 左右，产量占总产量的 75% 以上。

（2）由于北方鱼类的生长期较短，要求放养大规格鱼种。鲤由 1 龄鱼种池供应，鲢、鳙由原池套养夏花解决。

（3）以投鲤配合饲料（颗粒料）为主，养鱼成本较高。

（4）近年来，该混养类型已搭配异育银鲫、团头鲂等鱼类，并适当增加鲢、鳙的放养量，以扩大混养种类，充分利用池塘饵料资源，提高经济效益。

四、池塘的饲养与管理

池塘养鱼的生产活动涉及气象、饲料、水质、营养、鱼类个体和群体之间的变动情况等因素，这些因素又时刻变化、相互影响。高密度的精养鱼池中，在鱼类主要生长季节需大量投饵施肥来保证鱼类饵料，但负面后果往往是水质过肥，甚至是恶化，容易引起鱼类浮头和泛池。如果少投饵、不施肥，则水质清淡，鱼生长缓慢、产量低。因此，在精养鱼池中要取得高产，需全程解决水质和饲料投喂的矛盾：既要为鱼类创造一个良好的生活环境，又要保证鱼类有量多质好的饲料。我国池塘养鱼中解决矛盾的经验是：水质保持"肥、活、爽"，投饵施肥保持"匀、好、足"。具体有以下几项基本内容。

1. 勤巡塘，多观察

每天分早、中、晚巡塘，至少 3 次。黎明观察池鱼有无浮头现象；日间可结合投饵和测水温等工作，检查池鱼活动和吃食情况，黄昏时检查池鱼全天吃食情况，有无残饵，有无浮头预兆。酷暑季节，天气突变时，鱼类易发生严重浮头，还应在半夜前后巡塘，以便及时防止严重浮头，防止泛池发生。

2. 除草去污，保持水质清新和池塘环境卫生

池塘水质既要肥又要新，含氧量较高。除适时注入新水、调节水质水量外，还要随时捞去水中污物、残渣，割除池边杂草，以免污染水质，影响溶解氧含量。

3. 及时防除病害

细致地做好清洁池塘的工作是防除病害的重要环节，应认真对待；一旦发现池鱼患病，要及时治疗。

4. 适时施肥

有机肥料除了直接作为腐屑食物供滤食性鱼类摄食外，还可培养大量微生物和浮游生物作为鱼类的饵料。但是有机肥料耗氧量大，在高温季节施用，容易恶化水质，同时鱼类主要生长季节会大量排泄，加上生物尸体、残饵等的分解，会产生大量的氨氮物质，而水中一般无机氮已达 1~4 毫克/升，故不必再施氮肥。水中磷的含量很低，一般在 0.01 毫克/升以下，氮磷比严重失调〔一般为 $(300\sim500):1$，最高达 $1196:1$，而较为正常的范围则应该是 $(100\sim200):1$〕，成为浮游植物生长的主要限制因子。故在鱼类主要生长季节增施磷肥，对促进浮游植物生长，提高池塘生产力起着重要作用。在冬春和晚秋应大量施用有机肥料，而在鱼类主要生长季节，需经常施以少量的无机磷肥。

5. 投饵

(1) 饵料数量的确定

① 全年饵料计划和各月的分配　为了做到池塘养鱼稳产高产，保证饵料及时供应，均匀投喂，就必须在年终规划好翌年全年的投饵计划。首先应根据放养量和规格，确定各种鱼的计划增肉倍数，根据增肉倍数和成活率，确定计划净产量。然后再根据计划净产量和饵料系数，规划好全年投饵量。例如，某养殖场有食用鱼养殖池 66667 米², 平均每 666.7 米² 放养草鱼 48 千克，计划净增肉倍数为 5, 即每 666.7 米² 净产草鱼 48×5＝240 千克，颗粒饵料的饵料系数以 2.5 计，旱草的饵料系数以 35 计，并规定旱草投喂量应占草鱼净增肉需要的 2/3, 则全年计划总需草量为 240×2/3×35×100＝560000 千克。颗粒饵料全年计划总需要量为 240×1/3×2.5×100＝20000 千克。青鱼、鲤等的全年总投饵量也可依此方法计算。

一年中各月饵料的分配计划，主要根据各月的水温、鱼类生长情况以及饵料供应情况来制定。

② 每日投饵量的确定　每日的实际投饵量还要根据季节、水色、天气和鱼类摄食情况而定。这里主要介绍按季节投饵的情况。

鱼的摄食量及其代谢强度随水变化而变化。根据各种鱼类生长情况以及鱼病流行情况来确定不同季节的投饵量。冬季或早春的气温和水温均较低，鱼类摄食量少，但在晴天无风气温升高时，需投喂少量精饲料，以供鱼体活动所需的能量消耗，使鱼不至于落膘。刚开食时应避免大量投饵，防止鱼类摄食过量而死亡。水温回升到 15℃, 投饵量可逐渐增加。"谷雨"到"立夏"(4 月中旬到 5 月上旬) 是鱼病较为严重的季节，应适当控制投饵量，并保证饵料的新鲜、适口和均匀。水温由 25℃ 逐渐升高到 30℃ 左右，鱼类食欲增大，可大量投饵 (梅雨季节可控制投饵量)，尤其是水、旱草，此时数量多质量好，加之水质较清新，应狠抓草鱼投喂，务必使大部分大规格草鱼在 6～9 月份达到上市规格。这样既降低了草鱼的密度，使小规格草鱼能迅速生长，也减轻了浮头的程度；9 月上旬以后，水温在 27～30℃，而且螺、蚬来源较充裕，应狠抓青鱼吃食，促使青鱼迅速生长。但要避免吃夜食，还要经常加注新水。9 月下旬以后，气候正常，鱼病也较少，可大量投饵，日夜吃食，以促进所有养殖鱼类增重，这对提高产量有很大的作用。10 月下旬以后，昼夜温差大，减少投食量，但不使鱼落膘。一年之中，投饵应掌握"早开食，晚停食，抓中间，带两头"的投喂规律。

如果草类、贝类等天然饵料供应不能满足草鱼、团头鲂、鲤、青鱼等的需要，或放养鲫、鲮、罗非鱼数量较多，就要增加商品饲料（包括配合饵料）的数量，投喂商品饵料的规律与投喂天然饵料相似。

（2）投饵技术　投饵技术和饵料质量与养殖产量有着重要的关系，投饵应实行"四定"原则，即定时、定质、定量、定位。如以配合饵料喂鱼，最好适当增加一天之中的投饵次数，提高饵料利用率。4 月每天投饵 1～2 次，5 月每天 3 次（9:00、13:00、16:00），6～9 月每天 4 次（9:00、12:00、14:00、16:00），10 月每天三次，11 月每天 1～2 次（即一日的投饵量分成上述次数投喂）。

第二节　工厂化高效养殖技术

工厂化养殖是集工厂化、机械化、信息化、自动化为一体的现代化水产养殖业，是在高密度的饲养条件下，根据鱼类生长对环境和营养的需要，建立人工小气候，以控制其最适生长环境，定量供应鱼类喜食的天然饵料和配合饲料，促使它们在健康的条件下快速生长，实行标准化养殖。完善的工厂化养殖应包括流水鱼池、水质控制、水温调节、水中增氧、水体净化、人工培养的活饵料、配合饲料及自动投饵等专用设施。

工厂化养殖鱼类的优点较多：鱼类生长受外界环境的影响小，可全年生产，养殖周期缩短；放养密度高，单位体积的鱼产量高；循环流水式养鱼，消耗水量少，供排水经净化处理，避免环境污染，属环保、可持续发展的产业；占地少，适用于城市、工矿和山区；机械化管理和自动化操作，劳动强度低，生产率高。工厂化养殖业属于知识与资本密集型产业，其设备投资较大，技术要求高，养鱼成本较高，故通常用于价值较高的名特水产品的育苗和养成。

国外工厂化养殖起源于 20 世纪 60 年代，由于其固有的特点，已成为当前世界水产养殖的前沿工业。目前工业发达国家的水产养殖发展速度很快，其主要特点是：养鱼设施和技术日趋"高、新"化；工厂化养殖日趋普及化、大型化和产业化。在发达国家，工厂化养殖行业从设计、研究、制造、安装、产前产后服务、银行、保险、治安、保卫、信息都形成网络，形成一个新的知识产业。该产业围绕工厂化养殖，分别形成上游、下游产业群体，有的正形成新的集团甚至跨国集团。如 DKF 集团就是由法国、荷兰、加拿大、澳大利亚等国家联合组建的工厂化养殖专业跨国集团。在西方发达国家，工厂化养殖企业已不属于风险企业，其保险公司可接受承包，包产量并负责生产与物业管理。

我国的工厂化养殖起步虽较早，但养殖设施落后、规模小而全、养殖种类较单一、养殖技术落后于发达国家。可以预计，随着我国工业的发展和人民生活水平的提高，工厂化养殖将越来越受到重视。

一、养殖场的设计

工厂化养殖主要有自流水式、开放式循环流水、封闭式循环流水和温流水式四种养殖类型。

1. 自流水式养殖

自流水式的养鱼是利用天然的地势形成水位落差，使水不断地流经鱼池，无需动力。例如，在水库大坝下开设流水鱼池，或在引水下山灌溉的水渠边建造流水鱼池，鱼池流出的水再用于灌溉。这种类型设备简单，成本低，但养鱼受地理气候和条件的限制，是工厂化养殖的原始类型。

2. 开放式循环流水式养殖

开放式循环流水式养殖是采用天然水体作为蓄水池兼净化池，

需用动力抽水导入流水养鱼池，使用后的水从另一出口排出或仍然回到原池，养鱼系统始终与外水源天然水体相连，故为开放式。目前我国大多数温室育苗均采用此类型：技术要求较低，设备简单，施工容易。

3. 封闭式循环流水式养殖

此类型特点是养殖用水经专用设施（包括沉淀、过滤、净化、消毒等措施）处理后循环使用，设备和技术均要求高，投资也大，需做到人工控制水环境。

4. 封闭式温流水式养殖

封闭式温流水式养殖生产效率高，是现代化养鱼发展的主要类型，但对养鱼技术要求较高，尤以水体净化处理最为突出。

二、设施与设备

工厂化养殖设施主要包括：养鱼车间（温室）、养鱼池系统、进排水系统、水处理系统、供热系统、增氧系统、供电系统及附属设施等。

1. 养鱼车间选址

工厂化养殖的主体是养鱼车间，场址的选择对生产和经营有着直接的影响，应多选几个地点进行勘察比较，在技术和经济上进行可行性论证，从中优选出最佳条件作为建场地点。为确保鱼类全年在最适温度下生长，养鱼车间均采用温室加以控温。

（1）位置　选择交通方便、水源和供电充足、社会配套设施齐全的地点，如能靠近如热电厂、炼钢厂、轧钢厂等或温泉、地热的地区则更佳。

（2）水源质量　海水、湖水、河水或地下水均可作为养鱼用水。要求水量充沛，水质必须符合渔业用水标准。海水根据养殖对象要求具体的盐度，淡水的盐度必须控制在 $0.5‰$ 以下。地下水一般无污染，全年温度较稳定，透明度高。但含氧量很低，须经过曝气后才能使用。用地下水作为水源，应进行水质分析。含铁量高的地下水必须先经增氧机曝气，经沉淀后方能使用；含硫、砷等矿物质的地下水对养鱼不利，应慎重起见。

（3）土质　建造养鱼车间的土质要求硬实，以降低温室基础造价。对于室外池塘，土质要求壤土（含砂土 62%～75%、黏土 25%～37%）。壤土既能保水，又能排干，是养鱼池最适的土质。

（4）地形和环境　要求土地平整，排灌自如，环境安静，无噪音，光照充足，背风向阳。

2. 温室结构

（1）工厂化养殖温室要求

① 多功能　既可以养鱼，又可以饲养甲壳类、两栖类、爬行类和贝类；既可以育苗，也可以养成，还可作商品销售前的暂养。

② 温室能控制温度、湿度、光线，做到氧气、二氧化碳和氨氮平衡。

③ 管理方便，降低劳动强度，提高劳动生产率。

（2）温室种类　主要有塑料大棚温室和砖混结构温室两种类型，在设计上均需达到如下技术指标：室内气温和水温按养殖对象要求可在 5～33℃ 之间任意调节；相对湿度控制在 85% 以下；空气中的氧气保持在 21% 左右；二氧化碳保持在 500 毫克/升以下；光照强度为 0.83×10^4 勒克斯，每天 6 小时以上；温室的透光率为 50% 以上。

① 塑料大棚温室　外覆盖塑料薄膜而成。塑料大棚用镀锌管、黑铁管或竹木等材料支成拱形或屋脊形骨架，其外覆盖塑料薄膜而成。由于塑料大棚高度较低（通常最高处为 2.25 米），其内的培育池往往为单层。按其覆盖形式可分为以下两类。

a. 单栋大棚　有拱圆形（图 2-3）和屋脊形（图 2-4）两种。一般长 30～40 米、宽 8～12 米，占地面积 333.5 米² 左右。单棚内通常无支柱，目前除管式组装棚（蔬菜大棚）外，无统一标准。

b. 连栋大棚　以两栋或两栋以上的拱圆形或屋脊形单栋大棚连接而成，单栋棚的跨度为 6～12 米，一般占地面积为 666.7～2000 米²（图 2-5）。

单栋大棚为狭长的长方形，耗用的材料相对较多。连栋大棚可

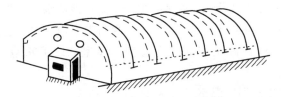

图 2-3　单栋拱圆形塑料大棚示意图

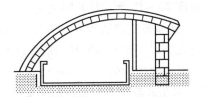

图 2-4　单栋屋脊形塑料大棚示意图

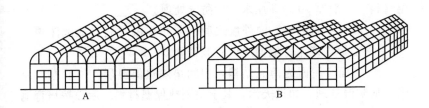

图 2-5　连栋大棚示意图

A—拱圆棚；B—屋脊棚

建成接近正方形，其覆盖面积大，耗用的材料最省，相对成本较低，且气温和水温均较稳定，但通风、降湿比单栋大棚差。因此，连栋大棚比单栋好，但连栋数目不宜过大。

　　温室需加温养殖，从保温效果和节能考虑，一是要求大棚的边墙和池底添加一定厚度的保温材料；二是塑料薄膜必须覆盖两层，一般两层之间相隔 15～30 厘米，以降低冷热气流的传导、辐射对流现象。通常双层比单层能提高气温 4～6℃。

　　② 砖混结构温室　钢筋混凝土框架，砖砌四壁，池底、四壁和房顶均添加保温材料，屋顶为轻型结构，窗户为双层。密封性能好，热量散失少；使用空间增加，水的容积大，温室内温度容易保

持稳定；不受外界影响，可常年生产。采用微流水、生物包技术将植物种植和动物饲养有机结合起来，保持温室内主要生态因子的平衡，因此，这种温室称为"生态型"温室。以下重点介绍这种类型。

（3）"生态型"温室

① 形状　平面形状近似正方形，单跨四开间或双跨四开间的双层墙面建筑，跨度 30～40 米，每开间宽度 7～9 米，建筑物长度通常不超过 50 米。紧邻温室南墙为一套沉淀、过滤、净化、加温池，其上安置塑料大棚，大棚上端架在南墙窗户上方，下端架在净化、加温池外侧，形成"生物包"（图 2-6）。

② 温室基础　采用砂浆块石基或混凝土基础，承载力不低于 5 吨/米^2。温室基础应与相邻的水泥池基础分开设置。地基垫隔热保温材料，一般厚 10～15 厘米，做防湿处理。

③ 墙身　双层墙，内外墙之间垫隔热保温材料（如泡沫塑料等），一般厚 5 厘米。墙面应做防湿处理。

④ 屋面　屋面为薄壳结构，中间垫隔热保温层，一般厚 5 厘米，加防湿处理。如设天沟，其上垫隔热保温材料。屋面按培育池位置开设天窗，使冬季白天太阳能直射培育池。天窗为双层玻璃，其总面积为屋面的 5%～7%。

⑤ 屋架与檩条　轻质屋架可用钢筋弯焊接而成钢筋屋架，或采用钢筋混凝土屋。其支柱均采用钢筋水泥柱。屋面檩条宜用木檩条或水泥檩条。当采用木檩条时，涂刷桐油三度。镶嵌玻璃的屋面宜采用薄异形槽钢檩条。屋架下弦处设可开启式银白色遮光帘，供白天调光和夜间作为隔热层用。

⑥ 通风设施　温室东、西和北墙均不设窗，东、西墙上端安置 2～3 个排风扇。南边墙上开窗，双层结构，面积为墙面的 1/20～1/10。窗台标高应高出下层培育池顶 20～30 厘米。南墙下端安置 3～4 个排风扇。

3. 养鱼池系统

（1）流水鱼池

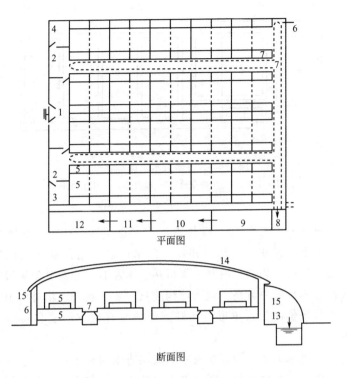

图 2-6　"生态型"温室平面图和断面图

1—工作厅；2—值班室；3—测试化验室；4—工具室；5—幼苗池
（上、下层池）；6—隔热墙；7—走道和排水沟；8—压水池；
9—反滤池；10—正滤池；11—净化池；12—加热池；
13—生物包；14—屋顶；15—双层窗

① 鱼池面积　随着工业化程度的提高，多趋向于小型鱼池，面积 10～100 米^2。具有饵料利用率高、容易调节水流量、便于管理、提高生产周转率等优点。

② 形状　有正方形、长方形、圆形、椭圆形、八角形和环道形等。正方形和长方形池可充分利用地面，施工较容易，并容易捕捞，但水流有分层、换水不均匀的现象，故池深在 1.1～1.2 米、水深 0.9～1.0 米（图 2-7）；池底和池壁分别设两个排水口和排污口，配备吸污机械。国内外常见的是圆形流水池，形似漏斗，底部

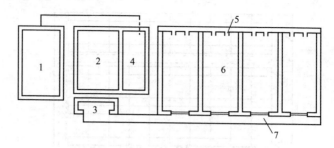

图 2-7 长方形流水鱼池示意图
1—锅炉；2—生物滤池；3—暖气池；4—加热池；
5—进水管；6—鱼池；7—排水沟

中央为排水口、排污口，口径占池内径的 5%～10%，呈倒喇叭
形，与地下的排水、排污管相连，出水口装嵌帽顶状立式拦鱼网
罩。圆形池换水均匀，故其水深可达 2 米左右，并能自动集污和彻
底排污，养鱼效率较高。圆形池构建技术要求较高、相对可用面积
小，工程造价高。八角形池和椭圆形池兼有长方形池和圆形池的
优点。

（2）进水方式　分表层进水和底层进水两种方式。底层进水易
将池底残饵、粪便冲起，需滤网等设施将沉淀物清除，目前较少使
用。表层进水又可分为溢水式、直射式、散射式、水帘式等进水
方式。

① 溢水式　开放的进水槽横架于池顶上方，或沿池壁建成环
形，槽侧有小闸门，水由此处流入池内。进水槽口设置拦鱼设备，
防止鱼逃入进水沟中。该进水方式的优点是施工简单，使用水泥槽
或木槽即可；缺点是进水冲击力小，池水分布不均匀，不利于集
排污。

② 直射式　管上有若干射水孔，水由射水孔直接射向池内水
面。长方形鱼池进水口开设在长轴一端，与另一端的出水口相对。
圆形鱼池的进水管横架于池顶上方，在进水横管的前后各半段上各
设一排数目相等而方向相反的射水孔，或沿池壁设环形进水管，在
进水管沿切线方向设若干鸭嘴状喷管，使池水形成旋转式水流，有

利于集排污。缺点是不能任意加大流量。

③ 散射式　为解决直射式的缺点，可将进水横管的射水孔改成乱向排列，环形进水管的射水孔向池中央上空喷射，使进水射向空中再散落到池内，此法兼有曝气增氧的作用。但不能形成旋转水流，不利于集排污。可增设能形成旋流的进水管，临时用于集排污。该进水方式适用于长方形鱼池，弥补长池一端进水所造成水质不均匀的弊端。

④ 水帘式　进水管沿鱼池四周形成环管，在环管上密排一圈沙眼状喷孔，使水向池中央上空呈抛物线状喷出并交织在一起形成伞状水帘。该进水方式的优点是具有较好的曝气增氧效果，缺点是影响鱼类摄食，也不便观察鱼的活动情况。

上述进水方式各有特点，在实际使用中可同时采用几种方式，以取长补短。

（3）排水、排污系统　池内沉积的残饵和粪便会增加水中耗氧，恶化水质，故必须随时清除池中的粪便和残饵等污物。流水鱼池的排水、排污系统主要有以下四种类型。

① 直排式　在池底的排污口上端设拦鱼网罩，其下端安装排水、排污阀门，以阀门控制水位。并在池壁水位高处开设嵌有滤水窗的太平洞，一旦水位过高，可由此处溢出而避免水满池而逃鱼。这种排水、排污方式的取材容易、施工简单，但缺点是：a. 鱼池内外水位落差大，排水时压力大，鱼体容易贴在拦鱼罩上而受伤，特别是苗种阶段，易造成大批死亡；b. 出水流量受鱼池内进水量和水位高低的影响，很不稳定，也不易控制；c. 出水阀门容易堵塞、锈蚀或损坏。故生产上已很少采用直排式出水。

② 闸板式　在池中心排水口两侧对立两个断面为半圆形的水泥柱，水泥柱的内侧面各有三道相对的闸槽（槽间距约 10 厘米），最外面一道闸槽安装拦鱼网框，中间的闸槽安插外闸板，最里面一道闸槽安插内闸板。外闸板上端高出水面，下端离池底 10 厘米；内闸板上端低于水面 30 厘米，下端直达池底，利用内外闸板控制水位。池水通过网框，流经外闸板下端的缝隙，向上越过内闸板顶

端，而后落入排水、排污管。由于内闸板低于水面，水位落差形成一股吸力，将旋转式水流引到池中心的污物与池水一起吸入闸内排出。缺点是占用了养鱼水体。

③ 套管式　内外套管直立于池中心的排水、排污口上方，内管低于水面而直达池底，外管高出水面而下端距池底有一缝隙，缝隙设有拦鱼网。套管式的排水方式与闸板式相同，优点是占用养鱼水体少，往往在较小的流水鱼池中应用。

④ 倒管式　在池中心的排水、排污口上安置拦鱼网罩。为防止堵塞，网罩的表面积设计得较大。排水、排污管由池底伸出池外后，先安装一"⌐"形接头，该接头能左右转动，在其上端接一工程塑料管（PVC 管），长度与最高水位相等（图 2-8）。

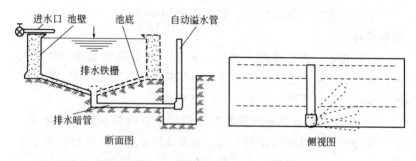

图 2-8　倒管式排水方式示意图

鱼池中的污水经拦鱼网进入池底排水、排污管后，向上经倒管溢出池外。优点是：a. 水位落差小，拦鱼网罩不会产生贴鱼、贴苗现象；b. 水位可任意调节；c. 只需将倒管放倒（与地平面呈 -5°角），即可排污，甚至可将池内水全部排空；d. 无阀门，水流通畅，不会堵塞；e. 设施简单，成本低，占地面积小。目前，工业化养鱼大多采用该种排水方式。

（4）拦鱼设备　为防止逃逸，在出水口设置滤网拦鱼设备。根据养殖对象的大小和要求选择合适的拦鱼材料。金属在水中容易锈蚀，最好用塑料、不锈钢制成的栅箱或网片。

拦鱼设备的结构有片状、筒状和钟罩状。片状滤网面积较大，用在出水口前方，可防止从上、下出水口逃鱼。网身从上到下根据鱼池面积设置1~4片。为便于抽换、清洗，可在同一滤口安插两片。筒状滤网用于鱼池中心部位的出水口，上端露出水面。钟罩状滤网用于池底，覆盖在出水口上。

滤网面积大小直接关系到出水量的大小和流速。滤网面积小，出水滤速加快，网片上受到的冲力和压力较大，单位面积上通过的有机物较多，容易发生堵塞和损坏。在循环流水最大的鱼池中，必须保证拦鱼设备不影响进出水流量均衡，否则就容易造成水位升高、苗种贴压而受伤，甚至池水漫溢。通常滤网的面积不小于鱼池横断面的1/3~1/2。

（5）室内排水沟 室内排水沟设在中间操作走道下，沟底标高比鱼池底标低10~20厘米，比排水口水平面高10~20厘米。

4. 给、排水及水处理系统

给、排水及水处理系统的流程见图2-9。主要包括以下几类设施。

（1）蓄水池 蓄水量应大于温室最大换水量的3倍以上，可用土池，一般为6666.7米^{2}左右，平均水深2米，1/3以上的水面种植水生植物，以净化水质。

（2）沉淀池、过滤池 土池作为沉淀池，四周用水泥板护坡，面积1333.4米^2，水深2米左右。在沉淀池一角用块石筑2条平行的弓形坝，两坝间距1.5~2米，中间填石砾或粗煤渣，其内侧为过滤池，面积20~30米^2，水深1.8米。池底为水泥底。在其一侧设水泵房，抽取过滤池内池水为温室水源。如水源清澈，含泥沙及杂质少，可不设沉淀池和过滤池。

（3）反滤池 长方形水泥池，池深1.2米，池底向压水池一侧倾斜；离池底0.3米处安置承托板，承托板可用多孔砖作墩。在承托板上先铺一层塑料窗纱网，再铺10厘米粗石砾，其上铺15厘米细石砾，最上面铺10厘米粗砂。反滤池上层与正滤池相通，其过滤清水自动流入正滤池。

（4）正滤池 面积、形状和结构同反滤池，只是水流从上端通

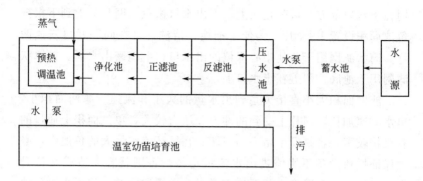

图 2-9 给、排水及水处理系统工艺流程图

过滤床压向下端，由下端出水口流入蓄水池。正滤池池底向蓄水池一侧倾斜。

滤池设计的总面积（包括正滤池和反滤池）通常为流水鱼池总面积的 15％～25％。

（5）压水池 水沟形水泥池，下通反滤池。压水池的池顶比正滤池、反滤池高 30 厘米，以便造成水位差，使池水顺利通过反滤池。

（6）蓄水池 长方形水泥池，面积、水深同反滤池。上端一侧有水管与加温池相通。

（7）加温池 容量为该温室最大水量的 5％，池底和四壁外侧置隔热保温层。池内设置蒸汽回形管，以加热池水，并安装温控仪器。池边安置泵房，可将温水送入温室各培育池。池顶加盖，以防热量散失。

（8）排水渠道 温室总排水沟连接压水池。在总排水沟流出温室处设一窨井，起沉淀作用。在窨井外侧设一污水阀门，可将污水排入鱼塘作为肥料或作为水生经济植物的用水；在窨井的另一侧设进水阀门，可向压水池进水。

（9）塑料大棚 整个水处理系统上端设一塑料大棚，其顶部架在温室南墙窗户上方，底部架设在各水处理池外侧。

（10）"生物包" 在正滤池、反滤池内接种有益菌（如光合细菌和某些放线菌）、刚毛藻，通过微流水形成生物膜，水面上培养水葫芦（凤眼莲）。在大棚地坪和空中放置热带、亚热带盆花，清除脏物、脱氨氮、净化水质、净化空气，并对外水源和空气有预热作用。温室用水（微流水）通过总排水沟进入压水池，通过反滤池、正滤池的物理去杂和生物脱氮，降低水中 COD（有机耗氧量），池水再通过蓄水池进入加温池加温后，由水泵供给培育池。晴天 9：00～16：00，打开南窗和下端的排风扇，将温室内空气中高浓度的二氧化碳和氨排入大棚内作为植物光合作用的营养源，植物光合作用产生的大量氧气及时输送至温室内，以改善温室内的空气质量，提高能量利用率，保持温室的生态平衡（图 2-10）。

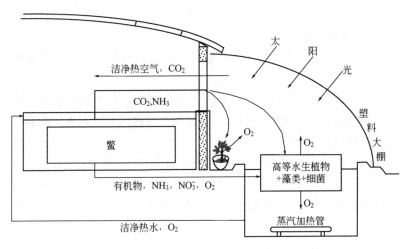

图 2-10 "生物包"原理示意图

5. 加温、供热系统

为使气温高于水温，温室沿内墙四周设置热水汀加热气温；锅炉专门引出的蒸汽管或热水管进入加温池，此管道与热水汀管道分开设置。锅炉用水必须经过处理，符合锅炉用水的标准。长江中下游地区采用卧式快装蒸汽锅炉供热时，通常每 2000 米^3 的养鱼水体，宜采用蒸发量为 11.5 吨/小时的锅炉。蒸汽锅炉供热系统的工艺流程见图 2-11。

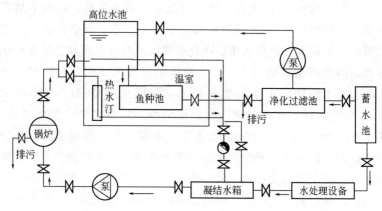

图 2-11 蒸汽锅炉供热系统工艺流程图

6. 增氧系统

"生态型"温室的氧气条件较好，故温室的充气、增氧系统较简单。

（1）加热池可用 2 台 0.18 千瓦的微型叶轮式增氧机增氧。同时，加热时，通过增氧机搅拌，可使加热池内的温度均衡，有利于调节加热池的水温。

（2）每幢温室选用 2 台电机功率为 1.5 千瓦，最大送气量为 130 米³/小时的旋涡气泵（其中一台备用，轮流运转）。充气泵可安置在南墙上端的塑料大棚内，以便及时将含氧量高的热空气输入温室。

7. 供电系统

养鱼温室及有关设施湿度大，必须高度重视用电安全。供电系统的设置和安装必须做到科学、安全，必须严格按照电力系统所制定的操作规程进行安装操作。

8. 监控系统

根据鱼类在不同发育阶段的生态要求，对温室的主要生态因子进行自动监测（包括自动记录）、自动控制，将各项指标自动调整到最佳状态，促进鱼类的生长，降低劳动强度，提高经济效益。这种温室就称为智能化温室。由于测试各项生态因子的传感器价格昂贵，我国温室的监控系统局限在试验研究阶段。目前，国内温室的监控系统的研究主要包括：温度监控、湿度监控、照度监控、溶解氧监控、pH 自动监测、COD（有机耗氧量）自动监测和氨氮自动监测等。

三、饲养与管理

1. 滤池生物膜的培养及其负荷的测定

在新设置的养鱼系统内，滤床还没有滋长出具有一定矿化能力的微生物群体，即生物膜尚未形成，滤床没有分解、矿化有机物的能力。一个滤床从开始到成熟（即过滤后总氨氮、亚硝酸盐明显下降）需要 30～40 天（水温 25～30℃）或 60 天左右（水温 20℃左右）；如人工增施培养液和接种特定的有益微生物，滤床成熟时间可缩短 1～2 倍。因此，要使滤床具有最大的有机物负荷，就必须先加以培养，使其成熟。如果滤床上未长出生物膜，就立即运转，可能不仅不能处理有机物，还会影响和抑制生物膜的成熟。

（1）生物膜的培养方法

① 动物培养法 在循环系统内逐渐地增加鱼类的放养数量，使生物膜逐步生长和成熟。

② 化学、生物培养法 在系统尚未养鱼之前，用化学肥料或有机肥料（如豆浆等）作为微生物的能源，然后接种光合细菌、东江菌等进行培养。

化学肥料用尿素和过磷酸钙（N：P＝6：1），尿素用量为 10 毫克/升。豆浆一般用 5 毫克/升，隔 5～7 天重用 1 次能达到较好的效果。目前，国外已专门生产生物膜培养液和各种水处理的混合菌（包括氨化细菌、亚硝化细菌和硝化细菌）。

采用化学加生物培养法，通常在水温 25℃时，滤床的生物膜培养 14 天左右即可成熟；当水温达 30℃时，生物膜 10 天左右即可成熟。

（2）滤池负荷的测定 滤池负荷是指一个循环过滤系统所能承受的养鱼数量，又称滤池的负载量。滤池中微生物的数量和密度不可能无限地增加，矿化能力也不可能无限提高，必须进行最大负荷测定。测定方法是：生物膜成熟后，继续增加载鱼量，正常投喂和给予最大供氧量，每天测定水中总氨氮和亚硝态氮的含量，直到水中总氨氮和亚硝态氮的含量又开始升高，并在数日内未见下降时为止。此时的载鱼量即为该系统的最大负荷，这种方法仅适用于较小的过滤系统。规模较大的过滤系统只有通过 1~2 年的实际饲养，通过不断测定和调整鱼类的放养量，才能确定最大负荷。

2. 饲养鱼类的选择

大部分经济水生动物都可采用工厂化养殖，但工厂化养殖成本高，从经营管理及效益出发，养殖对象要符合以下要求。

（1）市场短缺、价格高、利润高的名特优水产品。

（2）对环境有特殊要求的种类

① 温度　如罗非鱼等暖水性鱼类、虹鳟等冷水性鱼类，可利用工厂化养殖保持其最适生长水温进行长年养殖。

② 盐度　在内陆可采用工业化方法进行海珍品的养殖，称海水产品的陆基养殖。如松江鲈等需要一定的盐度，工业化养殖可确保其繁殖和培育的最适温度，还可提供最适盐度。

（3）饲料　饲料要颗粒化，减少在循环过滤系统中的损失，降低滤池负荷。养殖对象最好是肉食性或杂食性的、能摄食颗粒饲料的鱼类（如鲑鳟鱼类、鲟类、鲆鲽类、鲈类、大黄鱼、鲷、鳗鲡、罗非鱼、鲤等）。

3. 容纳密度

从放养开始至生长成商品鱼上市，这一阶段中任何指定时间下的密度，称为容纳密度。容纳密度是随着鱼类的生长而逐渐增大，到上市规格达到最大值。

容纳密度又可分为表观容纳密度和系统容纳密度两类。表观容纳密度即养鱼水体可容纳鱼类的重量，这是可以用肉眼或实地直接观测到的，计算方法是：

$$表观容纳密度（千克/米^3）＝鱼体总量（千克）÷$$
$$养鱼池水体总量（米^3）$$

事实上，鱼类的生长不仅局限于鱼池所容纳的水体，而是整个养鱼系统中的水体，故整个系统的生产力应采用系统容纳密度，即采用总容纳量来表示，以便确切地表示整个工厂化养殖水体中实际的养鱼数量，也可称实效容纳密度，其计算方法是：

系统容纳密度（千克/米^3）＝鱼体总量（千克）÷循环用水总量（米^3）

在工厂化养殖供水系统中，都配备一定数量的水质净化系统。因此，鱼类的表观容纳密度大于系统容纳密度。系统容纳密度越高，就说明该养鱼系统的设计和管理技术水平越高。如德国的工厂化养殖设施，用 80 米^3 的循环水，可生产 50000 千克鲟鱼，系统容纳欧洲鲟密度已达 600～650 千克/米^3。我国工厂化养殖罗非鱼的最高系统容纳密度为 126 千克/米^3。

4. 流量的调节和计算

流水鱼池中的流量通常以每小时内的交换次数来表示，流量的大小关系到输入氧气的多少和排出或稀释污水的速度。鱼池中的流量，主要根据进水水体的含氧量和有机氮的浓度而定。通常，进水水体的含氧量越高，氨氮含量越低，其流量即可减小。不同鱼池中由于鱼的种类、规格、密度及投饵量不同，流量则有所不同，不能平均分配。流量可采用以下三种方法来确定。

（1）通过耗氧量或排氮量来计算流量

① 根据耗氧量计算　根据某一阶段内的鱼池容纳量以及所养品种在当时情况（水温、规格）下的耗氧率来计算单位时间内的耗氧量。如某一流水鱼池面积为 16 米^2，水深 1 米，容纳鲤 800 千克，进水溶解氧含量为 5 毫克/升（5 克/吨）。池水允许最低含氧量为 3 毫克/升（3 克/吨），当时的耗氧率为 0.39 克/千克·小时（25℃，体重 0.25 千克），每小时耗氧量＝800×0.3＝240（克），则每小时需要流量为 240/(5−3)＝120（吨）。即该鱼池的适当流量不少于每小时交换 7.5 次。

② 根据排氮量计算　每千克淡水鱼，每小时的排氮量为 421 毫克。以上述 16 米^2 的鱼池为例，饲养虹鳟 500 千克，其排氮量为 17 毫克/（千克·小时），池水允许含氮量最高浓度不超过 0.1 毫

克/升。假设进水水体含氮量为 0.01 毫克/升，鱼池内总排氮量为
$500×17×0.01=85$（克）；水体中允许存在的总氮量为 16000 升×
0.1 毫克/升＝1600（毫克）＝1.6（克），多余的氮必须在 1 小时内稀
释到 0.1 克/吨，因此，需要水量为：$(85-1.6)÷(0.1-0.01)=$
926.7（吨），交换次数为 $926.7÷16=57.9$（次）。

上述计算的需水量不包括残余饲料分解的氮在内，因此是最小
交换量，实际上所需的流量应比计算适当地增大。

（2）通过水化学分析来调整流量　一般情况下每隔一天在鱼池
后半部和出水口采水样一次，分析其中的含氧量。如果溶解氧含量
在允许范围以内，说明流量适当，否则就应相应地调整。通常池水
出水口含氧量的最低指标为 3 毫克/升。

（3）通过鱼群的摄食和活动状况来调整流量　在含氧较高时，
鱼类摄食旺盛，食欲重复出现的间隔时间短，摄食量稳定。否则，
说明池水流量不足。如果鱼类出现浮头的现象则更说明流量距离需
要相差过大。因此，观察鱼类摄食和活动状况可大致判断水中的含
氧量是否合适、流量是否恰当。

在掌握和调节流量的过程中，除按一定的依据外，在可能的条
件下，池水的流量应适当地定得大些。

5. 饵料及其投喂

在温流水循环过滤系统中养鱼全靠商品饲料，对于饵料的性状
和投喂方式都有严格的要求。

（1）饵料的性状　使用颗粒饵料，要求它在水中具有最小的散
失率。如使用糊状饵料时，则要求黏合性要好。

颗粒料分沉性和浮性（膨化料）两类。沉性饵料中又有软质和
硬质饵料之分，一般以硬质的为好。硬质颗粒的粗细长短要能够与
鱼的生长规格相适应，方便鱼类的摄食。颗粒的大小要求适口、干
燥程度适中、均匀，不混有杂物碎屑。

（2）饵料的投喂　循环流水养鱼池中没有含氧量的昼夜变化，
因此从早到晚都可投喂。每隔 2～3 小时就可投喂 1 次，一天中可
以投喂 8～12 次。可以将一天中规定的投喂量分为数次投喂，这样

既可提高鱼对饵料的利用率，又可减少损失。投喂数量可根据池中鱼的总重量计算，首先确定投饲量占鱼体重的百分比，再按此数量分次投喂。一般应掌握一天内的投喂量约为鱼饱食量的 70%，切忌过饱。

人工投喂时，一般投于出水口前部，要求均匀，对鱼群密集外围的个体，要适当给予照顾。投喂以后 10 分钟，观察池底，检查有无剩余。

影响饵料系数的因素很多，除饵料营养成分、水温、水中含氧量等因素以外，最重要的是投饵数量，不能怕鱼类吃不饱而多投饵料，生长速度并不与摄食量成正比。投饵适当是保证鱼体健康生长的重要因素。投饵过多既造成饵料浪费，又会增加水质净化系统的负担，影响水质和鱼类的生长。

在科技发达国家，根据计算机分析水质和鱼的生长呼吸、摄食等信号，计算当时的最适投饵量，并控制投饵机自动投饵，大大促进了鱼类的生长。

6. 水质监控

在循环过滤养鱼系统中，应该制定水质指标和管理制度，建立和执行常规水质分析和定期维护制度。

(1) 常规水质分析　每隔 1～2 天对滤池滤效、鱼池含氧量、COD、排水口的氨氮等项目进行常规测定。测定滤池进出水口的含氧差（代表滤池的生物耗氧量）和总氨、NO_2^--N，了解滤池氧化的强度。滤池耗氧量大，说明氧化作用强；出水中总氨和 NO_2^--N 不大于规定指标时，表明生物净化效果较好，单位时间内通过的污水正常。

此外，还应定期（每周或每半月）测定硫化氢（H_2S）和总氮（TN）含量。

在测定上述项目的同时，还必须对养鱼水体的水温、pH 值以及有关系统中的变化情况及时做好记录，以备分析和查用。

(2) 制定水质指标　根据系统的净化能力和设备潜力制订水质指标：鱼池中平均溶解氧含量在 5～8 毫克/升，出水口的水中溶解氧含量不低于 3 毫克/升。要求滤池出水口的水中总氨含量不大于 0.1 毫克/升，NO_2^--N 不大于 0.01 毫克/升；鱼池排水口的水中总氮含量不大于 1.00 毫克/升，NO_2^--N 不大于 0.1 毫克/升。

（3）防止水质恶化的措施　若鱼池养鱼数量过多，其水质就会超过滤池最大负荷，致使水中有机物突然增加。长期超负荷运转而使整个系统水质发生恶化，造成总氨和 NO_2^--N 偏高，溶解氧含量下降。必须采取以下有效措施防止水质恶化。

① 增加补充水的交换量　每天补充和交换 5%～10% 的新水，如已经发生轻微恶化，把补充水的交换量提高到 20% 以上。

② 换水　补充大量新水，在 1～2 天内逐渐取代整个系统中的全部水体。

③ 减少投饵数量　有机物的大量增加，是造成水质污染的重要因素之一。水质发生恶化时，适当地减少投饵量。

④ 进行化学处理　在沉淀池内使用混凝剂（如明矾等），促使有机悬浮物的沉淀并及时从池底清除。

⑤ 减少养鱼数量　将一部分鱼转养它处或者提早出售。

（4）滤池的监护和管理　滤池在整个系统中像人体的肝脏、肾脏一样重要，必须十分重视其监护和管理。

① 测定滤池生物耗氧量和有机氮化物的转化效率以判断滤池生物膜的活动是否正常，有机物的含量与氧化作用是否平衡。如耗氧量正常，出水口的水中 COD、总氮、NO_2^--N 含量低于或等于规定指标，说明滤池的净化作用良好。耗氧量正常而出水口的水中总氮、NO_2^--N 含量持续升高，说明滤池已超过最大负荷，水质已开始恶化。如耗氧量突然下降（此时水中总氮、NO_2^--N 升高），就要查明其原因，并按上述方法进行处理。

② 检查污水进入滤池前，含氧量是否达到或接近饱和。如果进水含氧量不足就会影响氧化能力，甚至会引起好气性微生物的大量死亡。如使用蜂窝状滤料的滤床，要经常保证空气的供给。要求送气均匀，不要过大过急，以防对生物膜的冲击，让生物膜得以顺利地生长。

③ 检查沉淀效果 防止因流量过大或发生故障而短路，使部分有机悬浮物带入滤池，造成滤池堵塞。

④ 检查滤池进水槽中的水位若逐渐升高，说明已开始堵塞，应及时进行反冲，促使沉淀物的排出，以减少积污。

⑤ 检查除鱼池以外的其他水体，是否有鱼逃入（尤其是沉淀池内）。如有鱼逃入，应该立即设法捕出，否则鱼会干扰沉淀效果，影响滤池。

⑥ 及时捞除滤池中浮起和堆积的脱落生物膜，防止它们在滤池中腐烂。

⑦ 滤床应定期进行反冲，以防堵塞 如已经发生堵塞，可加强反冲压力，或者进行表面震动（使用振荡器或人工耙动）使堵塞松动。如上述措施都无效时，只能将滤料全部翻出池外，进行彻底冲洗，但应尽量避免这种情况在生产期出现。

7. 日常管理

完善的工厂化养殖，其日常管理工作已全部或部分地机械化、信息化和自动化。我国目前养鱼的工业化水平还较低，在日常管理体制中需要做以下工作。

（1）适量适时投饵，灵活掌握投饵数量，做到合理投喂。

（2）注意调节流量。在生长后期，池水溶解氧含量容易出现偏低，此时应加大流量；在摄食旺季要加大流量；随着鱼体增重，流量也需逐步增加。

（3）随时注意流水鱼池的进水情况，及时发现水路堵塞和因停电等造成的故障。

（4）注意水质变化，定时测定鱼池和滤池的水质指标，包括水温、pH、溶解氧、COD、总氨、$NO_2^- \text{-N}$、$NO_3^- \text{-N}$ 等，防止水质突变。

（5）及时排污，通常每天排污 1～2 次。在生长旺季，需增加排污次数。要尽量避免池内积污，以降低耗氧量，改善水质。

（6）经常注意鱼类活动，观察鱼类的摄食强度、鱼病症兆及浮头等。

（7）注意防逃，经常检查鱼栅、滤网是否破损，是否有鱼跃出池外。

（8）容易发病的饲养对象，必须做好鱼病防治的准备工作，及时预防与治疗，及时捞出死鱼。

（9）定期抽样检查鱼体增重和饵料利用率。

（10）做好各项记录，及时汇总并进行综合分析，及时调整生产措施。

四、建立养殖档案

工厂化养殖档案分为技术档案、财务档案、基建档案、文书档案及实物标本、图像、录像、照片等，技术档案为养殖档案的重点。

技术档案包括水处理技术、控温技术、高氧技术、生物工程技术、自动投饵、自动监测技术、计算机系统及日常实验生产档案，此类档案由研究人员、实验员、技术操作工人做好每天的详细记录、筛选方法参数、实验生产、养殖管理等情况，每月必须对记录资料及数据进行整理、分析、综合、总结、归类和形成档案，制定下一步的实施方案。

第三节　网箱高效养殖技术

网箱养鱼是利用竹、木、金属或合成纤维等材料制成的网身和框架，装配成一定形状的箱体，设置在大水面中，进行高密度鱼类养殖的方式。它是近四十年引进和逐渐发展起来的一项新兴的科学养鱼方式，具有投资少、产量高、见效快、设施比较简单、捕捞灵活方便及最大程度利用现有水资源的优点和特点，是我国养殖业的重要组成部分之一。

一、网箱养鱼概述

1. 网箱养鱼的起源和发展

100多年前柬埔寨渔民依靠简单的渔具从事渔业捕捞为生。捕捞到的鲇、鲖等名贵鱼类鲜活运至金边去出售，运输的方法是把活鱼放进挂在船尾的竹笼或木笼中，随船在水中漂移到金边。由于路途较远，在运输过程中有时也投喂小杂鱼和食物残渣，后来发现鱼在笼子里长大了，且生长正常，由此得到启发，渔民将小个体的优质鱼类在笼子里养大一些再出售，之后逐渐发展成为目前东南亚国家广泛采用的柬埔寨式传统网箱养鱼。

网箱养鱼这种方法是在1951年由Lafont和Saveun首次向全世界报道，在这以前，柬埔寨的这种笼养方法早在20世纪30年代首先流传到泰国，40年代传到印度尼西亚，后来柬埔寨渔民又把浮式网箱养殖技术传到越南南方。我国网箱养鱼起步更晚，20世纪70年代才开始进行网箱培育鱼种试验，中国科学院水生生物研究所1973年在东湖进行网箱培育鱼种试验，1974年浙江淡水水产研究所、山东淡水水产研究所用网箱培育鲢、鳙鱼种试验获得成功。之后开展了网箱养鲤、草鱼，由于成本高、效益差，虽然轰轰烈烈地热闹了一段时间，但不久就冷下来了，极大地挫伤了网箱养鱼的积极性。20世纪90年代后，网箱养殖对象转向经济价值高的特种鱼类，网箱养鱼在我国才得以重新发展壮大。

2. 网箱养鱼的原理和条件

网箱养鱼高产的原理可以从生态学和生理学两个角度进行分析。

(1) 生态学角度分析　一是由于风浪、径流、温差、鱼类游动等原因，使得网箱内外水体不断交换，氧气不断补充，二氧化碳和排泄物不断流出箱外，箱内水质始终保持清新，溶解氧充足；二是网箱内外水体的交换也使天然饵料生物和其他有机营养物质不断补充到网箱里来。对于投饵网箱养鱼，全价配合饲料的使用，保证了网箱内鱼的迅速生长的全部营养需求。

(2) 生理学角度分析　由于鱼类高度密集在网箱这样一个小养殖系统中，限制了鱼类的活动，同时使鱼类安全感加强，大大降低了鱼体能量的消耗，便于鱼体内营养物质的积累，使鱼类生长加快，肥满度提高。

网箱养鱼的光照条件要好，因为光是决定水域生产力的重要因素，同时浮游植物的生长可提高水体的溶解氧含量。透明度在30～50厘米的水体适宜设置网箱养鱼，30厘米以下则不适宜进行网箱养鱼，夜间无风天气容易缺氧。浑浊透明度在20厘米也不宜进行网箱养鱼。水域面积不宜过小，年最低水位不低于3米；水域水质清新，溶解氧在5毫克/升以上，常年不低于3毫克/升；水域没有被工业废水或毒物污染；交通方便。

二、网箱设计与制造 ●●

1. 网箱类型

（1）浮式网箱　网箱可以随意移动，网身深度仍然保持不变，由于可以随意移动，网箱中的水质比固定网箱好。这种网箱适宜于较深湖泊、水库或海湾内设置，为我国广泛采用的一种。

（2）固定网箱　用竹桩或水泥桩固定网箱。网衣悬挂在固定的撑架桩上，网箱的容积随水位的涨落而变化。这种网箱适宜水位变化不大，且水深一般不超过5米的湖泊，优点是可以经受较强的风浪。固定式网箱一般不封盖，投饵管理比较方便。

（3）沉式网箱　网箱可以自由升降，水位变化不影响网身的容积和深度。风浪较大的水域可以设置该种网箱。不投饵网箱和越冬网箱可以使用沉式网箱。养殖滤食性鱼类的网箱，由于网目小，在水深0～1米范围内易堵塞，所以将网箱顶部沉到1米以下，可以减少藻类及其他悬浮物堵塞网目。

2. 网箱形状与规格

（1）网箱形状　以前国内大多采用正方形或长方形的网箱，近年来国外向多边形或圆形方向发展。从理论上来计算，在深度相同的情况下，圆形和多边形比其他任何形状的网箱在相同的网箱容积时节省材料。但矩形网箱制作最方便。

（2）网箱规格　网箱的规格大体上可以分为大、中、小型。

① 大型：120米^{2}以上，有的达560米^2，深度4～5米。

② 中型：30～120米^2，深度3～4米。

③ 小型：10～30 米²，深度 1.5～3 米。

3. 网箱的基本结构与材料

网箱主要由箱体、框架、浮力装置和沉子等组成。附属设施包括栈桥、值班房等。为了防止风浪的袭击，在网箱周围设置固定桩。

（1）箱体 箱体是网箱的主要部件，由网片和网绳组成。网片的材料，目前广泛采用聚乙烯合成纤维和金属网。聚乙烯合成纤维相对密度 0.95 左右，几乎不吸水，具有耐腐蚀、耐低温和抗日晒等良好性能，强度高，材料轻，价格便宜。网片用 23 支直径 0.21 毫米或 0.23 毫米的单丝捻制成的股线编结。选用线号为 0.21/（3×3）或 0.21/（4×3）的网线。合成纤维制成的箱体易被某些藻类或低等无脊椎动物（固着藻类、苔藓虫、螺蛳、淡水壳菜等）附生或堵塞。大量悬浮有机物附着在网衣上，使网箱的滤水性能下降，易导致鱼类缺氧甚至窒息。克服网衣上附着物的常用方法有：一是在网上涂附一层碳酸钙粉末或其他钙化物（如贝壳粉等），使网变得柔软，使淤泥污物不易附着。为了使碳酸钙粉末与网线更好地凝合，可用聚氯乙烯、聚酰胺、天然橡胶或合成橡胶作为黏合剂，先在网上涂上胶黏合剂，然后加碳酸钙粉末或两者混合后再涂附在网衣上，这样经久耐用。二是采用镀锌的金属网片可以提高网片强度，且耐磨防锈，使贝类等附着物不易附生在金属网片上。三是将网线涂上泥青，也可以防止藻类的附着，但网线最好是黑色的。另外，在金属网片涂上一层特殊的黑漆或涂上一层聚氯乙烯能有效地保护金属网片。四是在网箱里适量放入一些刮食性鱼类，如罗非鱼、鲴亚科鱼类等，可以除去附着的藻类和某些无脊椎动物。

（2）框架 框架是箱体的定型装置。一般使用竹子、木条、塑料管和金属管等为材料连接而成。竹、木材料易装配，价格低，但使用年限短，吸水后增加网箱负荷；塑料管和金属管经久耐用，但成本高。可根据资源和资金状况而定。

（3）浮子 浮子是装在网箱上纲的轻质材料，能使网箱浮起。制作浮子的材料很多，常用的有竹子、树木、塑料、玻璃球、金属桶等。选用浮子的材料要以价格便宜、浮力大为主要条件。

（4）沉子　沉子的作用与浮子相反，它是利用自身的重量使网衣迅速下沉，使网箱底部定型。沉子的材料要求相对密度大、原料来源广、不易生锈、不易腐蚀、价格便宜。常用的材料有石块、铁块、铅块等。

（5）栈桥　是网箱与岸边相连的设施，也是网箱的人行通道，便于运送饵料，操作管理方便。栈桥通常用竹、木、预制板或金属材料制成。为了使网箱和栈桥稳定，还需设置固定桩。

4. 网箱的设计与制作

（1）网线的选择　见表2-7。

表2-7　聚乙烯网线规格与编结网衣网目大小

网目大小/毫米	网线规格	直径/毫米	百米重/克	破断强度/千克	适宜放养鱼种规格
0.5～1	0.23/1	0.23	4.36	2.37	鱼苗暂养网箱
1～2	0.23/1×2	0.46	9.33	3.55	鱼苗到乌仔暂养网箱
3～10	0.23/1×3	0.53	14.0	5.3	乌仔到夏花暂养网箱
10～13	0.23/2×2	0.67	17.0	6.62	夏花到鱼种养殖网箱
13～20	0.23/2×3	0.78	28.0	9.94	仔口鱼种到老口鱼种养殖网箱
20～25	0.23/3×3	0.96	42.0	14.9	老口鱼种到成鱼养殖网箱
25～30	0.23/4×3	1.13	56.0	18.4	成鱼养殖网箱
30～40	0.23/5×3	1.29	67.0	23.0	大型商品鱼和凶猛鱼养殖网箱
40以上	0.23/10×3	1.94	140	46.0	大型亲鱼和凶猛鱼养殖网箱

（2）网箱的规格　目前国内一般使用的网箱规格有5×5、6×6、10×10、12×8、12×16等。鲤网箱稍小一点，草鱼网箱可适当大一点，饲养滤食性鱼类一般用长方形中型网箱。日本和欧洲的网箱大小与我国接近，而美国的网箱则小型化，仅1米³，但产量高，每立方米超过100千克，最高可达300多千克/米³。

（3）网箱深度　箱体深度的确定，要视养殖水域深浅而定，还应侧重考虑养殖水体中溶解氧的垂直分布状况。溶解氧的一般分布规律是，在静水中的 0～1 米处为最高，在 1～2 米处就下降到 50%～70% 的饱和水平，水下 3 米处则进一步下降到 20%～30% 的饱和度。其中 2～3 米处溶解氧的含量下降最快，为氧跃层。因此，一般使用的网箱的深度多为 3 米以内为宜。

（4）网目大小 网目适当放大可节约网衣材料，降低网箱成本，不易堵塞网目，保持水的交换畅通。但网目过大逃鱼概率大，因此，要全盘考虑，选择最合适的网目规格。

（5）网箱的制作 目前由于材料的商品化程度高，装配网箱的网片只需按自己的需要去市场购买，然后自己装配。也可以买成品网箱，或让加工厂按要求加工出适合需要的网箱。

5. 水体中网箱的布局

（1）排列间距 网箱在水中的排列首先要考虑网箱间应保持一定的间距，以保持网箱内的水质良好，溶解氧充沛。根据经验，箱与箱之间的间距，一般不小于网箱的边长。

（2）网箱的设置 三个网箱为一组，以"品"字形排列，五个网箱为一组，以梅花形排列。两排网箱间各网箱的位置最好错开，以达到水体交换方便、互不影响的目的。

6. 网箱养鱼的负载力

网箱养鱼由于残料和鱼类排泄的粪便等对水环境造成影响，一定程度下，这种影响是积极的，可以提高水体的肥力，达到"内养外增"的效果；但是当这些污染物超过了水体的自净能力，就会污染水体，使水体朝着富营养化方向发展，严重的会导致水体"泛池"。通过大量的研究表明，水面大的湖泊和水库，200～300 亩水面可设置一亩网箱，水面小、水交换条件差的水域，300～400 亩水面可设置一亩网箱。

三、鱼种放养

根据养殖对象饲养阶段的不同，网箱养鱼常常分为鱼种养殖和成鱼养殖两种。鱼种养殖又可分为单季放养、多季放养、逐级放养和提大留小四种方式。成鱼养殖包括单养、混养和轮养三种方式。

从国内目前网箱养殖趋势来看，网箱主要用于养殖成鱼，多采用一季养殖，养殖的品种由以前的鲤、草鱼为主，向养殖名贵鱼类发展。

1. 选择网箱养殖鱼类品种的标准

(1) 鱼类能在网箱中顺利成活和生长。

(2) 能适应群居生活和高密度养殖方式。

(3) 苗种来源充足，供应有保障。

(4) 有丰富的饵料基础和来源保证。

(5) 抗病强，在高密集下发病少。

2. 我国网箱养殖鱼类主要品种

鲤是网箱养殖最普遍、最成熟的种类，适应性强，生长快，饵料来源广，我国南北均可养殖，目前主要在长江以北和西部地区养殖。鲤的品种很多，以前网箱养殖的鲤鱼品种是杂交鲤，现在主要养建鲤、颍鲤和全雌鲤等。草鱼和团头鲂均为草食性鱼类，在草型湖泊进行网箱养殖草鱼和团头鲂，容易解决其饵料来源，以喂草为主，搭配少量配合饲料；以配合饲料为主，必须搭配少量草，否则草鱼容易得肠炎病。草鱼必须投放 0.25~0.75 千克/尾的鱼种，才能使年底成鱼个体达到 2 千克以上。鳜是我国名贵鱼类之一，目前养殖模式有两种，一种模式是纯网箱分级养殖，以鲴为饵料鱼，例如湖北的浮桥河水库；另一种模式是 0.25 千克以下的鳜在大水面放养，年底将其捕起放到网箱里养殖，使其迅速达到商品规格。广东和浙江等省进行过网箱养殖鳗鲡的试验，并在部分水库进行推广。斑点叉尾鮰和加州鲈是美国主要淡水鱼类，人工配合饲料解决得很好，在我国许多省份大规模网箱养殖。长江大口鲇是近几年开发出来的新的养殖品种，生长特别迅速，当年鱼在饵料充足的条件下，可以长到 2.5 千克以上。

3. 鱼种放养规格和数量

网箱养鱼是一种高投入、高产出的养殖模式，不仅要求产量高，而且要商品率高，这样经济效益才会高。根据经验，鲤和团头鲂鱼种每尾在 50 克以上，草鱼种每尾在 500 克以上，鳜鱼种每尾在 50 克以上，南方大口鲇鱼种 10 厘米以上。放养量一般在每立方米放养 10～15 千克，或每立方米 100～150 尾。放养量应随品种而异。

四、管理

1. 饲养管理

（1）饲料必须合乎鱼类营养的要求　不同生长阶段对营养的需求不同。

（2）驯化　鱼种进箱后先进行驯食，使鱼种入箱后能尽快适应网箱环境，培养定时、定位集体抢食的习惯。投饲量可以根据公式来确定，但最准确的方法还是通过自己的经验判断。鱼种通过一周的驯食后，鱼群便养成集中抢食的习惯。

（3）投饵次数　日投饵次数与水温有关：4 月份 1～2 次；5～6 月 2～3 次；7～8 月 4～5 次；9 月 2～3 次；10 月 1～2 次。

（4）投喂量　①驯食成功后，在一定的水温和鱼体大小条件下，我们可以测出鱼的总摄食量，具体方法是：称取一定量的饲料，向网箱里漫漫撒，由于鱼已经经过驯食，开始抢食很激烈，随着不断投食，抢食激烈程度变小，最后，鱼漫漫散去，只剩很少鱼在摄食，此时停止投食。称量所投的饲料量，就可得出此阶段的投喂量。随着鱼的长大和温度的变化，一般每周应测一次。②以鱼种放养时的重量为 100%，无需考虑饲养过程中鱼群重量变化，即可估算出每日投喂量。

以上两种确定投饵量的方法各有利弊，加之气候不断变化和饵料质量，投饵量有误差，实际生产中以吃完不剩、"八成饱"为原则。

（5）网箱养鱼与其他养鱼方式一样，投饵要求做到"四定"。

2. 日常管理

经常观察鱼的活动情况、天气、水质、水位变化情况，防止网箱破损和鱼逃跑。网箱入水一段时间后，一些生物、有机物等会附着在网箱上造成堵塞，影响水体交换，故网箱要定时清洗。由于养殖密度高，鱼病的预防非常重要。可在鱼病高发季节用漂白粉或硫酸铜挂袋、挂篓。

第四节　大水面高效增养殖技术

近年来，我国内陆水域的天然鱼类资源迅速衰退，其主要原因有三个：一是网、船工具的改进及数量的急剧增加，天然水域捕捞过度；二是在江河上大兴水利建筑；三是天然水域水质污染的加剧，影响了鱼及饵料生物的生存。鉴于此，迫使人们将目光转向人工增养殖。江河湖泊、水库等大中型水体的鱼类人工增养殖日益受到人们的青睐。

大水面增养殖学包括：①大水面养殖学，即在较大或很大的天然水域中开展的人工养殖（开放性水域），目的是增产增效；②大水面增殖学，包括的内容有鱼类的增殖、移植、驯化与保护。增殖是指对当前水域已存有的、但数量较少、生产潜力较大的物种，通过改善其生活环境状况来扩增该物种自身的自繁自生能力，达到增加该物种种群数量的方法。移植是指对当前水域已不存在、或数量很少但生产潜力较大的物种，通过人工引入外源性种群、调节、补充、稳定生物区系，达到新增或增加该物种种群数量的方法。驯化是指人类对天然水体中水生生物展开人工养殖，使其野性逐渐改变，能适应在人工创建的环境下生长和自然繁衍。所有的养殖品种都是人们对其进行了长期的驯养而得到的，这部分内容也属于大水面增养殖学。

大水面增养殖是在开放性水域中进行的，涉水水面大；管理难度大；见效周期较长，资金需求大；需兼顾生态环境质量；同时还涉及多门学科知识。大水面增养殖可合理利用天然资源；在生产鱼产品的同时，还可净化水质，防止或延缓水体的富营养化、沼泽化，有利于保护自然生态环境。

一、水域的选择 　　　　　●●

1. 我国的水系分布

中国七大水系：珠江、长江、黄河、淮河、辽河、海河、松花江。

2. 我国湖泊分布与资源

我国淡水湖泊资源十分丰富，对湖泊资源的开发利用也卓有成效。中国的湖泊目前约有 24880 个，水面总面积约占国土总面积的 0.8%，总蓄水量 7000×10^8 米^3。

（1）青藏高原湖泊区　是世界上最大的高原湖泊分布区，36560 平方千米，占全国湖泊面积的 48.4%，多为咸水湖。鱼类品种较单一，单位面积产量较低。有 2 个科、3～8 种。

（2）东部平原湖泊区　23430 平方千米，占全国湖泊面积 31%，多为淡水湖。鄱阳湖、洞庭湖、太湖、洪泽湖、巢湖五大淡水湖均分布在这一区域。地理、气候、水文等湖泊条件十分优越，是渔业功能最强的湖泊区域。品种丰度高，单位面积产量高，90% 淡水鱼品种在该水域出现，有 12～24 个科、39～117 种。

（3）东北平原湖泊区　4340 米^2，占全国湖泊面积的 5.7%。品种丰度中，单位面积产量高的区域分布在辽河和鸭绿江下游。多为淡水湖。面积较小的湖在当地称为"泡子"，面积趋小。有 7～13 个科、17～53 种。

（4）云贵高原湖泊区　1110 米^2，占全国湖泊面积的 1.4%，几乎全在云南省，多数为浅水湖，（趋老化，富营养型居多），也是云南省渔业生产的主要基地。有 4～10 个科、18～27 种。

（5）蒙新湖泊区　8670 千米^2，占全国湖泊面积的 11.5%，在黑河以东及柴达木盆地的湖泊以中小型风沙湖为主，在黑河以西湖泊较少但面积很大。多为咸水湖，品种较单一，单位面积产量较低。有 2～7 个科、8～30 种。

二、增殖养鱼的种类

1. 确定主养鱼类

（1）我国大多数湖泊水库的天然饵料主要由浮游生物、底栖生物、有机碎屑和水草等组成，其中浮游生物的种类和数量，有机碎屑和细菌构成天然饵料的主要成分，所以湖泊水库主养鱼类必须是以浮游生物和有机碎屑为食的种类。

（2）我国养殖鱼类中以浮游生物和有机碎屑为食的种类较多，有鲢、鳙、鲴类、餐条、花鲭、白鲫等。

（3）由于鲢、鳙是世界淡水鱼类中利用浮游生物效率较高、生长速度快，又能长得很大的鱼类，所以我国湖泊水库大多以鲢、鳙为主养鱼类。

2. 适宜我国湖泊水库配养鱼类的主要种类

水草丰富的湖泊、水库，建库初期旱草和水草资源丰富的水库，可多放草鱼和其他草食性鱼类；水草资源减少后，减少放养量，或改放团头鲂、长春鳊、三角鲂；湖泊水库一般底栖生物较丰富，所以可适当投放鲤、鲫；水库和湖泊均可放养细鳞鲴、黄尾密鲴、银鲴等；其他搭配鱼类有鲮、罗非鱼、虹鳟、花鲭、鲟、鳜、南方鲇；放养一定数量的凶猛性鱼类可以控制野杂鱼数量，有利于主养鱼类的生长。

三、鱼的放养

1. 鱼类的合理放养

合理放养的含义：根据水体条件选择适当放养对象、确定放养种类后，合理搭配放养比例，适中的放养密度，以及良好的鱼种规格，并结合资源繁殖保护、防逃及合理捕捞等措施，使水体饵料资源全面而又合理地转化为渔业产品。

具体说来，有以下几种措施。

（1）调查养殖水体的生态条件和理化条件，选择适合开展水产养殖的水体。根据水体条件选择适当放养对象。

（2）根据主养鱼类和水体特点选择好配养鱼类，合理搭配放养比例，充分利用水体的生产力，获得最大效率。

（3）尽量选择品种性状优良、体质健康的大规格鱼种。大规格鱼种的避敌能力强，易适应大水体。大规格鱼种摄食能力强，大水面饵料生物要少得多，故规格越大、摄饵越多，生长愈快，回捕率高，抗病力强。

（4）根据水体供饵能力、凶猛鱼类危害程度、防逃设施效果、捕捞强度以及放养鱼的规格等确定合理的放养密度。

（5）加强渔政管理，防逃、防盗（偷鱼、炸鱼、毒鱼）、防缺氧。

（6）确定养殖周期以及捕捞规格，采取捕大留小、捕大补小、轮捕轮放等合理捕捞方式，注重水体的可持续发展。

2. 三级放养

三级放养是我国湖泊养鱼培育大规格鱼种放养成功经验之一。所谓"三级放养"，是指"大水面"（水库、湖泊）、"中水面"（湖汊、库湾）、"小水面"（池塘）三个不同大小等级的水体配套放养。具体方法是：在池塘培育出 6.7～10.0 厘米的鱼种，在湖汊、库湾培育出大规格鱼种（13.3 厘米以上 1 龄鱼种或每千克 3～4 尾的鱼种），最后投到水库或湖泊。三级放养的优点是：在湖汊、库湾养成的大规格鱼种投到该水体，鱼种对环境的适应能力强，提高了鱼种的成活率。

3. 选择混养鱼类的标准

不与主养鱼类争饵、争空间，尽可能利用水体天然饵料中各种成分：如水草、底栖生物、固着藻类等；能在水体里自然繁殖或较易进行人工繁殖；生长快，个体大，易捕捞。

4. 大型水体鱼类提倡冬季放养

冬季放养具有如下优点：①水温低鱼种活动力弱，便于捕捞和运输，损伤少，成活率高；②凶猛鱼类摄食强度较低，对鱼类危害较小，待凶猛鱼类开春后积极觅食时，鱼种对大水面已经适应，活动力强，逃避力亦强；③鱼种较早适应环境，开春后即可旺盛地摄食生长，相对延长了生长期；④我国湖泊、水库冬季一般为枯水季节，水位低而稳定，排泄水少，鱼种逃逸的机会少；⑤我国湖泊、水库一般都在冬季进行大捕捞，捕后再投放鱼种，腾出水体空间、减少饵料竞争；⑥减少鱼池越冬管理。另外，某些水域越冬条件差，鱼种投放后成活率低，可推迟放养；冬涸湖泊或冬季很浅的湖泊，可等水位回升后再投放；凶猛鱼类很少的水库，可在秋季洪水期过后投放鱼种。总而言之，要因地制宜，灵活掌握。

5. 正确利用湖泊水体养鱼

小型出口少的湖泊可采用粗养或精养的方式，即尽量清除野杂鱼，放养鲢、鳙、草鱼、鲤等鱼种，依靠天然饵料提供产量，也可以直接施肥、投饵进行精养；半开放式经营湖泊，即对水面较大或出口较多的湖泊尽量压制凶猛鱼类，产量靠放养鱼和天然鱼两方面提供；开放式经营多在大型湖泊和出入口多、流量大、拦鱼非常困难的湖泊进行。

四、大水面养鱼的管理

1. 我国大型水体鱼种培育的困难和解决的方法

（1）遇到的困难　苗种生产不适应放养的需要，在鱼苗种的数量、规格和种类上都满足不了投放要求；湖泊、水库鱼类放养的关键是要有数量多、规格好、品种齐全的鱼种；苗种培育的主要困难是苗种池面积不够、商品饵料和肥料不足、技术力量差等；培育4寸以上鱼种比培育2~3寸鱼种困难多。

（2）解决办法　除提高池塘利用率外，主要利用天然水面培育鱼种：库湾、湖汊培育网箱培育鱼种，利用消落区、水库落差流水高密度培育湖泊种稻、种稗、种小米草养鱼种、稻田养鱼种和围栏养鱼种。

2. 确定大水面的养殖周期

养殖周期是指鱼类的起捕年龄，它与水域的鱼产量和经济效益有关。

（1）3~4年周期　放养1龄鱼种，在大水面中养2~3年，捕3~4龄鱼，起捕规格为鲢1.5千克以上、鳙2千克以上。

（2）2年周期　放1龄鱼种，大水面中养1年，捕2龄鱼，鲢、鳙500克起捕。适用水域：规模较小，水质较肥，大规格鱼种供应有保证，拦鱼和捕捞设施完善，商品鱼价格差价不大的中小型水库和小型湖泊。

（3）分级养殖　在湖汊、库湾培育成2龄鱼种，再转入大水面中养1~2年成为商品鱼。

3. 控制水库中的小杂鱼和凶猛性鱼类

对凶猛性鱼类的控制：破坏产卵；针对性捕捞；药物清除。对小杂鱼的控制方法有四种：大量放养经济鱼类；保留适当的凶猛性鱼类；破坏产卵；针对性捕捞。

第三章
草鱼和青鱼的疾病防治技术

第一节　病毒性疾病的防治技术

一、草鱼呼肠孤病毒病

又称草鱼出血病，我国将其列为二类动物疫病，也是我国研究最为深入的一种鱼类病毒病。

【病原体】草鱼呼肠孤病毒（Grass Carp Reovirus，GCRV），又称草鱼出血病病毒（Grass carp hemorrhagic virus，GCHV），属呼肠孤病毒科（Reoviridae）、水生呼肠孤病毒属（Aquareovirus）。

【流行与危害】病毒虽然可感染草鱼、青鱼、麦穗鱼、鲢、鳙、鲫、鲤等常见的淡水养殖品种，但主要感染体长3～15厘米的草鱼和1足龄青鱼。2龄或以上成鱼的草鱼和青鱼发病病例极少，症状也较轻，有的无具体的临床症状，但可以携带病毒，成为传染源。

通过多年来对天然的或人工感染的病鱼观察和检查，3厘米左右的草鱼夏花即可感染此病，以7～10厘米的当年鱼种最为普遍而严重，发病死亡率为60%左右，严重者可高达80%。据湖南邵阳养鱼地区报道，0.5～2.5千克的草鱼发病死亡率达30%～50%、最高可达60%～80%，甚至全军覆没，给养鱼业带来极大损失。此病除危害草鱼外，还可使青鱼和麦穗鱼发病死亡。

草鱼出血病的流行遍及中国南部地区，如福建、广东、广西、四川、湖南、湖北、江西、上海、江苏、浙江、河北和河南等养鱼地区。黄河以北很少发现此病流行，而北方饲养的草鱼种，均是从南方孵化后运往北方，其不发病的原因，可能与当地的水温偏低有关。

疾病流行季节因各地气候而异。广东地区从 4～10 月底都有疾病发生。湖北省 1 龄以上的草鱼，一般在 4 月中旬发病。而当年草鱼，通常在 6 月中、下旬才开始发病，直到 9 月底水温降至 24℃以下，出血病才停止发生。其中以 7～8 月为发病高峰。天然鱼池，一般发病水温在 23～30℃。相对来说，水温偏高，病情严重；连绵阴雨，水温下降，病情有所缓和。

草鱼出血病按病情发展的快慢可分为急性型和慢性型。

（1）急性型 来势猛，发病急，死亡严重，症状明显。从池塘中观察，在发病后 3～5 天内便出现大量死亡。10 天左右出现死亡高峰，2～3 周后，池中草鱼已大部分死亡，发病高峰才见趋缓。急性的病型，主要出现在高密度的草鱼池，稀养池和混养池较为少见。

（2）慢性型 病情进展一般比较缓和，鱼池每天死亡数尾至几十尾，死亡高峰不明显，但病程较长，往往至流行季节结束才停止死亡。这种慢性型常出现在稀养的大规格鱼种池。

传染源主要是病鱼和带毒鱼。病鱼死后，病毒释放于水中，带毒鱼和病鱼的排泄物包括粪便、尿液和体表黏液都有病毒存在，污染病毒的水生动物和螺蛳、青蛙及浮游动物，均可通过水流传播。疾病蔓延的原因，就是通过没消毒的水源从一个水体传到另一个水体。捞取发病塘中污染病毒的水生植物（如浮萍、水草等）投喂健康草鱼，也可使鱼感染得病。电镜观察到草鱼亲鱼的鱼卵有病毒存在，这会造成垂直传播的可能性。

【症状及病理变化】草鱼出血病的症状比较复杂，而且在流行病季节中，常与其他细菌病并发，诊断时易与草鱼的其他传染病混淆而引起误诊。

病鱼体表发黑，眼突出，口腔、鳃盖、鳃和鳍条基部出血。解剖可见肌肉点状或块状出血、肠道出血，肝、脾、肾也可不同程度出血，肝有时因失血而发黄。根据临床症状不同，分为"红肌肉"、

"红肠"、"红鳍红鳃盖"三种类型。患病鱼可出现一种症状或同时出现两种以上的症状。

草鱼出血病的病程，健康草鱼从感染到发病需 4～15 天，一般 4～10 天。其疾病过程可分为潜伏期、前驱期和发展期三个阶段。

（1）潜伏期　不论注射感染或是浸泡感染的草鱼，都有一个潜伏期，注射的比浸泡感染的要缩短 2～3 天。在此期间，鱼的外表未显示出任何症状，活动与摄食正常。潜伏期的长短与水温和病毒浓度有关。在 20℃ 以下，病鱼呈隐性感染，发病的适宜温度为 25～30℃。若病毒浓度大，则潜伏期短，反之则长。

（2）发病前驱期　时期短，仅 1～2 天。病鱼最早出现是尾鳍末端发黑，体表暗黑色，病鱼停止摄食，离群缓游。

（3）发展期　通常 1 天左右，这时病鱼出现出血症状，在池塘中常可见到病鱼离群独游，对水流反应迟钝，或沉卧于水底，有时身体失去平衡在水面打转或跳出水面挣扎。出现这种行为的病鱼，1 天左右即死亡。

① 外部症状　患病的当年鱼种，通常最早出现的症状是病鱼尾鳍变黑，体表暗黑色，偶有在背肌两侧出现 2 条灰白色带。肌肉严重出血的病鱼，体表暗黑色而微红色。草鱼夏花（3～6 厘米）对着亮光透视下，可见肌肉充血。病鱼的口腔、下颌、鳃盖、脑盖、眼眶周围、鳍条的基部以及腹部等都表现出血。眼球突出。鳃丝呈紫红色或斑点状出血，若病鱼的其他部位严重出血时，则鳃丝失血呈灰白色，但有些病鱼鳃部无明显症状。有些病鱼肛门红肿。2 龄以上的患病草鱼，多见于鳍条基部及腹部出血为主，并可见肛门红肿的症状。

② 内部症状　剥去病鱼的皮肤，可见肌肉点状或斑状出血；病情严重者，则全身肌肉鲜红色出血，是本病常见的特征。内部器官较明显的是肠道出血，局部的或全肠深红色出血，肠壁具韧性，不糜烂。肠内无食物。肠系膜和脂肪组织有时呈点状出血。鳔壁和胆囊布满血丝，胆囊扩大，内部充血。肝、脾、肾等也出现斑块状出血，有时肝脏呈灰白色失血。腹膜、脊柱骨及脑等均有出血现

象。2 龄以上的病草鱼，肌肉出血不显著，而以肠道出血较常见，应与细菌性肠炎病区别。有时合并细菌感染，而引起肠壁薄而糜烂。

【诊断方法】草鱼出血病的症状是全身弥漫性出血，根据出血部位的不同，可将其症状分为红肌肉型、红鳍红鳃盖型和红肠型（彩图 9～彩图 11）。但在同一尾病鱼中，并非同时出现上述全部症状，往往只能观察到一种或几种症状表现而已。根据本病对寄主的特异性，按草鱼出血症状的特征，可以作出诊断是病毒引起的。

（1）初步诊断　水温 22～30℃时，尤其是 25～28℃时，草鱼、青鱼鱼苗大量死亡，而其他同塘鱼类并无此现象，病鱼出现红鳍红肌肉、红鳃盖和红肠子等症状中的一种或多种，应作为草鱼出血病疑似病例。

（2）样品采集　采集 1 龄以下病鱼 150 尾、1 龄以上病鱼 10 尾，取肝、脾、肾等脏器用于病原分离和鉴定。

（3）实验室确诊　用草鱼肾细胞系（CIK）或草鱼卵巢细胞系（CO）对疑似病样进行病毒分离，再用 ELISA 或 PCR 鉴定，或将细胞培养后样品提取核酸后，采用核酸电泳检查是否存在 11 条核酸带来确定是否患有草鱼呼肠孤病毒，或直接从鱼组织中用 PCR 方法检测病毒。

（4）鉴别诊断　本病应与草鱼细菌性肠炎病或其他细菌性疾病加以区别。由于细菌引起的继发感染或细菌与病毒混合感染会导致相似的临床症状，甚至细菌感染症状掩盖病毒症状。细菌性肠炎病常有溃疡，且有肠道出血，肠壁失去弹性且多黏液，但不会点状出血。

【预防方法】草鱼出血病是一种传染性疾病，发病快，死亡率高。一旦鱼体患了出血病，尽管给药治疗收效也不高。所以，应做好预防工作，加强饲养管理，一旦发病，应控制疾病蔓延。应注意以下几点。

（1）隔离病毒同健康宿主的接触，在发病池塘捞出的死鱼必须销毁。应消毒处理，不随意乱丢，以免病毒从一个水体传播到另一个水体中去。对流行病区的养殖用具的消毒处理，可用聚乙烯氮戊环酮碘（PVP-I）60 毫克/升处理 20 分钟，或用 10 毫克/升次氯酸钠处理 10 分钟。

（2）加强检疫，限制运输传染病区的鱼到无病区去，因为流行病的残存者多数是传染源的贮存者。在购置鱼种时，应进行检疫。

（3）加强饲养管理，预防疾病发生。每次投饵量不宜过多，吃剩的草茎应该捞出，不要造成水质恶化。黄芪多糖具有提高动物机体的免疫力、阻止病毒复制、杀灭细菌和排除毒素等功效，并有用量少、作用快和持久等特点，可用作预防草鱼出血病（马贵华等，2007）。

（4）目前，无有效的药物治疗草鱼出血病，最有效的控制措施是注射草鱼出血病灭活或草鱼出血病活疫苗（GCHV-892 株）。灭活疫苗对草鱼注射免疫，效果甚佳，还有减毒活疫苗、亚单位疫苗等的免疫方法。

（5）每 100 千克鱼每天用 0.5 千克大黄、黄芩、黄柏、板蓝根再加 0.5 千克食盐投喂，连喂 7 天（张修建等，2008）。

（6）通过培育或引进抗病品种，提高抗病能力。

二、青鱼呼肠孤病毒病

2 龄青鱼（*Mylopharyngodon piceus* Rich）在养殖过程中易患出血病，即青鱼呼肠孤病毒病。

【病原体】呼肠孤病毒科（Reoviridae）病毒。

【流行与危害】青鱼出血病在江苏、浙江及上海市郊等地广为流行，特别是在江苏更为严重，通常青鱼成活率只有 50% 左右，高者可达 80%，死亡率极高。主要发生在 6~9 月，水温在 24~32℃为流行季节，高峰期在 7 月。

【症状及病理变化】皮下肌肉块状或点状出血，以及肠管充血（翟子玉，1985）。病鱼鳍条基部出血，尤以尾鳍基部出血为甚，有时会有出血坏死现象。脑腔、口腔、鳃盖骨下缘、眼睛等均有点状出血，症状与草鱼出血病相似。

光镜观察整个肾脏组织却模糊，肾小管腔在不同程度上表现出病变，如细胞质空泡化，细胞排列紊乱，管腔内有异物，肾间质变性，管腔上皮细胞极度肿大，细胞常呈椭圆形、圆形，核萎缩或坏死，常分布在细胞的一端。

电镜观察细胞较模糊，管腔内有异物，细胞内线粒体空泡化，同时造血组织细胞质中的包涵体内可见到比较集中或分散的病毒颗粒，颗粒呈球形（直径为50～56纳米），颗粒中央有一电子密度较高的核心（直径为20～30纳米），在核心周围有一层约16纳米的外膜。

【诊断方法】同草鱼出血病。

【防治方法】目前比较有效的预防方法是注射灭活疫苗。灭活疫苗的制备方法与草鱼出血病疫苗基本相同。

第二节　细菌性疾病的防治技术

一、肠炎病

草鱼细菌性肠炎病，主要指的是2龄草鱼的肠炎病（EGC）。草鱼、青鱼最容易得这种病，鲤、鳙等偶尔也有发现，是一种分布广、危害又严重的鱼类细菌病。过去渔农把"肠炎病、赤皮病、烂鳃病"病叫做草鱼三大病。在群众中流行着"养鱼不瘟，富得发昏"的说法，所谓"瘟"，主要指的就是这几种病，特别是草鱼的肠炎病。浙江一带把2龄青鱼称为"条斯"，意即条条都要死，可见这种病的死亡率之高。

【病原体】点状产气单胞菌（*Aeromonas punctata*）。

【流行与危害】

（1）流行情况　草鱼的细菌性肠炎病，是我国饲养鱼类中最严重的病害之一，全国各地均有发生，只不过严重程度有所不同而已。全国各地区的流行季节和严重程度，随气候变化而有差异。南方各省4～5月开始发病；而北方则要到5～6月才能流行。发病时间北方较南方迟，而发病的严重程度，北方也不及南方凶猛，较为缓和。就全国范围来讲，每年4～9月为草鱼肠炎病的发病季节。

（2）传染　2龄草鱼细菌性肠炎病，是一种传染性鱼病，但由于这种致病细菌是一种条件致病菌，要在一定条件下，才致草鱼发病。这种病菌，有的原来就在草鱼肠道中存在，有的则通过摄食带进肠道，无论是原来肠道中固有的，还是通过吃食带进去的，都要在一定条件下，大量繁殖或大量摄食后，才能致病。由此可见，草鱼肠炎病的传染，要在一定条件下，才能通过病鱼、水体和不清洁的饵料得以传染。

（3）吃食和环境因素的作用　2龄草鱼肠炎病是一种肠道疾病。众所周知，肠道疾病多半是由于食用不洁食物而引起的，这就是所谓的"病从口入"。如果投喂不干净的腐烂饵料，鱼就容易发病；同样道理，如果水质太肥，有机质太多，草鱼也容易发病。因为这种水质，正是病菌滋生繁殖的有利环境条件。因此，控制吃食，限制致病细菌的滋生环境，便有可能达到控制传染，防好疾病。在生产实践中，我们注意到，一般草鱼鱼种开始发病时，先死最大最肥的，而后死中等的和小的。可能因为肥胖者摄食量大，吃进去的东西多，相应的菌量也就大，而吃进去的细菌越多，鱼就越容易发病。因此，可以说，吃食和环境对2龄草鱼肠炎病的发生是个很重要的因素。

【症状及病理变化】在鲤科鱼类，肉眼可见的症状为体表和肛门发红，内脏和肠管发炎，肠内有黏液（彩图12）。

2龄草鱼肠炎病，病原细菌的致病性，就是它对2龄草鱼肠道内壁的吸附，向体内侵入，然后在体内生长繁殖，扩散蔓延，破坏鱼体防御机能，以及产生毒素损害鱼体的一系列能力的总和。具体来说，当水温上升到18℃以上时，肠道内的病原产气单胞菌开始大量繁殖，引起肠壁微血管机能紊乱，从而侵入肠壁血管到血液。在血液中，该菌又不断增殖，并通过血液循环到全身各内脏组织。经过大量繁殖后的细菌，自溶释放出菌体内毒素，致使血管渗透性改变，导致败血症，最后引起死亡。

（1）外部病理变化 患细菌性肠炎病的草鱼，外部病变是体表发黑、肛门红肿（严重时向外突出），有时鳍条也充血，腹部也发红；剖开鱼腹，肠管发炎呈紫红色，往往有许多腹腔液流出（这是由于微血管充血发炎，扩大甚至破裂外溢所致）。肠黏膜细胞往往溃烂脱落，血液和溃烂的黏膜细菌混杂在一起而成血脓，充塞于肠管中。有的病鱼仅呈乳黄色黏液，也有的病鱼肠膜、肝、肾等内脏也都充血发炎。

（2）内部组织病理变化 在组织病理上，草鱼的肝、脾、肾、肠道渗出性和出血性的炎症较为严重。肠道还出现黏膜剥离，固有层明显出血。

【诊断方法】草鱼发肠炎病时，一般都身体发黑，离群独游，游动迟缓，有气无力地徘徊于岸边，时而浮出水面，时而潜入水中，呈"殃胚"状（指半死不活的肠炎病鱼）。捞起殃胚鱼，肉眼可见其肛门红肿，鳍条充血，肠道发炎并充满黄黏液或血脓，有时内脏也充血发炎。

【防治方法】

（1）生石灰的清塘效果最佳，干塘清塘用量为每亩 50～75 千克；带水清塘用量为每亩（平均水深 1 米）125～150 千克。

（2）早、中、晚巡视池塘。掌握池塘的水体环境、鱼体生活和摄食等情况，发现问题及时采取措施。巡塘时，还要注意鱼有无浮头现象、水质变化情况，并做好巡塘记录。

（3）根据鱼体发育阶段、鱼的活动情况、季节、天气、水温及水质等，选用鱼喜欢吃的新鲜饵料。在适当的时候和鱼池的适当位置，投喂足够数量的饵料。暴食、停食对鱼都无好处。对草鱼肠炎病，特别要强调投新鲜饵料，吃不完的要捞起，不要吃得过饱。

（4）培养抵抗力强的鱼种。

（5）免疫预防。由于草鱼细菌性肠炎病往往与病毒性出血病并发，使用药物不易收到预期效果。也就是说，用病鱼脏器制成的疫苗，不仅能预防病毒性出血病，而且对细菌性肠炎病和烂鳃病也有一定的预防作用。

(6) 药物治疗。下药前,先捞取"殃胚"鱼,检查内脏是否含菌,或仔细地用肉眼观察,然后下药。

① 外用药　漂白粉(Chloride of lime)全池遍洒,使池水呈 1 毫克/升的浓度。

② 内服地锦草(*Euphorbia humifusa*)　按干草 0.5~1 千克/100 千克鱼,连服 3 天。

③ 内服铁苋菜(*Amaranthus spinosus*)　按干草 50 克/100 千克鱼。

④ 内服辣蓼(*Polygonum hydropiper*)　按干草 0.5 千克/100 千克鱼或鲜草 2 千克/100 千克鱼,每天 1 次,连服 3 天;或按每 100 千克鱼或每万尾鱼种,每天用干草 1 千克,拌豆浆或制成颗粒药丸投喂,连喂 3~6 天。

⑤ 内服穿心莲(*Andrographis paniculata*)　按每 50 千克鱼用干草 2 千克或鲜草 3 千克,将干草或药粉煎煮,用蚕蛹浸药汁或用玉米粉煮成褙糊拌在嫩草上投喂,连续投喂 5~7 天。

二、赤皮病

又称出血性腐败病,也有人称赤皮瘟或擦皮瘟(彩图 13)。是草鱼的又一种比较严重的疾病。在草鱼病毒性出血病未发现以前,通常人们所说的草鱼三大病,其中包括赤皮病在内,指的是肠炎病、烂鳃病和赤皮病。

患赤皮病的病鱼,以鱼种为多数,所以它往往与鱼种阶段的疾病(如肠炎病、烂鳃病),甚至出血病同时并发,集所有这些病的症状于一身,混杂在一起,使人不易区分。

该病在过去,其危害也是相当严重的,因为那时人们还不会催产孵化,要经长途跋涉购买鱼苗、鱼种,大多数因体表受伤而得此病。1960 年后,因各地都能催产孵化,鱼苗、鱼种一般不需长途运输,因此这种病也就少了很多。但是近年来,由于养鱼专业户的蓬勃发展,一下子苗种难以自足,所以该病又有上升的趋势。

【病原体】草鱼赤皮病的致病细菌为荧光假单胞菌〔(*Pseudo-*

monas *fluorescens* Migula，1895）Razavilar]。

【流行与危害】草鱼赤皮病是草鱼、青鱼的主要病害之一，该病在草鱼、青鱼中很普遍，也很严重。由于它主要危害草鱼、青鱼鱼种，所以往往与肠炎病、烂鳃病并发，为我国各养鱼地区的常见病和多发病，从南到北、从东到西均有发生，且终年可见。但更主要的是在水温较高的春、夏、秋季；冬季较为少见。冬季因水温较低，鱼的皮肤也会因冻伤而感染此病。

关于草鱼赤皮病的传染，一是带菌的病鱼，二是带菌的水体，这两条途径是主要的。因荧光假单胞菌是水体中经常存在的细菌，在水温和其他条件合适的情况下，如果鱼体受伤，其中包括操作、运输不慎遭受损伤，或寄生虫咬伤以及水体中其他因素造成的伤害等，都会给致病细菌的侵入打开方便之门，致使草鱼暴发赤皮病。

草鱼赤皮病的发生，至少可能有两个重要因素：一是鱼体必须受损伤，一般来说，完整而健康的草鱼，其皮肤、鳞片和黏液等均可起到杀菌抗病的屏障作用，所以细菌不容易侵入；二是要有致病的细菌存在，由于体表受伤失去了屏障作用，便为病菌的侵入创造有利条件，它们便趁此机会侵入皮肤损伤处，在那里生长繁殖，而后进入鱼体内，产生全身症状——败血症。

水体环境直接影响鱼体的体表健康和致病菌的致病能力。环境恶劣是草鱼赤皮病发病的重要因素。疾病只是在病原、寄主、环境三者关系适合时才发生。鱼生活在水中，水的物理、化学特性经常发生变化，并受自然因素和人为污染的影响。因而在这样的水体中，草鱼经常接触到恶劣因素，要说明恶劣因素在引起鱼病上的作用是困难的，恶劣因素本身是复杂的，并且它们的作用是协同的。就因为恶劣因素的发生，适合于病原细菌的滋生繁殖，那么疾病就很可能发生。

【症状及病理变化】罹患赤皮病的草鱼，体表呈局部或大部分出血发炎，鳞片脱落，尤其是鱼体两侧及腹部最为明显；鳍条基部充血，鳍条末端腐烂，鳍间组织破坏，似破烂的纸扇状（或叫蛀鳍）；有的病鱼肠道也充血发炎，可是这种充血发炎是因肠炎病并发呢还是赤皮病的一种症状表现，尚待进一步研究；有的在鳞片脱落处和鳍条腐烂处着生水霉。

荧光假单胞菌引起的出血性败血症，有急性型和慢性型之分。大面积的出血性皮肤病变，是本病主要的极普通的症状，并且在病变出现后不久，便会有较为严重的死亡。在解剖中，可能见到内脏血管大出血；而在慢性病症中，则出现腹膜炎，并出现大量腹水。Razavilar 等（1981）观察了草鱼赤皮病皮肤的病理变化，认为从某些鳞片感染到慢性溃疡的形成，病灶出血、水肿和坏死等都发生了变化。单核炎性细胞渗入皮肤，结缔组织增生，有时炎症性反应发展到肌肉组织。

【诊断方法】仔细观察体表病变部位：是否有鳞片脱落，在鳞片脱落处是否有出血点或出血斑；鳍条是否完整，基部是否充血；进一步观察肌肉是否有出血点、肠道是否发红等。

做细菌的分离和培养，并确定其致病性，然后鉴定致病细菌的分类位置和名称，这一工作需时长，少采用。通常，赤皮病通过肉眼观察便可确诊，因为其症状比较明显，且都在体表，所以主要以肉眼观察来诊断。

【防治方法】对该病的预防，首先要防止鱼体受伤。牵网、运输时要小心谨慎，运输工具要合适，发现寄生虫要及时进行治疗，还要铲除杂草野藕等。总而言之，要想方设法堵塞细菌侵入的门户，防止病菌滋生繁殖，这便是预防草鱼赤皮病的有力措施和方法。

全池泼洒漂白粉 1 次，用 1 毫克/升的漂白粉进行全池遍洒消毒。也可同时内服磺胺类和抗生素等药物。

三、烂鳃病

草鱼烂鳃病大致可分为三类：一类是由寄生虫引起的；一类是由细菌引起的，称为细菌性烂鳃病；还有一类是由水生藻状菌引起的。这三类疾病对草鱼危害都很大，而且彼此间都有一定关联性，除水质外，因寄生虫的侵袭而为细菌的感染大开方便之门，所以尤以细菌性烂鳃病最为严重。由于此病发病季节长、流行广，全国各地养殖场都有不同程度发生，特别是在鱼种饲养阶段，常因此病而造成大量死鱼。除草鱼外，其他养殖鱼类（如青鱼、鲢、鳙、鲤、鳊等），以及其他野杂鱼（如罗汉鱼、黄黝鱼等）都时有发生，增加了相互感染而蔓延的机会。

【病原体】柱状黄杆菌 [*Flexibacter columnaris*（Davis）Leadbatter]。

【流行与危害】草鱼、青鱼、鳙、鲤等都可发生烂鳃病，而烂鳃病主要是危害草鱼。全国各地区终年有此病出现。在水温15℃以下，一般少见，20℃左右开始流行，流行的最适温度是28～35℃。流行时间在4～10月。

草鱼柱状黄杆菌烂鳃病是一种传染性疾病，这种病可以通过水体传染给草鱼，常与肠炎病和赤皮病并发，若鳃上有寄生虫感染而鳃丝受损伤则感染更严重。这种细菌病和其他条件致病菌一样，在水质条件好、放养密度合理和鳃丝完好的情况下，就不易感染。

【症状及病理变化】用肉眼观察，天然感染的烂鳃病病鱼鳃瓣上有泥灰色，特别是鳃丝末端黏液很多，往往黏附着污泥和杂物碎屑，有时鳃瓣上也可看到淤血斑点。有些病鱼的鳃盖骨中央，肉眼可看到内侧的表皮已脱落，成一透明区，故有"开天窗"之称（彩图14）。

草鱼的鳃感染柱状黄杆菌后，鳃丝的形态和组织结构都发生了明显的变化。在正常鳃瓣的水平切面上，鳃丝排列整齐，鳃小片约以45°角交互平行排列在鳃丝软骨的两侧。感染柱状黄杆菌之后，鳃丝及鳃小片组织因病理变化而变得软弱，失去张力，往往呈现萎谢不整的弯曲。因此，在病鱼鳃瓣水平切面上，鳃丝排列已不整齐，有的鳃丝呈弯曲扭绕，鳃小片不再是规则的互生羽状排列于鳃丝软骨的两侧，而是杂乱无章，有的鳃小片呈波状扭曲，有的则呈各种不规则的袋状或片状。

柱状黄杆菌对草鱼鳃的侵袭方式，一般是以鳃丝末端开始，然后往鳃丝基础和两侧扩展，因此，鳃丝末端组织病变比较严重。有的鳃丝末端甚至呈钩状，其两侧的鳃小片被柱状黄杆菌侵袭后不仅失去张力，组织也已坏死，在坏死的鳃小片上有时可见到少量菌体。病变严重的鳃丝末端已难以识别其组织形态和鳃丝的界限，它们与成堆的菌体、黏液以及溃烂的组织混杂在一起。有的鳃丝两侧鳃小片坏死，最后全部崩溃、脱落，只剩下光秃秃的鳃丝软骨。

【诊断方法】辨别草鱼烂鳃病，一看病灶部位，黏细菌引起的烂鳃病，鳃盖"开天窗"，鳃盖内表皮被腐蚀成半透明的小窗，鳃丝呈红色；原生动物引起的烂鳃病，鳃瓣淤血、多黏液，鳃丝尖端往往腐烂成半月形，呈红色。

病鱼鳃丝腐烂，带有污泥，鳃盖骨的内表皮往往充血，中间部分的表皮腐蚀成一个不规则的透明小窗。

取鳃部的黏液在显微镜下检查，可以见到分散的、成堆的或柱子形的黏细菌，似火柴棒，菌体柔软，活动活泼。

【预防方法】

（1）此病的发生与水质不清洁、放养过密等因素有密切关系，因此经常保持水质清洁，可减少或防止此病的发生。

（2）彻底清塘，保持水质清洁，不施放未经充分发酵的有机肥。

（3）在发病季节每半个月遍洒一次石灰水，每亩（水深 1 米）用生石灰 20 千克。

【治疗方法】

（1）用漂白粉在食场挂篓。发病后全池泼撒漂白粉 1 次，使水体漂白粉浓度达到 1 毫克/升。

（2）乌桕叶 2.5～3.7 毫克/升全池泼洒。按乌桕叶干粉 0.5 千克（或鲜叶 2 千克），用 20% 的生石灰水 10 千克浸泡约 12 小时，用前煮沸 10 分钟，用池水稀释后泼洒。

（3）大黄 2.5～3.7 毫克/升全池泼洒。按 1 千克大黄用 0.3% 氨水（取含氨量 25%～28% 的氨水 0.3 毫升，用水稀释至 100 毫升即成 0.3% 氨水）10 千克的比例，把计算好需用的大黄量全部浸泡在氨水中 12～24 小时，再用少许池水稀释后泼洒。

四、疖疮病

【病原体】疖疮型点状产气单胞杆菌（*Aeromonas punctata f. furnculus*）。

【症状及病理变化】症状和病变为鱼体皮下肌肉组织发生脓疮（溃烂），并隆起红肿，用手摸之，有柔软浮肿的感觉。脓疮内部充满血脓和大量细菌。鱼鳍基部充血，鳍条裂开，病情严重时，鱼的肠道也充血发炎。

【流行与危害】主要危害草鱼、青鱼。无明显的流行季节，四季都可出现。但是高温出现的疖疮病和低温时的病原菌是否相同，还不得而知。

【诊断方法】可根据症状诊断。当疖疮部位尚未溃烂时，切开疖疮，明显可见肌肉溃疡并含脓血状的液体。涂片检查时，可以在显微镜下看到大量的细菌和血球。

【防治方法】防治方法同赤皮病。

（1）外泼消毒药　每立方米水体用二氧化氯或二溴海因 0.3～0.5 克加水全池泼洒，连续 3～5 天；若病情严重，第一天剂量加倍。消毒杀菌药使用 1 个疗程后，隔 2 天，每亩水面用生石灰 15～20 千克化浆全池泼洒，或每立方米水体用漂白粉 2 克加水全池泼洒。水质较肥时，每亩用浓缩戊二醛 15～20 毫升加水全池泼洒，连用 3～5 天；水质较瘦时，每立方米水体用三氯异氰脲酸粉（40%～50%）0.3～0.5 克加水全池泼洒，连用 3～5 天。

（2）内服抗菌药　每 100 千克鱼体重用复合维生素 1～2 克、诺氟沙星粉 2～5 克混合拌 5～10 千克饲料投喂，每天 2 次，连用 3～5 天；或每 100 千克鱼体重用三黄粉 5～10 克、磺胺嘧啶 10～15 克混合拌 5～10 千克饲料投喂，每天 2 次，连用 3～5 天；或每 100 千克鱼体重用大蒜素 20～30 克、磺胺二甲基异噁唑 5～10 克混合拌 5～10 千克饲料投喂，每天 2 次，连用 3～5 天。

五、白头白嘴病

对白头白嘴病的病原体，有一个认识过程。1961年以前，认为它是由车轮虫或钩介幼虫寄生引起的。在生产实践中，也往往碰到用杀灭车轮虫有良好效果的药物治疗此病，达不到完全治愈的结果。直到致病菌的分离和感染成功，才对白头白嘴病有了明确的认识。

【病原体】黏细菌（*Myxobacteria* sp.）。

【流行与危害】草鱼、青鱼、鲢、鳙等鱼苗和初期夏花鱼种，均能发生此病，尤以对草鱼夏花危害最大。严重发病的鱼池，花鳅、蝌蚪等也会因传染此病而死亡，鱼苗下池后1周左右，即有此病发生。有经验的渔民认为，鱼苗饲养20天左右，若不及时分池，就容易发生白头白嘴病。

在我国长江和西江流域各养鱼地区都有白头白嘴病出现，尤以华中、华南地区最为流行。

流行季节，一般从5月下旬开始出现，6月是发病高峰，7月中旬以后比较少见。这种暴发性疾病，在我国长江和西江流域各养鱼地区都有不同程度的流行，使生产遭受很大的损失。

【症状及病理变化】病鱼自吻端至眼球的一段皮肤失去正常的颜色而变成乳白色；唇似肿胀，张闭失灵，因而造成呼吸困难；口周围的皮肤溃烂，有絮状物黏附其上，故在池边观察水面浮动的鱼，可见"白头白嘴"症状。若将鱼拿出水面再看，则症状不明显。显微镜检查病灶部位的刮下物，除看到大量离散崩溃的细胞、黏液红细胞等外，还有群集成堆、左右摆动和个别滑动的黏球菌，常伴有许多运动活泼的杆菌。个别病鱼的颅顶和眼睛孔周围有充血现象，呈现"红头白嘴"症状，还有个别病鱼的体表有灰白色毛茸物，尾鳍的边缘有白色镶边，或尾尖蛀蚀。总之，病鱼一般较瘦，体色较黑，有气无力地浮游在下风近岸水面，对人声等反应极迟钝，不久即死亡。

病鱼鼻孔前的皮肤，病变较为严重、上皮组织几乎全部坏死和脱落，偶尔在基底膜之外，尚能见到一些崩溃了的上皮细胞和黏附于其间的成堆或单个的病原黏细菌。基底膜下面的色素细胞也已坏死，崩溃、色素颗粒分散于结缔组织之中。同时也可看到结缔组织细胞和胶原纤维坏死的迹象，以及菌体和崩溃了的胶原纤维混在一起的情形。由于有渗出液之故，结缔组织有点水肿而显得比正常组织厚。眼以后皮肤的病变略有减弱的趋势。

黏球菌对草鱼夏花的口腔和前咽喉黏膜组织以及鼻腔嗅黏膜组织的破坏作用非常厉害，所有上皮细胞都坏死脱落，甚至黏膜下层的疏松结缔组织也呈现水肿、变质、坏死现象。

眼球各组织也被高度破坏，诸如角膜上皮巩膜、脉络膜、虹膜、视网膜和晶状体等都有明显的病变。上述眼瞳孔周围充血，就是因虹膜外单位微血管网扩大所致。

黏球菌对头部的横纹肌、软骨、脑和鳃组织也有明显的破坏作用。因此，对有些病鱼出现红头、烂鳃、口与鳃盖张闭失灵等症状就容易理解了。

【诊断方法】在水中，病鱼的额部和嘴的周围色素消失，呈现白头白嘴，当人从岸边观察在鱼池水面游动的病鱼，这种症状颇为明显；但将病鱼拿出水面肉眼观察时，往往不明显。发病严重的鱼病灶部位发生溃烂，个别病鱼的头部有充血现象。病鱼体瘦发黑，散乱地集浮在近岸水面，不停地浮头，不久即出现大量死亡。

【预防方法】

（1）此病的发生与水质不清洁、天然饵料不足和放养过密而没有及时分养等因素有密切的关系。因此，在白头白嘴病的流行季节，鱼池经常保持水质清洁，有充分的适口天然饵料和及时分养等措施，可减轻和防止白头白嘴病的发生。

（2）彻底清塘，保持水质清洁，不施加未经充分发酵的有机粪肥，特别是牛羊粪肥。

（3）在有发病预兆的鱼池，用1毫克/升漂白粉全池遍洒。

【治疗方法】与治疗细菌性烂鳃病相同。

第三节　藻菌性疾病的防治技术

一、水霉病

草鱼水霉病是比较常见的一种皮肤病。

【病原体】据已有的资料，引起草鱼水霉病的病原体的种类隶属藻状菌纲（Phycomycetes）中的水霉目（Saprolegniales）、霜霉目（Peronosporales）和芽枝菌目（Blaslocladiales）。其中，水霉科（Saprolegniaceae）中的水霉属（*Saprolegnia*）、绵霉属（*Achlya*）和丝囊霉属（*Aphanomyces*）的种类最为常见，也是鱼卵孵化、鱼类培育和成鱼养殖中主要的病原体。

【流行与危害】水霉病在我国流行很广，危害较大，各地养殖场都可发现，尤以长江流域主要养殖地区较为普遍，南方数省以及黄河以北的养鱼场，有时也因水霉病的发生而感到棘手。

由于水霉菌对温度的适应性较宽，在 10～32℃ 内都能生长繁殖，每年 2～6 月、10～12 月是水霉病流行的季节，特别是在密集的越冬池最容易发生水霉病。

【症状及病理变化】近年有较多的报告说明水霉菌绝大多数是腐生性的，是继发性的病原体，只有当鱼体受伤，局部皮肤坏死、腐烂，水霉菌的孢子才能着生上去。由于鱼受伤，局部皮肤坏死，给霉菌和其他致病微生物提供了入侵的条件，酿成严重的并发症，致使病鱼死亡；另外，水霉菌与伤口的细胞组织缠绕黏附，使组织不易愈合，同时随着病灶面积的扩大，鱼体负担过重，游动失常，食欲减退，最后瘦弱而死。催产的亲鱼由于受感染上水霉病后，身体日趋瘦弱，不仅怀卵量大大减少，而且也因卵子质量不高，严重影响孵化率的提高。鱼卵在孵化过程中，由于水温的变化、溶解氧不足的影响，鱼胚不能正常发育，中途夭折而生水霉病，也是经常碰到的事。

鱼病学家倪达书认为水霉菌的本质是腐生性的（Laprophytic），

当鱼体受伤和鱼卵死亡之后，水霉菌才寄生上去而发展起来，只有少数是属于寄生性的，是原发性病原。活卵和健康的鱼体是不会长水霉的。并根据水霉菌在活鱼卵上的萌发、生长的观察，水霉的孢子在活卵上能萌发和穿入卵壳，悬浮在卵间质或卵周隙中生长和分出侧枝，但如果胚胎发育正常，则悬浮在卵间质中的内菌丝，一般就停止发展，不长出外菌丝；要是胚胎因故死亡，则内菌丝迅速延伸入死胚而繁殖，同时外菌丝亦随之长出。关于在活鱼卵中和健康的鱼体表上，水霉菌为什么不能继续发展的问题，倪达书提出了活细胞具有分泌一种抗菌物质（Anti-moldin substance）的存在，并认为这种抗霉菌素存在与体表的黏液细胞有密切的关系。当组织受伤，黏液细胞坏死，也就没有抵抗水霉菌生长的抗霉素了。

【诊断方法】一般来说，活卵和健康的鱼体是不会长水霉的。

【防治方法】基于水霉菌是属腐生性或继发性的鱼病，而健康的鱼体和发育正常的鱼卵是不会生水霉病的。因此，培育体质健壮的鱼种，设法提高鱼卵的孵化率，是预防水霉病流行的基本前提。现将各地采用比较多、效果明显的方法归纳如下。

（1）培育体质健壮的鱼种。

（2）提高鱼卵的受精率和孵化率。

（3）受伤亲鱼的护理　为了预防亲鱼因身体受伤而后生水霉病，选留作亲本的鱼除用10％的重铬酸钾直接涂抹受伤部位外，最好每尾注射20万～40万单位的青霉素或40万单位的链霉素。20毫克/升苯扎溴铵溶液（新洁尔灭）给受伤鱼体浸泡1小时，2％的苯扎溴铵溶液涂擦伤口，均有明显的效果。由于草鱼对此药的耐度较高，5毫克/升的浓度就有效地抑制孢子的萌发，因此，给病鱼浸泡或在患处涂抹都是较为安全的。

鱼种越冬时，拉网擦伤后继发水霉病是屡见不鲜的事。用4/10000的食盐和4/10000的小苏打混合液浸洗24～48小时的办法处理。

（4）食盐　根据水霉菌对盐度较为敏感的特性，采用2％～5％食盐溶液给病鱼浸泡5～10分钟，有一定的效果。鱼病学家倪大书认为5%的浓度浸泡3分钟，疗效可达78%，而500毫克/升全池遍洒，疗效也有28%。

（5）食盐+小苏打混合液　400毫克/升的食盐+400毫克/升的小苏打，给病鱼浸泡24～48小时，不仅能抑制水霉菌生长，而且能促进伤口早日愈合。

（6）苯扎溴铵溶液（新洁尔灭）　鱼种受伤较严重，用2%～5%食盐浸洗又比较困难，那么可用5毫克/升的苯扎溴铵溶液（新洁尔灭）全池泼洒或20毫克/升浸洗1小时。

（7）混合治疗　广大渔农在生产过程中，还采用两种或三种药物混合治疗，如4/10000的食盐+4/10000的小苏打+0.5毫克/升的敌百虫等方法。

二、鳃霉病

【病原体】鳃霉属（*Branchiomyces*）的血鳃霉（*Branchiomyces sanguinis* Plehn，1921）。

【流行与危害】鳃霉病是危害饲养鱼类比较严重的一种病，从鱼苗到成鱼都可以被感染，尤其对鱼苗和夏花鱼种危害更大。病原体侵入鳃丝组织里生长发育，不断分支，在鳃小片内像蚯蚓一样穿来穿去，破坏鳃丝组织，造成严重的失血和窒息死亡。

【症状及病理变化】鳃霉病是由鳃霉菌侵入鳃丝引起的疾病。鳃丝组织被鳃霉菌侵蚀破坏，呈不规整白点状，失去正常的鲜红色，色泽苍白。病鱼失去正常游动姿态，受惊后游动时晃头，不进食，呼吸困难，严重时体表有点状充血现象。如不及时治疗，终因呼吸受阻而死亡。全国各地都有发生。

在广东和广西地区采用大草堆肥养鱼的池塘易发生鳃霉病，是草鱼"埋坎"病的一种主要病原体。1978年先后两次在中国科学院水生生物研究所的鱼塘发现，因发现得早，处理及时，未形成较大损失。

【诊断方法】根据临床症状和病理变化可作出初步诊断，确诊需进一步做实验室诊断。病原检查时，剪少许病鳃镜检，可见鳃上有棉纤维样的菌丝体。

【防治方法】多年来，根据鳃霉病鱼池环境的分析结果，鱼种放养过密，水质老化、有机质多特别是用大草堆肥的鱼池易生此病；而采用混合堆肥法养鱼，就不发生鳃霉病。

（1）当发现有鳃霉的鱼池，适当地注入清水，或用生石灰10～15千克/亩，全池遍洒，对预防和治疗此病有显著的效果。

（2）用五倍子煮成药液全池泼洒，一个疗程投药1次，使水体成2毫克/升左右。

（3）全池泼洒浓度为1毫克/升的漂白粉。同时每50千克鱼用大蒜头500克，捣成糊状，与饵料拌和投喂，或将大蒜与青草拌和，阴干后投喂，连喂6天。也可用生石灰代替漂白粉，每亩（水深1米）池塘用生石灰15千克，对水搅成乳状泼洒。

（4）每50千克鱼用辣蓼200克、地锦250克、苦楝树皮100克（均系干品）、食盐250克，熬水加面粉搅成糊状拌嫩草投喂，每天1次，连续2～3天。

（5）每亩用青木香、辣蓼、菖蒲、苦楝树叶、樟树叶、松树叶各2.5千克，切碎或磨碎后加水煮汁25千克，然后加入捣烂的大蒜1千克、食盐1千克。加面粉搅成糊状拌嫩草投喂，每天1次，连用2～3天。

三、酸性卵甲藻病

【病原体】嗜酸卵甲藻（*Oodinium acidophilum* Nie）。

【流行与危害】嗜酸卵甲藻对其所在的水体中所有的鱼类都能寄生，但危害性对小鱼比大鱼为大，家鱼比野杂鱼为大；在青鱼、草鱼、鲢、鳙中，火片与夏花阶段比鱼种和成鱼阶段为大；草鱼又比青鱼、鲢、鳙为大。感染此病的鱼种，最初在池水中拥挤成团，或在水面形成1～3个小圈，环游不息。病鱼体表黏液增多，背鳍、尾鳍及背部先后出现白点。白点逐渐蔓延至尾柄、身体两侧、头部和鳃内，乍看与小瓜虫病的症状相似，仔细观察，可见白点之间有充血的红色斑点，尾柄部特别明显。病鱼食欲减退，至后期，病鱼游动迟缓，不时呆浮水面，身上白点连接成片，体表全部像裹了一层白粉。"粉块"脱落处发炎溃烂，并往往并发肤霉病，最后病鱼瘦弱，大批死亡。

凡池塘水质是微酸性（pH 5.3～6.5）的其他地区都有可能出现嗜酸卵甲藻病。

【症状及病理变化】裸甲子在水中游动，遇到鱼类（不论哪种鱼），只要可能，就附着上去，然后丢掉鞭毛，静止下来，开始其寄生生活，逐步长成嗜酸卵甲藻。

裸甲子附着上鱼体以后，一方面吸收鱼体的养料而逐渐长大，一方面又刺激鱼体，使其增生大量的黏液细胞，将自己包围覆盖起来。随着卵甲藻的生长和发展，鱼体增生的黏液细胞就愈来愈多，肉眼看去，严重感染的鱼体也就好像涂了一层厚薄不平的米粉样，故有打粉病之称（彩图15）。

凡被病鱼污染的鱼池、工具、水流，在适宜的条件下，均能引起卵甲藻病的流行。在放养过病鱼而未经冲洗的鱼池中，放入健康的草鱼种，经 62 小时就出现明显的症状。池水 pH5～6.5、水温22～32℃时，鱼种放养过密，缺乏饵料，一般水深不到 0.8 米，是适合此病流行的环境条件。

【诊断方法】用镊子取少许粉状物，在显微镜下观察，可见嗜酸卵甲藻便可确诊。

【防治方法】根据病原体嗜酸性的特点，可采用石灰改变池水 pH。

对发生过这种病的鱼池，每亩（水深 1 米）用 150 千克以上的生石灰彻底清塘消毒，既能杀灭嗜酸性卵甲藻，同时又能中和酸性水质为微碱性，使该病无法发生。这是预防嗜酸性卵甲藻病较为有效的方法。

在饲养鱼种的过程中，定期使用生石灰（每亩 10～20 千克化水泼洒），使池水调至 pH 8 左右，有预防和治疗此病的作用。

投喂水蚤、剑水蚤等动物性食料，最好还要加喂少量芜萍，以增强鱼体抗病力。

四、舞三毛金藻病

致鱼生病的三毛金藻主要有舞三毛金藻（*Prymnesium saltans* Massart J.，1920）和小三毛金藻（*P. parvum* Carter N.，1937）。

【病原体】三毛金藻属至今已见诸报道的有 8 种，它们是 *P. parvum*、*P. patellifera*、*P. zebrinum*、*P. annuliferum*、*P. papillatum*、*P. saltans*、*P. minutum*、*P. czosnowskii*。前 6 种已报道过电镜研究结果，后 2 种仅见报道光学显微镜观察的描述。

【流行与危害】三毛金藻分泌的毒素，可引起鲢、鳙、草鱼、鲤、鲫、鳗鲡、梭鱼等中毒大量死亡。在我国沿海地区和盐碱地养鱼区有此病发生。

三毛金藻广泛分布于咸淡水中，盐度在 2~5，正常生长温度为 2~30℃，属好低温藻类。初春、秋末生长旺盛，并在水体中形成水华。三毛金藻大量繁殖，藻细胞分泌毒素（溶血素和鱼毒素）到水中，毒素积累多了就会引起鱼类中毒死亡。链霉素、多胺类和钙、镁、钠等离子能激活毒性。池水 pH 7 以下毒性极小，而 pH 9 时毒性最大。通氧可以降低毒性，加入高锰酸钾和次氯酸钠可消除毒性。

【症状及病理变化】当三毛金藻大量繁殖时，分泌的溶血素和鱼毒素，可引起鱼类中毒死亡。发病初期，病鱼焦躁不安，游动急促，方向不定，呼吸困难，黏液分泌增多，胸鳍基部充血。逐渐发展到各鳍条充血，鱼体后部颜色变淡，反应迟钝，呼吸频率逐渐减少。继续发展，鱼体后部麻痹，不能摆动，呼吸微弱。鱼中毒一般从清晨开始，但其症状与缺氧时的浮头现象不同，开始是鱼向池的四隅集中，驱之即散；随着中毒情况的加重，几乎所有的鱼都逐渐集中排列在池边附近，头向着岸边，静止不动，当人过去驱之，可暂时散开，人走后又马上集中，这说明鱼中毒已很严重，停留在岸边的鱼开始失去平衡、侧卧、呼吸困难，终于呈昏迷状态而死亡。病鱼红细胞膨大、解体。

【诊断方法】发病池的水常呈黄褐色至红褐色，夏季因有蓝藻、绿藻而呈褐绿色、灰绿色，三毛金藻密度通常在 0.1 万～1 亿个/升。发病池水 pH 都在 8～9。

诊断方法，首先要观察发病池的水色、病鱼症状和病态表现，然后要用显微镜检查三毛金藻，并计算三毛金藻的数量。

【防治方法】在水温较高的季节，采用多施氮肥（尿素、硫酸铵、碳铵）或磷肥、有机肥，以繁殖其他藻类和浮游动物，可抑制三毛金藻的生长。多发病池每周用 5 毫克/升的硫酸铵预防。因为水中总含氮量超过 0.25 毫克/升时，三毛金藻不能成为优势种。

（1）用盐酸或醋酸将毒水 pH 调至 6.5～7.5，可立即解除毒性。

（2）撒吸附剂。如全池遍洒 0.3％黏土泥浆，可以吸附毒素，一般经 12～24 小时后可见效果。

（3）遍洒硫酸铵。在 pH 8.5～9.2、水温 20～26℃时，使用硫酸铵 8～10 毫克/升；当水温低于 20℃时，可适当增加硫酸铵的用量；当水温 9～15℃时，可使用 14 毫克/升硫酸铵。但是硫酸铵效果不稳定，不能根治。

第四节　原生动物性疾病的防治技术

一、鳃隐鞭虫病

【病原体】鳃隐鞭虫［*Cryptobia concava*（Davis），Nie 1992］。同物异名：*C. branchialis* Nie，1955；*Bodomonas concava* Davis，1947.

【流行与危害】鳃隐鞭虫于夏、秋季节使草鱼鱼种发病，大量虫体寄生于草鱼鳃丝前半部，以后鞭毛黏附鳃丝，虫体作左右摇动，有时多个虫体聚集在一起形成花瓣状。大量虫体密集于鳃丝周围，寄主分泌大量黏液，覆盖在鳃组织表面，从而使呼吸困难，窒息而死。被寄生的鱼，常离群独游水面或靠近岸边，体色发黑，不久即死亡。

鳃隐鞭虫病于 20 世纪 50 年代广泛出现于江苏、浙江、广东等地的养鱼区。特别是当年草鱼夏花受害最重，常导致全池死光，为当时养鱼区最严重的鱼病之一。目前，养殖防病技术得到改善，20 世纪 70 年代中期此病已不似已往严重，但仍为草鱼夏花的常见病原体。

鳃隐鞭虫除在草鱼上寄生外，寄主很广泛，一般的淡水鱼上均能寄生，但通常数量不多，流行季节为 5~10 月，7~9 月最易发生。冬、春两季在密养的鲢、鳙鱼体上常大量出现，但并不发病，此种现象有人称它为传感者，未有实验证实。

鳃隐鞭虫对寄主鱼的危害，Lom（1980）提出不同看法，他从电镜切片中看到虫体的后鞭毛和寄主鳃组织上皮细胞间有 10 纳米的距离，并未对鳃上皮细胞膜有破坏作用。他认为是非致病性的和体外共生者。李连祥和倪达书也从电镜中观察到，虫体并没有插入胞质内和胞质间。但从 20 世纪 50 年代草鱼发病及死亡情况来看，患病鱼的鳃上除有少量车轮虫和指环虫外，就是大量的鳃隐鞭虫，要完全排除为非病者，尚需由实验来检验。

【症状及病理变化】病鱼鳃部无明显的病症，只是表现黏液较多。当鳃隐鞭虫大量侵袭鱼鳃时，能破坏鳃丝上皮和产生凝血酶，使鳃小片血管堵塞，黏液增多，严重时可出现呼吸困难，不摄食，离群独游或靠近岸边水面，体色暗黑，鱼体消瘦，以致死亡。但要确诊，还得借助显微镜来检查。离开组织的虫体在玻璃片上不断地扭动前进，波动膜的起伏摆动尤为明显。固着在鳃组织上的虫体不断地摆动，寄生多时，在高倍显微镜的视野下能发现几十个甚至上百个虫体，即可诊断为此病。

【诊断方法】经过染色以后在显微镜下才能看清。它们离开鱼体后，能在水中自由活动数小时至数天，借以传播到其他新寄主或其他水域中去。鳃隐鞭虫多寄生在鳃上，用后鞭毛插入鳃组织内。当大量寄生时，鳃和体表分泌大量黏液，破坏表皮组织，使鱼呼吸困难，窒息死亡。病鱼体表发黑，鳃丝红肿。

【防治方法】

（1）彻底清塘消毒，保持池水洁净，并不时注入适量的新水。

（2）养鱼放养密度适当。曾在 20 世纪 50 年代大量发病，是和放养过度密集有关。

（3）发病时可用 0.7 毫克/升硫酸铜和硫酸亚铁 5：2 合剂全池遍洒，效果很好。

（4）鱼种放养前用 8 毫克/升硫酸铜溶液浸洗 20～30 分钟；治疗用 0.7 毫克/升的硫酸铜硫酸亚铁粉全池遍洒。

二、锥体虫病

锥体虫是一种寄生在血液中的鞭毛虫，能引起人类、家畜、一些野生动物和鱼类的疾病。

【病原体】鲩锥体虫（*Trypanosoma ctenopharyngodon* Chen et Hsich，1964）。

【流行与危害】在活体检查时，从活鱼的鳃和心脏取血加生理盐水，在显微镜下观察，可见锥体虫在细胞间活泼地原地跳动，很易被发现；涂片标本需经染色后才能看到。鲩鱼中寄生的锥体虫，一般感染率不高，感染强度也不大，外表看不出特别病症。但在鲤、鲫、鲇上，有时感染强度很大，鱼有烦躁跳出塘外现象，但未检测其血液病理指标。至于锥体虫的传染者，国内只记载有在鲤、鲫、鲇上有中华颈蛭（*Trachelobdella sinensis*）、尺蠖鱼蛭（*Piscicola gemetrica*）和边缘拟扁蛭（*Hemiclepsis marginata*）寄生，是否是这些蛭传染，尚不清楚。

锥体虫在我国南方各养鱼区，尤其是湖区的鱼中寄生，一年四季都有。

【症状及病理变化】少量寄生对鱼体影响不大，严重感染时可使鱼体虚弱、消瘦，出现贫血。传播鱼类锥体虫病的水蛭，已知有尺蠖鱼蛭（*Piscicola geometra*）等几种。

【诊断方法】显微镜检查血液，可见虫体的形状和数量。

【防治方法】水蛭多的池塘和湖泊沿岸浅水区，可用药物消灭水蛭，减少传染。国外记载用氨苯基胂酸钠杀灭锥体虫，但不宜用于食用鱼。

三、鱼波豆虫病

这是在淡水鱼上广泛寄生并能引起鱼病的一种鞭毛虫病。

【病原体】漂浮鱼波豆虫 [*Ichthyobodo necatrix* (Henneguy, 1883) Pinto, 1928]。

【流行与危害】漂浮鱼波豆虫的寄主很广泛，除草鱼外，其他冷水性、温水性鱼类均能寄生。Robertson (1981) 研究鲑鳟鱼类受其侵袭，可造成寄主表皮海绵层水肿，表皮脱落，剩下一层细胞附着于基底膜上；鳃上皮坏死脱落，丧失正常生理功能。2 龄鲤则皮肤充血，鳞下积水，形成松鳞状病变。

鱼波豆虫病在南方各养鱼区时有出现，对寄主年龄无严格选择性。从小鱼到大鱼都有，但主要危害小鱼苗及夏花。通常发病在冬末到初夏，水温 10～20℃。水质差、放养密度高的小水体中，冬季也能发病；同样在水温高达 30℃，也曾引起鱼类发病和死亡。

【症状及病理变化】鱼波豆虫主要寄生于鱼类的体表和鳃瓣。虫体离开寄主组织时作踌躇状螺旋形游动。固着在鳃上时，常成匙状。大量时成群聚集在鳃丝边缘，虫体作挣扎状上下左右摇动。虫体通常以身体末端紧贴鱼体表和鳃表皮细胞表面，2 条鞭毛插入寄主组织。刺激鱼体产生很多黏液，并使鳃上皮细胞脱落，丧失正常呼吸功能，导致病鱼呼吸困难。虫体同时剥取寄主组织及吸收营养物质，使受损害破坏的组织易受细菌及水霉侵入，加速病情发展。

发病的鱼体表开始黏液增多，似有一层淡蓝色黏液形成，鱼体发黑，食欲不振，反应迟钝，严重的感染处有充血、出血，鱼体消瘦。几天之内就会由少数死亡发展成大批死亡。

【诊断方法】病鱼体表黏液很多，形成一层灰白色或淡蓝色的黏液。运动失常，食欲不振，反应迟钝。鳍条折叠，呼吸困难，感染区充血、出血，鱼体消瘦。垂死前表现呆滞。显微镜检查鳃丝及黏液，可见虫体的形状和数量。

【防治方法】注意水质洁净，特别在小水体养鱼，低温下长期不换水也易发病。

鱼种放养前用 8 毫克/升硫酸铜溶液浸洗 20～30 分钟；治疗用 0.7 毫克/升的硫酸铜硫酸亚铁粉全池遍洒。

四、变形虫病

【病原体】寄生于草鱼肠道的鲩内变形虫（*Entamoeba ctenopharyngodoni* Chen，1955）。

【流行与危害】

（1）感染途径　内变形虫的营养体对环境的抵抗力较低，因不适宜的环境影响很容易死亡。但孢囊的抵抗力强。此病的传播途径主要是病原体的孢囊时期，孢囊随着寄主的粪便排出，落在水里被草鱼吞食后受到感染。

（2）流行情况　内变形虫是一种专性寄生虫，只出现在草鱼肠道中，10 厘米左右的草鱼种即有感染，但以 2 龄以上的大鱼较普遍。其地理分布主要在长江中下游和西江流域的养鱼地区，尤其在广东和广西地区较为流行。在夏、秋两季感染率较高，冬、春两季比较少。

【症状及病理变化】营养体寄生在成年草鱼近肛门的一段直肠中，定居于肠黏膜上，或深入黏膜下层，有时可以经血流被送至肝脏或其他器官。病变开始时只是黏膜的表面被侵蚀而形成溃疡，继而逐渐深入黏膜下层，然后向周围发展而形成脓肿，它往往不表现出明显的溃疡和脓肿等症状。

【诊断方法】如果单纯感染内变形虫、数量不多，肠管往往不表现出明显的溃疡和脓肿等症状。但如感染严重时，肠黏膜遭到破坏，后肠就表现出溃疡充血和流出乳黄色黏液，但无细菌性肠炎所表现的其他症状。虫体聚集在距肛门 6～10 厘米的直肠附近，并靠伪足的机械作用穿入宿主肠黏膜组织。

刮取肠壁黏液进行显微镜检查，可见虫体的形状和数量。如发现有大量内变形虫寄生，而又无其他疾病，即可作出诊断。

【防治方法】

（1）彻底清塘。

（2）不引入有内变形虫寄生的鱼种。

（3）加强饲养管理，保持优良水质，将鱼养得健壮。

五、饼形碘泡虫病

【病原体】草鱼饼形碘泡虫病是我国淡水鱼类中比较严重的黏孢子病害之一，病原体是饼形碘泡虫病 [*Myxobolus artus* (Ach-merov, 1960) Chen]，主要侵袭草鱼的肠道、鳃及其他器官，如脑、软骨、脾、胆、肾、肝、膀胱和肌肉等也常被侵袭。

【流行与危害】饼形碘泡虫病在国内各养鱼地区，如广东、广西、福建、江苏、浙江、湖南、湖北、安徽、山东、河南、四川、云南以及东北地区都有发生，而以广东、广西和福建等地区最为流行，特别是广东地区，饼形碘泡虫病已成为危害草鱼的一种严重病害。病程发展迅速，死亡率高，一经发现病鱼，几天之内即可出现大批死亡。严重时死亡率可达100%，从鱼苗到成鱼都可感染发病，但能造成大量死亡的都是夏花草鱼种（即体长2.0～2.5厘米，相当于广东、广西鱼农习惯所称的六、七朝鱼种），也就是鱼苗下塘后12～27天（即五朝半到九朝）的时间内，特别是下塘后15～20天（六、七朝）内，发病最为普遍。

饼形碘泡虫病的流行季节一般在每年的5～7月，尤其以5～6月最为普遍，8月以后比较少见。这种情况说明了随着鱼苗的成长，在不同发育阶段对病原体有不同程度的抵抗力。

在曾经发生过这种病的鱼池饲养草鱼，年年都可使草鱼感染发病。但在草鱼与青鱼、鲢、鳙等鱼在同一池塘混养的情况下，当草鱼种被这种病原体侵袭而引起严重发病时，而青鱼、鲢、鳙等鱼种都不感染，也不发病。说明饼形碘泡虫对寄主感染具有严格选择性，而青鱼和鲢、鳙等鱼种对饼形碘泡虫具有种的免疫性。

【症状及病理变化】严重感染的草鱼肠道通常充满饼形碘泡虫的孢子和圆形、卵形或椭圆形的白色孢囊，将肠道阻塞，使肠道的细胞组织破坏，上皮崩解脱落，组织结构紊乱，固有膜和黏膜下层破坏，严重妨碍鱼的摄食和消化，鱼得不到营养，致鱼体消瘦而死亡。病原体还往往侵入脑和软骨，引起草鱼身体弯曲变形。1987年，湖北省武汉市东西湖养殖场饲养的3～4厘米的夏花草鱼种发生弯体病，严重的病鱼，往往尾部向上弯曲，游泳时在水面打转，鱼体发黑消瘦，头大尾小，腹部膨大，经显微镜检查病鱼，脑部有大量饼形碘泡虫的孢子和孢囊。发病初期的病鱼症状不明显，到了可能被察觉鱼有异常现象时，一般已是病的后期，病鱼不摄食，靠近池边缓慢地游动，不久即死亡。

【诊断方法】肉眼初检，显微镜检查确认病原体的丰度，以及对鱼体的危害程度。

【防治方法】

(1) 饼形碘泡虫主要危害50厘米以下的草鱼种，因此应彻底清塘消毒减少病原，以防止本病发生。

(2) 采取合理的放养密度，使鱼种迅速成长，以强壮的鱼体来抵抗病原的侵袭。

(3) 每50千克饵料加30克精制敌百虫粉（80%）拌匀投喂，每天1次，连喂3天。

六、小瓜虫病

【病原体】多子小瓜虫（*Ichthyophthirius multifiliis* Fouquet, 1876）。

【流行与危害】小瓜虫的地理分布甚为广泛，我国主要养鱼地区的池塘、湖泊和河川等水体中都有发现，在湖北和湖南常成为严重的流行病。1957年湖南省湘阴县鹅公湖利用300亩稻田放养草鱼种，10月上旬发生严重的小瓜虫病，损失极大；1959年春末、夏初时，湖北省黄石市花马湖养殖场的鱼种培养池，春片饲养池也经常因生小瓜虫病而引起草鱼种严重死亡。1988—1989年在西南武陵山地区进行水生生物资源调查时，在未进行放养的水体中也发现草鱼等9种鱼类感染有小瓜虫。

小瓜虫病的流行，具有比较明显的季节性。病原体繁殖最适度的水温，一般是 15～25℃；当水温降低到 10℃ 以下和上升至 26～28℃ 时，发育即停止；28℃ 以上，幼虫即可死亡。因此，在华中地区，当年 3～5 月是小瓜虫病最猖獗的季节，到 6 月底至 7 月病情大大减少，7 月以后至 10 月此病则很少出现。但也有例外，如中国科学院水生生物研究所当时的饵料组在室内饲养的草鱼，在水温 32℃ 以上时仍有小瓜虫病发生，其他观察鱼类在当年的 11 月至翌年的 2 月也常发生小瓜虫病。

【症状及病理变化】多子小瓜虫是一种身体比较大、肉眼能见的原生动物纤毛虫，寄生在草鱼的皮肤、鳍条和鳃组织里，剥取寄主的上皮细胞和血球为生。由于它在寄主组织内不停地活动的结果，上皮组织引起病态的浮肿，严重时全身皮肤和鳍条满布白色的孢囊，故有白点病之称（彩图 16）。

【诊断方法】肉眼和显微镜检查，即可诊断。

【防治方法】

（1）预防 从小瓜虫的生活史来看，脱离鱼体的小瓜虫能自由生活的时间是不太长的，孢囊内孵化出来的幼虫也只能存活 36～48 小时。根据这一事实，在没有其他病害的前提下，可采取自然杀灭方法达到消灭小瓜虫的目的。即将池中所有鱼类捕出，经过 7～10 天的空闲休息，或在水源方便的情况下，采取放干塘水，使其暴晒一般时间之后，再进行注水放养的方法均可以取得良好的效果。

另外，应将病情严重或将死亡的病鱼立即捞出，已死的病鱼不要随地乱扔，防止人为将患病池的小瓜虫病带到健康池中去。

（2）治疗 由于小瓜虫病具有国际性，严重影响渔业的发展，所以自 20 世纪 60 年代以来，国内外在治疗小瓜虫病方面试用了 30 多种药物。

七、斜管虫病

【病原体】淡水鱼类的斜管虫病病原体只有一种，即鲤斜管虫

(*Chilodonella cyprini* Moroff，1902)。

【流行与危害】斜管虫病的流行地区较为广泛，在湖北、湖南、四川、江苏、浙江、广东、广西、河南、河北以及东北的养鱼池、塘堰以及湖泊、河川等天然水库都有发现。鱼种越冬时，因斜管虫的发生，引起鱼种死亡较为常见。此病也是世界性的鱼病。斜管虫适宜繁殖的温度是 $12\sim18℃$，当水温低至 $8\sim10℃$ 仍可大量地出现。因此，在江苏、浙江和湖北等地区，在当年 10 月至翌年 $4\sim5$ 月斜管虫病最易流行。而水温 28℃ 以上此病不易发生。

【症状及病理变化】斜管虫（彩图 17）对草鱼的侵害，对幼小的鱼苗，主要是损害其皮肤和鳍条，至于鱼种和成鱼，除皮肤外，同时也大量侵袭鳃、口腔黏膜和鼻孔。当鱼体皮肤和鳃丝部位受大量病原体刺激时，引起分泌大量的黏液，将各鳃小片黏合起来，束缚鳃丝的正常活动，使鱼呼吸困难。严重时，鱼体消瘦变黑，飘游水面，或停浮在鱼池的下风处，久之发生死亡。检查将死的病鱼，鳃丝淡红色，鳃丝肥厚，稍肿胀，体表黏液较多。

【诊断方法】显微镜检查鱼体黏液和鳃丝，发现虫体的数量，确定病害程度。

【预防方法】

（1）$125\sim150$ 千克/亩生石灰带水清塘。

（2）鱼种进池前要经过严格的检疫，如发现有病原体，要用 8 毫克/升硫酸铜浸洗 30 分钟，或用 2% 食盐水浸泡 $10\sim20$ 分钟。

【治疗方法】0.7 毫克/升的硫酸铜硫酸亚铁粉全池遍洒。

八、车轮虫病

【病原体】病原体属于缘毛目（Peritrich Stein，1859）、游走亚目（Mobilina Kahl，1933）、车轮虫科（Trichodinidae Claus，1874）、车轮虫属（*Trichodina* Ehrenberg，1838）的显著车轮虫（*Trichodina nobillis* Chen）。

【流行与危害】显著车轮虫病是流行普遍、危害比较大的纤毛虫病。全国各养鱼地区，特别是长江和西江流域各地的养殖场，每年5～8月间，在鱼苗养成夏花鱼种的池塘，往往易发生严重的车轮虫病。此病的发生一般在面积小、水较浅而又不流动的鱼池，尤其是在采用大草或粪肥直接沤水来饲养鱼苗的夏花鱼池。水质一般比较脏、含有机质高、放养密度又比较大的情况下，是滋生显著车轮虫病的主要场所。

离开鱼体的车轮虫，能在水中自由生活1～2天之久。这种自由生活状态的虫体，可直接侵袭新的寄主，也能很快地随水流转移到别的水体。特别要注意鱼池中的蝌蚪、几种水生甲壳类动物、扁卷螺和其他水生昆虫的幼虫，均是显著车轮虫的暂时携带者。

【症状及病理变化】在鱼苗和鱼种饲养阶段，最易发生显著车轮虫病。虫体主要寄生在鱼的体表、鳍条、口腔和鼻腔，偶尔在鳃上也有。曾经在1尾草鱼夏花的尾鳍上就附着100多个车轮虫。由于虫体附着在体表皮肤，刺激皮肤组织分泌较多的黏液，严重影响鱼的呼吸和行动。鱼体一般身体发黑，游动迟缓。有时在鱼的头部也因车轮虫的大量存在而出现所谓的"白头"病，这时如不及时处理，会造成鱼种死亡。

【诊断方法】肉眼可观察到活体的虫体，显微镜检查确定病原体（彩图18～彩图20）。

【防治方法】可用2％食盐水浸泡病鱼15～20分钟，或用8％硫酸铜溶液浸泡15分钟，或用0.7毫克/升的硫酸铜泼洒，或用0.7毫克/升的硫酸铜硫酸亚铁粉洒入鱼箱，均可取得一定疗效。

九、小车轮虫病

【病原体】眉溪小车轮虫（*Trichodinella myakkae* Mueller, 1937）。

【流行与危害】眉溪小车轮虫病像显著车轮虫病一样流行很广泛。全国各地养殖场特别是黄河以南的各地养殖场都有，尤以从夏花鱼种养至13～17厘米的大规格鱼种和丰产鱼塘较普遍。有时冬末、春初的鱼种越冬池，常因小车轮虫病的出现而影响鱼体成长和产量。值得注意的是，这种小车轮虫病往往与斜管虫病和鱼波豆虫病并发，更显出它对鱼种的危害了。

【症状及病理变化】眉溪小车轮虫主要寄生在草鱼的鳃丝和鼻腔内。当其被感染和存在时，鳃丝分泌黏液多，将鳃丝彼此包裹起来。由于虫体充塞在鳃小片和鳃丝之间，致使呼吸困难，鱼体黑色，常在水面缓慢游动，时有挣扎现象。在阳光照射下，或将鱼体露在水面时，鳃盖呈现微蓝紫色。

【诊断方法】肉眼可观察到活体的虫体，显微镜检查确定病原体。

【预防方法】鱼池在放养前用生石灰 125～150 千克/亩彻底清塘。在广东、广西地区改用混合堆肥法代替直接用大草或粪肥沤水法饲养夏花鱼种，可抑制车轮虫大量的繁殖，使其不发病。为了杀灭池水中的甲壳类动物、蝌蚪和扁卷螺，在没有消毒水源的条件下，采用带水清塘为好。移植鱼类、运输鱼种和亲鱼时，先要经过检疫，并用 2% 食盐水浸洗 10～15 分钟，或 8 毫克/升硫酸铜浸泡 20～30 分钟。

【治疗方法】一般饲养鱼类的体表和鳃上或多或少有几个车轮虫，对鱼体的成长没有什么危害，但在鱼的鳃上发现车轮虫，特别是小车轮虫比较多时，而且又有其他的寄生虫（如口丝虫、斜管虫）并发，则应以 0.7 毫克/升的硫酸铜全池遍洒为好。如果在湖泊、河道的网箱内发生了严重的车轮虫病，则可以试用 PFUM 法（张元住，1991）（即用一块长 20 厘米、宽 20 厘米、高 5～8 厘米的泡沫塑料，经清水洗涤挤干后，让其吸取 500 毫升 40% 的福尔马林，然后将它悬挂在网箱水中央离水面 20～30 厘米处，让药液慢慢地放出以杀灭车轮虫）。要是网箱太大，可以多挂 1～2 个药块。

十、半眉虫病

【病原体】在饲养鱼类中只发现巨口半眉虫（*Hemiophrys*

macrostoma Chen，1955）和圆形半眉虫（*Hemiophrya discifor-mis* Chen，1956）两种，而草鱼的体表和鳃上只有巨口半眉虫一种。

【流行与危害】通常鱼体感染此虫的强度不大，单纯的半眉虫病不多，通常与车轮虫、小车轮虫和斜管虫等成为夏花鱼种和大规格鱼种的鳃瓣病病原体之一。全国各地养殖场均有，尤以5～8月饲养夏花鱼种期间较为流行，其主要症状与上述车轮虫病相似。

【症状及病理变化】通常在鳃上和体表上发现的巨口半眉虫是以孢囊形式寄生的。虫体蜷缩成圆形，利用自身分泌的黏液将身体包围起来，形成孢囊。从孢囊出来的虫体，恢复到长卵形或椭圆形、后方略大于前方、左面稍隆起、右面稍向内凹的体形。身体右侧面长着的17～19行纤毛纹，左侧面完全裸露，故有半眉虫之称。胞口裂缝状，位于腹面左侧，起自身体前端至体后3/4的地方。具2个卵形的大核，1个小核位于2个大核之间。伸缩泡8～15个，分布在虫体周身。胞质内有许多食物粒。固定标本长49（33～60）微米、宽31（23～39）微米、厚度约12微米；胞口长36.5（20～40）微米。

【诊断方法】肉眼可观察到活体的虫体，显微镜检查确定病原体。

【防治方法】同车轮虫病。

十一、杯体虫病

【病原体】主要有筒形杯体虫（*Apiosoma cylindriformis* Chen，1955）、卵形杯体虫（*Apiosoma oviformis* Chen & Hsieh，1964）、变形杯体虫［*Apiosoma amoebae*（Grenfell，1887）］。

【流行与危害】杯体虫属（*Apiosoma*）的纤毛虫，种类很多，在草鱼鳃和体表上着生有筒形杯体虫、卵形杯体虫和变形杯体虫等。这类纤毛虫以身体后端的附着盘——茸毛器，黏附在鳃和皮肤的表膜上，摄取水中的细菌和单细胞藻类作营养，对于鱼体组织没有破坏作用。对于年龄比较大的鱼，被感染的虫体数量又不多，就影响不大。但2～3厘米以内的幼鱼苗，如果有大量的杯体虫着生，鱼的呼吸受到妨碍，同时身体被骚扰，鳃和体表分泌黏液多，易与水中杂质黏合起来，妨碍鱼体的游动与摄食，当水中溶解氧不足时，鱼就出现大批死亡。鱼体游动无力，拖泥沙，不进食；夏花以后的病鱼游动迟缓，鳃和体表黏液多，尾柄周围拖有泥沙，有时有急游挣扎现象。全国养殖地区一年四季都有出现，尤以夏、秋两季较为普遍，6～7月是此病流行高峰季节，孵化池、孵化桶以及孵化环道往往易发生单纯的杯体虫病。

【症状及病理变化】当外界环境条件不利或鱼体死亡后，虫体中部的横纤毛带长出比平时的纤毛更细密的长纤毛，随后口围盘完全收缩变圆，后端的附着盘也向内收缩，整个身体的外形很像一个柿饼，脱离鱼体，这时叫游泳体。它在水中自由游动转移至另一寄生部位或寄生，或随水流迁移至别的水体。有时在一个杯体虫的前方，即围口盘下方附近附着一个比较小的杯体虫，这就是杯体虫的有性生殖。无性繁殖像其他的缘毛类纤毛虫一样是采取纵向二分裂。

【诊断方法】当杯体虫充分伸展时，多数种类像喇叭状，有些种呈圆形或杯状（彩图21、彩图22）。身体前端是呈圆盘的口围盘，其边缘围绕3层透明的缘膜，其里面有1条螺旋状口沟，其外两层沿着口沟以反时针方向环绕，最外一层缘膜一直下降到前腔，构成1层比较坚固的波动膜。活体时，无论身体伸直或收缩时，此膜不断地颤动。仔细观察胞咽内具2～3列波动膜，约呈8字形螺旋着生。虫体中部表面，有1行围绕身体周身的纤毛纹。全身表膜上分布着与纤毛带平行的细致横纹。在虫体中部有一环较粗的环纹，这就是横纤毛带。体内中部或后部有1个卵形、圆形或近似三角形的大核，在其旁边有1个圆球形或细棒形的小核。1个较明显的伸缩泡，位于胞口前腔附近。身体后端有1个吸盘状固着器，借以将身体附着在鱼的鳃丝或体表皮肤上。

【防治方法】同车轮虫病。

十二、肠袋虫病

【病原体】鲩肠袋虫（*Balantidium ctenopharyngodoni* Chen，1955）。

【流行与危害】鲩肠袋虫分布地区很广，我国各地养殖场均有发现，尤以长江沿岸的鱼肠道内最为常见。感染此虫的草鱼，在外表上没有明显的症状。只有当肠腔内有大量虫体存在时，在肠黏液中有小白点，但没有硬度感觉，镜检时发现大量的虫子堆积在一起。另外，当草鱼患细菌性肠炎时，其病灶部位往往也有许多肠袋虫，因此推测它有加重病灶的作用。

【症状及病理变化】在检查活体时，曾发现鲩肠袋虫形成孢囊。孢囊圆球形，壁不太厚，具有弹性。虫体在囊内不停地转动，随着时间的延长，胞口及大核的轮廓渐渐模糊，孢囊壁也增厚，双层，变为淡黄色。但未见在孢囊内进行分裂。

【诊断方法】在草鱼肠内只发现鲩肠袋虫1种，寄生在肠的黏膜褶与黏膜褶之间。从10厘米以上的鱼种到2～3龄的成鱼均有感染，而最普遍感染的是500克左右的鱼，四季均有，感染率有时高达40%，强度一般不大。根据肠组织切片观察，寄生虫通常不进入肠黏膜层，看不出对肠组织有明显的破坏现象。

【防治方法】预防此病最好的方法是采用生石灰彻底地清塘，杀灭水中和浮泥中的孢囊。在放养鱼种前10天，用2毫克/升的硫酸铜全池遍洒，能有效地杀灭水中的肠袋虫。

十三、吸管虫病

【病原体】目前在草鱼鳃上已发现变异毛管虫（*Trichophrya variformis* Li，1985）、中华毛管虫（*Trichophrya sinensis* Chen，1955）、湖北毛管虫（*Trichophrya hupehensis* Chen & Hsieh，1964）等三种毛管虫和武昌簇管虫（*Erastophrya wuchangensis* Chen，1964）。

【流行与危害】吸管虫病的病原体一年四季均有发生，但在

5～10月间最为流行，特别是从鱼苗养至7～10厘米的鱼种易生此病。1965年以前，广东省南海市九江等地以大草沤水发塘养鱼种，较易发生车轮虫、毛管虫并发症。毛管虫的传播主要是靠自由游泳的纤毛幼虫。此纤毛虫能在水中生活相当长的时间，遇到鱼体就着生上去，或借水流和其他的媒介转移到另外的水体中，再袭击其他的鱼类。

【症状及病理变化】吸管虫病也是草鱼鳃瓣病的一种，病原体是几种毛管虫。通常寄生在鳃小片上，有时偶尔也发现在夏花鱼种的鳍条上。当大量寄生时，虫体像蛞蝓状的匍匐地贴在鳃小片上，破坏鳃的表皮组织，刺激鳃分泌大量的黏液，妨碍呼吸，严重时，影响鱼摄食，因而鱼体瘦弱，游动迟缓，久之死亡。如1963年7月，湖北洪湖县新堤鱼种场和江陵县郝穴镇渔场的夏花草鱼种，被中华毛管虫侵袭，发生严重的死鱼现象。

【诊断方法】体表寄生虫，肉眼可观察到活体的虫体，显微镜检查确定病原体。

【防治方法】同车轮虫病。

第五节　扁形动物性疾病的防治技术

一、指环虫病

【病原体】指环虫是鲤科鱼类中最常见的单殖吸虫，由此类吸虫导致的疾病，统称为指环虫病。

【流行与危害】鳃片指环虫和鲩指环虫几乎在国内养殖有草鱼的水域中均有发现，故通常将此病列为常见病。然而，据国内外的研究资料表明，指环虫在宿主种群中通常呈聚集分布形式，即仅少数宿主中有高强度的寄生虫。因此，尽管每年均有草鱼指环虫病发生，但造成大批死亡的病例迄今并不多见。

近年来，随着淡水养殖渔业的发展，北方地区草鱼养殖呈发展趋势；而南部诸省、市在湖泊网箱养殖草鱼也已得到发展。对于主要靠虫卵和幼虫传播的寄生虫，无疑为疾病的流行创造了良好的条件。最近的资料表明，北方地区的鲢、鳙、鲤及草鱼，指环虫病已呈发展趋势，显然是因为北方的气温更适宜于偏低温特性种类繁殖、发育有关；而南方集约化养殖的发展，也显示指环虫病发病率有增加的现象。

通常情况下，草鱼指环虫病主要危害夏花和春片鱼种，每尾寄生 400 个指环虫左右即可引起死亡。据目前所知，成鱼养殖中已出现发病死亡的病例。流行季节在春末和秋末。严重的发病池，死亡率可达 30％左右。

【症状及病理变化】草鱼指环虫病主要发生在夏花和春片草鱼种，大量寄生时病鱼体色变黑，身体瘦弱，游动缓慢，食欲减退，鳃部显著浮肿，黏液增加，鳃丝张开并呈灰暗色，最终死亡（彩图23）。据 Mölnar 的研究，指环虫中央大钩刺入鳃丝，可使上皮糜烂和少量出血，边缘小钩刺进上皮细胞的胞质，可造成撕裂。全鳃损伤，可引起出血、组织变性、坏死和萎缩。据对鲢中小鞘指环虫病的病理研究：黏液分泌过多，鳃器官损伤，影响鱼的呼吸，最终导致内脏器官功能性病变，全身衰竭而致死亡。

【诊断方法】鳃片指环虫和鲩指环虫为草鱼特属寄生虫，大钩指环虫是广宿主指环虫，草鱼中感染度较低；小鞘指环虫主要寄生在鲢鳃，草鱼中仅偶尔发现；宽基指环虫则寄生于鼻腔，感染度也较低。草鱼指环虫病的病原主要是鳃片指环虫和鲩指环虫。

【防治方法】常年发生指环虫病的鱼池，必须进行一次比较彻底的清塘消毒，以消除沉积于淤泥和悬浮于水中的虫卵，最好实施生石灰干塘清塘消毒，通过去除淤泥、暴晒或冰冻后，每亩施放50～60 千克的生石灰（加水发开后），可达到较好的效果。若应用带水清塘法，则每亩（水深 1 米）需用生石灰 100～120 千克可起良好的效果。

购进夏花或春片放养前，应该用每升水含 1 克的精制敌百虫粉（含量 80％以上）溶液浸洗 20～30 分钟，或用 2％～3％的食盐溶液浸洗 10 分钟，可杀死指环虫而达到预防的目的。

网箱养殖时，可在网箱周缘插挂装有精制敌百虫粉的布袋或有针洞的塑料袋，注意，为使能沉进水中，降缓溶解速度，挂袋时最好将敌百虫与沙子混合后装入，挂袋数可通过实验确定，每月应悬挂 2 次，可预防此病发生。

发病鱼池可按每升水 0.2～0.4 克浓度的精制敌百虫粉全池遍洒法治疗；严重的发病池，间隔 1 天后需重复 1 次。

二、三代虫病

【病原体】三代虫，也是鱼类鳃和体表上常见的单殖吸虫。

【流行与危害】根据调查资料，鲩三代虫在湖北、湖南、山东、福建、广东、广西、云南和辽宁等地均有分布。但报道由此病而引起大批死鱼的病例并不多见，典型的病例发生于 1959 年湖北省仙桃市彭场养鱼场，其所养殖的春花草鱼，由此虫大量寄生而招致严重死亡。发病季节主要是春季。三代虫通常在宿主种群中呈高度聚集分布，因此，若非特别的环境与生态条件，它们在养殖水体中致病的情况通常是散在性流行，即 1 个池塘中少量鱼因此虫大量寄生而死亡。由于其危害性不明显，故往往不为人们所注意。但据国外报道，三代虫寄生病灶部位，致病菌量远高于正常部位，一些学者还认为三代虫可能是病毒的传播媒介。果若如此，三代虫的潜在危害性就很值得人们注意了。

【症状及病理变化】鲩三代虫寄生于鱼的体表及鳃部，它们摄食宿主的上皮细胞、黏液和血液。大量寄生时幼鱼体色失去光泽，皮肤上有一层灰白色的黏液，食欲减退，鱼体瘦弱，呼吸急促，最终导致死亡，其病理与指环虫病类似。

【诊断方法】三代虫没有眼点，据此特征，容易与指环虫区分开来。三代虫营胎生生殖，在每一个成虫的身体中部，可见到 1 个椭圆形的胎儿（第二代），而在胎儿体内又开始孕育着下一代（第三代）的胚胎，故称之为"三代虫"（彩图 24）。

【防治方法】同指环虫病。

三、双身虫病

【病原体】双身虫。

【流行与危害】鲩华双身虫通常在自然水域中的野生草鱼中寄生，池塘养殖草鱼中很少发现。个别病例曾报道较多寄生时，有鳃黏液增多、污物黏着、影响呼吸等症状。据资料，仅在湖北、浙江等少数地区有分布。感染率和感染强度通常偏低，故危害性不明显。随着我国湖泊网箱养鱼的发展，应该注意鲩双身虫的传播，避免形成流行病。

【症状及病理变化】幼虫从卵中孵化，全身具纤毛，在水中游泳一个很短的时间，就附着在鱼体上成长为成虫。双身虫通常寄生在大鱼的鳃间隔膜上，吸食鱼血，破坏鳃组织，对鱼有一定的危害，但一般寄生的数量不大，危害不严重。

【诊断方法】鳃上寄生虫，肉眼可观察到活体的虫体，显微镜检查确定病原体。

【防治方法】每立方米水体 2 克粉剂敌百虫（含 2.5%）＋0.2 克硫酸亚铁全池遍洒法治疗，有较好的效果。其他防治方法同指环虫病。

四、侧殖吸虫病

【病原体】日本侧殖吸虫。

【流行与危害】日本侧殖吸虫的终末宿主有十多种，中间宿主也并不十分严格，故在我国分布相当普遍，尤其在南方诸省更为常见。但引起鱼苗发病需要一定的流行条件，即成鱼养殖池和鱼苗培育池并无严格的区别，经常将鱼苗池转作成鱼池或暂养池，而且在转归鱼苗培育时，清塘很不彻底，根本不能清除螺蛳，大量的阳性螺为疾病的发生创造了条件；而池内缺少适口的饵料，饥不择食的鱼苗误吞水体中的侧殖吸虫尾蚴，导致疾病的发生与流行。此病过去仅偶尔发生，近年来，由于养殖管理的滞后状态，病例已有增加，湖北、江苏、浙江、上海等均已发现，不仅对草鱼有较大危害，同样也危害鲢、鳙、鲂、鲤、鲫苗。据知，目前已影响夏花鱼种的培育，应该引起注意。

【症状及病理变化】患病鱼苗体色变黑、停止摄食、游动无力，并群集于鱼池下风处，3 天内即大批死亡。显微镜下观察，可见吸虫充塞肠道，前肠部位尤为密集，肠道内完全无食物。体长 0.6～0.7 厘米的鱼苗，寄生 18～26 个吸虫即可引起死亡，显现肠道堵塞，造成鱼苗难以摄食、体质衰竭，是死亡的主因。在断续感染的情况下，虽不致造成鱼苗因肠道堵塞而急性死亡，但陆续感染的量愈多，对鱼苗的生长影响愈大，表明主要是掠夺寄主营养的结果。

【诊断方法】肉眼可观察到活体的虫体，显微镜检查确定病原休。

【防治方法】鱼苗发生此病后即不能摄食，即使尚能摄食，也难以制成药饵投喂，因此口服药物杀虫就很困难，必须强调预防为主。根据流行因素，首先育苗池与夏花池不要采用历年饲养成鱼的鱼池；其次，育苗池应彻底清塘消毒，杀灭螺蛳，每亩水深 1 米需用茶饼 50 千克或生石灰 125～150 千克清塘才能见效；此外，在鱼苗入池前必须培好水质，使有充足的适口浮游动物，入池后应及时投喂豆浆。

五、复口吸虫病

【病原体】复口科（Diplostomatidae）、复口属（*Diplostomum*）吸虫的尾蚴和囊蚴。在我国引起草鱼发病的为湖北复口吸虫（*Diplostomulum hupehensis*）和倪氏复口吸虫（*D. niedashui*）的尾蚴和囊蚴。

【流行与危害】复口吸虫病的传染源——鸥鸟，是一种候鸟，故其分布十分广泛。第一中间宿主——椎实螺在我国各地也均存在，故此病是我国养殖渔业中的常见病。复口吸虫的尾蚴、囊蚴对鱼类宿主并无严格的选择性。因此，几乎所有鱼类均可致病，草鱼也不例外，仅感染率和感染度略低于鲢、鳙。但是，引起鱼苗、夏花培育中大批死亡的病例，则远低于大鱼种和成鱼阶段的白内障病。这是因为鱼苗培育池中必须有大量的阳性螺，有高密度的尾蚴时，才能造成急性流行。尽管如此，急性流行每年在我国均有发生，尤其是靠近湖泊的养鱼场或规模较大的渔场容易发生。

【症状及病理变化】复口吸虫病是指由尾蚴和囊蚴引起的疾病。由尾蚴引起的疾病，通常指大量尾蚴急性感染所造成的病症，因此发生在鱼苗、鱼种阶段，其症状因两种尾蚴在鱼体内转移途径不同而有差别。

湖北尾蚴入侵鱼体后的转移途径是，通过循环系统进入眼球水晶体。急性感染所显示的症状是，初期时鱼在水面作跳跃式的挣扎状游动，继而游动迟缓，有时头朝下、尾朝上失去平衡。此时病鱼头部及眼眶周围出现鲜红色充血现象，若尾蚴仍继续入侵，则短时间内鱼即死亡。病鱼症状显现均是因尾蚴在循环系统中移行所产生的机械损伤所致，特别是在脑血管和视血管中造成的机械损伤，是鱼头部、眼眶充血的原因。

倪氏尾蚴是通过神经系统进入脑部，再由视神经进入水晶体，故其症状表现为头向下、尾朝上在水面旋转，此后即呈现反应迟钝、呼吸微弱和身体失去平衡等症状，部分鱼的头部脑室区有充血现象。病鱼经12～24小时出现弯体现象。若继续感染，则在数天后死亡。

尾蚴若是在相当时期内继续感染鱼体，一次侵入的数目所致机械损伤不足以引起鱼的严重病变。当它们进入水晶体内寄生，发育成囊蚴后，则开始出现水晶体混浊的白内障症状，囊蚴较多时，可使水晶体脱落，出现瞎眼现象。通常较大的鱼种和成鱼容易得白内障病。

【诊断方法】复口吸虫囊蚴寄生于鱼眼水晶体或玻璃体中；复殖吸虫成虫寄生于鸟类肠道。诊断时将病鱼眼球水晶体上刮下的胶质放在盛生理盐水的培养皿中，稍加摇动，凭肉眼可以观察到游离在生理盐水中蠕动着的白色粟米状虫体，更可以在显微镜下观察到虫体。

另外，可查看养殖场周围和水草上的椎实螺的存在多寡，及用显微镜检查其肝、肠中有否椎实螺的尾蚴存在，因为椎实螺是复口吸虫的中间宿主。

【防治方法】当复口吸虫尾蚴侵入鱼体后，由于其进入肌肉、血管、心脏、神经、脑及眼球水晶体内，因此，欲通过药物杀死已进入体内的寄生虫是很困难的，特别是对急性感染发病的鱼苗、夏花更不可能，故必须采取预防的措施。消灭鱼池中的椎实螺，使复口吸虫不能完成其生活史，是防止此病发生的最有效方法。

杀灭椎实螺应当在清塘时进行。每亩（水深 1 米）需施放生石灰 100～150 千克或茶饼 50 千克。切忌使用五氯酚钠清塘，因为此药灭螺效果虽好，但对草鱼鱼苗、鱼种的毒害较大，会发生断鳍等后遗症。鱼池中已放养鱼苗、鱼种时，可用硫酸铜按每 0.7 毫克/升的浓度全池遍洒，并在 24 小时后重复遍洒一次。也可用二氯化铜按 0.7 毫克/升的浓度遍洒 1 次；硫酸铜或二氯化铜不仅可杀螺，同时也可杀死水中的复口吸虫尾蚴。

此外，以水草诱捕椎实螺；驱赶鸥鸟，勿使其停留鱼池上空等方法，也可减轻此病的发病率。

六、弯口吸虫病

【病原体】弯口科（Clinostomatidae）、弯口属（*Clinostomum*）的扁弯口吸虫（*C. complanatum*）的囊蚴。

【流行与危害】扁弯口吸虫是世界性分布的种类。其囊蚴对鱼类中间宿主并无严格的选择性，故广泛寄生于多种鲤科鱼类。养殖鱼类中，草鱼、鲤、鲫、鳙、鲢等均有发现。由扁弯口吸虫引起养殖鱼类发病死亡，主要发生在幼鱼阶段。早在 20 世纪 50 年代，急性感染弯口吸虫病造成鱼苗大批死亡的病例曾在广东顺德发生。近年来，广东某些地区的鲢、鳙、草鱼苗培育中仍有此病发生，但大批死亡的情况较少出现，中国台湾也有报道，称为黄吸虫病。多年来，我国在鸟类保护方面取得较好的成绩，而渔场的环境管理却并不理想，故对此病的流行增加了潜在性危险。南方地区，尤其是靠湖区的渔场，应引起注意。

【症状及病理变化】扁弯口吸虫的囊蚴寄生在鱼的肌肉中，通常外观无明显症状，由于囊蚴较大，故在头部或腹鳍和臀鳍可以看到结节状突起。剖开肌肉，可见肌层中橘黄色圆形囊体，直径在2.5毫米左右。囊蚴的寄生可导致肌肉的机械性损伤，寄生数目多时影响鱼体发育，甚至造成死亡。

【诊断方法】根据病鱼症状及显微镜检查判定。

【防治方法】由于囊蚴寄生于鱼体肌肉层，囊蚴的囊壁也具保护作用。因此，企图通过药物杀死寄生虫而又不伤及鱼体是十分困难的。鹭科鸟类又受国家保护，也为居民爱护，不应捕杀、驱赶。因此，杀灭池塘中的椎实螺是防治此病的唯一措施。杀灭椎实螺的方法同复口吸虫病。

七、头槽绦虫病

【病原体】草鱼中寄生的有九江头槽绦虫和马口头槽绦虫两种。

【流行与危害】九江头槽绦虫主要引起夏花和春片草鱼发病，鱼苗培育阶段，常常在40毫米左右的草鱼肠内可找到数以百计的裂头蚴及部分成虫。对越冬草鱼种危害尤烈，发病池死亡率高的可达90%左右。但此病是地方性流行病，主要流行地区在广东、广西两省区。国内湖北、福建、东北等地过去曾因引进广东草鱼夏花而有此病发生的报道，但未形成大范围流行，而且以后也很少出现。近年来四川、贵州等地有报告此病严重发生的病例，应予重视。九江头槽绦虫病的流行还具有明显的年龄因子，草鱼鱼种感染头槽绦虫后，经初染、繁盛阶段，若未致鱼体死亡，随着鱼体成长，大约在100毫米以上，寄生虫即处于消敛阶段，感染率和感染强度逐渐下降，以致消失。因此，成鱼养殖不会出现此病。根据廖翔华的研究，广东、广西等地此病严重流行，主要是与养殖方法有关，在育苗池中放养"吃水鱼"和鳙是导致流行病发生的关键，而一旦发病，立即采取"过塘"措施，将病鱼转入未发病鱼池，是造成大范围流行的原因。近年来，放养"吃水鱼"和随意过塘的习惯虽然已经减少，但轮捕轮放，苗种池作为成鱼寄养池，而再作苗种池时，清塘消毒又极不严格，苗种商品化交易中更无检疫制度，使此病有蔓延之势，颇应注意。

【症状及病理变化】病鱼体重减轻，鱼体发黑，离群独游，呈现恶性贫血，病草鱼鱼种每毫升血液中的红细胞数仅有（2.4～6.2）×40000 个[正常草鱼种为(7.6～10.2)×40000 个]。严重感染时，前肠第一盘曲胀大成胃囊状，肠壁的皱褶萎缩，表现出慢性肠炎症，食欲减退或完全丧失。故群众又称干口病（彩图 25）。机械损伤和机械堵塞以及寄生虫掠夺宿主营养，使病鱼消瘦、萎缩是导致病鱼死亡的原因。

【诊断方法】解剖病鱼，就可以在其肠道中发现批量的虫体。

【防治方法】

（1）苗种池中切勿放养"吃水鱼"，严格区分苗种池和成鱼池，尽量不以苗种池作为寄养池。

（2）苗种池培育苗种前，用万分之五浓度的生石灰或万分之二的漂白粉清塘，杀灭虫卵和剑水蚤。

（3）发病池可按以下方法进行治疗。

① 按每千克鱼体重用 48 毫克吡喹酮，拌饵给鱼投喂药饵，连用 3 天，有较好的治疗效果（娄忠玉，1995）。

② 丙硫咪唑，每千克鱼体重用 40 毫克混在饵料中投喂，每天喂 2 次，连喂 3 天。

③ 硫双二氯酚（Bithionol），别名别丁（Bitin）、硫氯酚、硫二氯酚，每千克鱼体重用 2～3 克，混饲投喂，每天 2 次，连喂 3 天。

④ 精制敌百虫粉，每 500 克面粉中加 40 克本品制成药面，按每天鱼的食量投喂，连喂 3～6 天。

⑤ 中药南瓜子，每万尾夏花用 250 克南瓜子粉混饲投喂，连喂 3 天。

八、舌形绦虫病

【病原体】由裂头科（Diphyllobothriidae）中舌状绦虫（*Lig*

ula）和双线绦虫（*Digramma*）两种绦虫的裂头蚴引起的鱼病，统称舌形绦虫病。

【流行与危害】舌形绦虫裂头蚴的宿主范围很广，主要寄生于鲤科鱼类中的鲤、鲫、翘嘴鲌、餐条、鳑鲏等鱼中。近年来，随着湖泊、水库养鱼的兴起，草鱼、鲢、鳙等也多次出现严重流行情况，特别是一些中小型湖泊、水库。20世纪60年代，湖北枣阳某水库由舌状绦虫寄生而导致鲢、鳙、草鱼大量死亡，以至多年无法开展水库养鱼的病例。过去我国东北、新疆、内蒙古和云南的一些河流或湖泊中，舌形绦虫是鱼体中常见的寄生虫，群众称之为面条虫。据反映，最近几年，上海等地成片鱼池中曾出现舌形绦虫病，其危害趋势颇应注意。

据廖翔华（1985）等的研究表明，舌形绦虫在我国分布很广。可以分为以下两大病原区。

（1）舌状绦虫区　包括天山山脉、河西走廊、岷山、大雪山、大凉山、横断山脉、喜马拉雅山、青藏高原和柴达木盆地范围内的各水体。

（2）双线绦虫区　包括黄河、海河流域、长江维河流域、珠江流域以及新疆北部、内蒙古大平原、东北大平原等广大地区。

迄今未发现舌形绦虫的地区，仅广西北海向广东英德、兴宁，斜向福建泉州成半圆弧线以南，包括海南岛的南部沿海地区。本病无明显的流行季节。

【症状及病理变化】病鱼身体瘦弱，背部肌肉薄似刀背，腹部膨大，但肋骨明显可见。游泳迟缓且呈失去平衡姿态，时而腹部朝上，时而侧身。剖开腹部，常有少量血水外流，可见体腔内充塞带状虫体。舌形绦虫在鱼体腔内寄生，与内脏器官紧密交错，致使肠道、肝、脾、性腺、肾脏等器官遭受压迫而影响发育，虫体的蠕动又致内脏器官机械损伤，而寄生虫掠夺宿主营养的结果，更使这些器官逐渐萎缩，使鱼体正常机能被破坏，从而造成食欲减退，甚至完全停止摄食，鱼体日益消瘦，终至死亡（彩图26）。

【诊断方法】解剖病鱼，就可以在其肠道中发现批量的虫体。

【防治方法】切断传染源和切断其生活史为主要预防措施。

第六节 线虫病和棘头虫病的防治技术

一、毛细线虫病

【病原体】麦穗鱼毛细线虫 [*Capillaria pseudorasborae* (Wang，Zhao et Chen，1978)]。寄生部位为消化道的前中肠。

【流行与危害】此病的分布地区是长江以南，上海、江苏、浙江、安徽、江西、湖北、湖南、福建、广东和广西都有此病原。

麦穗鱼毛细线虫可寄生于草鱼、青鱼、麦穗鱼和鲮等多种宿主。在江苏、浙江养鱼地区，池养草鱼感染率为18％，而青鱼的感染率高达49％。每年流行季节为6～8月，个别严重流行的养鱼场会持续到11月上旬。广东、广西一带流行季节为5～8月。

【症状及病理变化】毛细线虫寄生于寄主的肠道中，夺取营养，使鱼体质减弱，常使其他病原体侵入，引起并发症。此虫对小草鱼（全长1.5～2.7厘米）危害最为严重，一般感染5～8条线虫就能引起死亡。常导致小草鱼大批死亡，形成流行病。草鱼种（全长10厘米左右）每尾感染30～50条线虫，就能使鱼呈现症状，体色发黑，极度消瘦，一般过不了冬天都会陆续死去。浙江省吴兴县、湖北省汉川县、江西省上犹县、湖南省湘阴县、广东省南海市等都有大量死鱼的病例。在广东省佛山地区，草鱼、鲮的毛细线虫病是当地渔农所称的"埋坎病"病原体之一，常与水霉、显著车轮虫、微小车轮虫等同时存在于同一寄主中，形成复杂的并发症，危害更大。在广东和广西，往往和九江头槽绦虫并发，患病的是全长10厘米左右的鱼种。在浙江省吴兴县此病常与草鱼肠炎病、出血病并发，对草鱼鱼种的生产威胁很大。通常15厘米以上的大规格鱼种和成鱼的感染率很低，不显症状。个别1冬龄的草鱼，肠道中有毛细线虫多达230多条，也不显症状，但成为此病的传染源之一。

【诊断方法】症状明显，比较容易诊断。

【防治方法】根据对该虫生活史及虫卵的生态习性的研究，推断引起夏花鱼种感染的虫源，则是头年池底中留下的含胚卵，所以彻底清塘消毒是预防此病的关键措施之一。另外，因此虫具有较广泛的寄主，传染源难以杜绝，辅之以药物治疗也很有必要。提出以下几点预防及治疗措施。

（1）彻底干塘，暴晒塘底使淤泥干燥而开裂，可使虫卵或含胚卵死亡。

（2）用漂白粉 10 毫克/升＋生石灰 120 毫克/升清塘消毒，能够有效地杀死虫卵或含胚卵。

（3）加强饲养管理，保证草鱼种有充足的浮游生物或瓢莎、小浮萍等适口性饵料，可以避免草鱼摄食水底有机碎屑，减少其感染机会。

（4）及时分塘稀养，促使夏花鱼种快速生长。

（5）发病初期可用精制敌百虫粉（80%）治疗。按每千克鱼体重用 0.1～0.15 克拌豆饼粉 30 克，制成颗粒药饵投喂，每天 1 次，连续 6 天，可以杀灭肠内毛细线虫。

（6）用中草药方"贯仲汤"治疗。用量按每 50 千克鱼体重用药总重为 290 克（贯仲 160 克、土荆芥 50 克、苦楝树根 50 克、苏梗 30 克），加入相当总药量 3 倍的水，煎煮至原水量的一半，倒出药液，再按上法加水煎煮第二次，将两次煎煮的药液混合，拌和 2.5 千克干饲料制成颗粒药饵，每天喂 1 次，连喂 6 天，可有效驱除毛细线虫。

二、似嗜子宫线虫病

【病原体】麦穗鱼似嗜子宫线虫（*Philometroides pseudorasbori* Wang，Yu et Wu，1995）。

【流行与危害】此似嗜子宫线虫的分布地区是山东。

1986 年 10 月，山东省临邑县池养草鱼鱼种感染率为 49.3%，感染强度为 1～8 条。发病鱼池的麦穗鱼亦大量患病，而同一鱼池的鲢、餐条则没有感染。流行季节是 5～7 月上旬。1976 年，湖南沅江县曾发现过草鱼体表的红线虫病，是否与此病原相同有待研究。

在病鱼的鼻孔前方，口后部的腹面，鳃盖骨的皮下，亦有少数在口腔、眼眶周围的皮下等处的皮肤高高隆起，呈血红色或紫红色的瘤状囊包，其形状为圆形或椭圆形，直径2～4毫米。剥开囊包挤出"红线虫"，通常只有1条，最多可达4条，虫体盘曲在囊包内，全是雌虫。1条草鱼的头部，最多有5个大小不等的囊包。病鱼生长显著缓慢，体质瘦弱，比同池未被感染的草鱼规格差1～2倍，仅发现少量病鱼死亡，但未发现大批死鱼的现象。

【症状及病理变化】在草鱼的鼻孔、口部、鳃盖、眼眶等处的皮下寄生，形成红色囊肿，囊内可见红色线虫。

【诊断方法】症状明显，比较容易诊断。

【防治方法】

（1）彻底清塘消毒，杀灭幼虫及麦穗鱼等野杂鱼。

（2）灌注新水时，进水管口要加过滤网罩，防止麦穗鱼等野杂鱼进入池塘。

（3）放养草鱼鱼种前，全池遍洒精制敌百虫粉0.5毫克/升以杀灭桡足类（中间宿主）和可能存在的似嗜子宫线虫幼虫。

（4）加强饲养管理，多投喂精饲料，促使草鱼种快速生长。

三、带巾线虫病

【病原体】带巾线虫的病原体是鲤带巾线虫（*Cucullanus cyprini* Yamagutii，1941）。

【流行与危害】带巾线虫病的分布地区，国内是上海、浙江、江苏、福建、江西和湖北；国外分布于日本。

大量寄生能使鱼体死亡。在浙江、江苏养鱼地区此病常与肠炎、出血病形成并发症，危害较大。1龄以上的大草鱼感染率很低，往往不显病状。

【症状及病理变化】鲤带巾线虫寄生于草鱼肠道中，用细齿咬住肠壁，通常不易脱落，损伤肠壁组织，夺取营养，使黏膜层和肌肉层有发炎充血现象，病鱼消瘦。

【诊断方法】症状明显，解剖鱼腹，就能见到虫体，比较容易诊断。

【防治方法】同似嗜子宫线虫病。

四、棘头虫病

【病原体】乌苏里似棘吻虫（*Acanthocephalorhynchoides ussuriensi* Kostylew，1941）。同种异名：沙市刺棘虫（*Acanthosentis shashiensis* Tso et al.，1974）。

【流行与危害】此虫的地理分布很广，北自乌苏里江，南至江西赣州，西至贵州武陵山区都有此病原或流行病的报道。虽然目前仅发现引起小草鱼的流行病，但它有较广泛的宿主，尤其是一些小型鱼类（如麦穗鱼等）可作其传染源的保存宿主。

【症状及病理变化】病鱼瘦弱，体色发黑，离群漂浮水面，游动无力。不摄食，腹部膨大呈球状，有时鱼的腹鳍基部充血，鳃丝肿胀、贫血。主要引起夏花鱼种的病害，尤以草鱼最为严重，一旦发病，死亡率很高。

1972 年 6 月，湖北省沙市某养殖场的草鱼苗种池的小草鱼（2～3 厘米）因患此病，引起大批死亡，经检查棘头虫的感染率高达 80%，感染强度为 1～19 条。经及时治疗挽回一些损失，成活率仅有 20%。1982 年江西省赣州地区某养殖场 1 口鱼池，饲养的草鱼夏花（5 厘米左右长）因患此病，在十几天内死亡了 95%。湖北省黄陂区滠口养鱼场 20 世纪 70 年代连续几年发生该棘头虫对草鱼、鲢、鳙小鱼种的感染，尤其对草鱼危害严重，引起大量死亡，造成鱼种生产的严重损失。

【诊断方法】剖开病鱼腹腔，肠道充血，肠壁薄而脆，稍加压力就见到虫体破肠而出（彩图 27）。

【防治方法】

（1）彻底清塘。根据对其生活史的初步调查，该虫对夏花鱼种的感染源，是头一年感染有棘头体的阳性介形虫被当年的夏花鱼种吞食而感染，因此，对有棘头虫病史的鱼池进行彻底清塘，杀灭阳性介形虫，是防治此病的有效措施。清塘方法可针对介形虫的生态习性，采取冬季干塘晒塘，来年再用生石灰或敌百虫带水泼洒，注意池底裂缝一定要洒到，杀死隐藏在裂缝中的介形虫。在发塘进水时，最好在进水口加上拦网，防止带病原的小型野杂鱼进入池中。

（2）合理密度，加强喂养。尽量使鱼摄食水体中上层的浮游生物和人工饲料，促使鱼体快速生长，鱼长到10厘米左右，对此虫就有一定的抗病力，虽有寄生而不致引起病害。

（3）已感染棘头虫的鱼，在发病初期，每50千克鱼体重用精制敌百虫粉15～20克拌食料或制成颗粒饵料投喂，每天1次，连喂5天，以驱除肠中虫体，达到治病作用。同时，全池泼洒敌百虫0.4～0.5毫克/升杀灭水中的阳性介形虫，防止继续感染。

五、棘衣虫病

【病原体】隐藏新棘虫（*Pallisentis celatus* Van Cleave，1928）的幼虫。还发现有鲤丽棘虫［*Brentisentis cyprini*（Yin et Wu，1984）Yu et Wu，1989］。同种异名：鲤长棘吻虫（*Rhadinorhynchus cyprini* Yin et Wu，1984）。

【流行与危害】此病的病原分布很广，我国除西藏、青海等边远地区外，都有黄鳝存在。隐藏新棘虫对黄鳝的感染率都在90%以上，有的地区感染强度多达百余条，但是还未见黄鳝因此虫感染而导致严重病害的。草鱼吞食阳性剑水蚤而导致疾病发生仅见一例。据左文功（1984）报道，1974年6月湖北省江陵县某养殖场一口鱼池中3厘米长的小草鱼突发性死亡，据调查，死因是棘头虫急性感染所致。放鱼19天出现草鱼大批死亡，感染率达77%，感染强度1～36，经过及时救治，最后出塘成活率仅20%。

【症状及病理变化】隐藏新棘虫的成虫寄生于病鱼的前肠，虫体多时可将肠道塞满。吻钩钻进肠壁，牢牢钉在肠壁上，引起局部肠壁增厚，但尚未见引起鱼的死亡或明显病症。小草鱼是因在短期内大量吞食了阳性剑水蚤而急性感染，被鱼吞食的幼虫在由肠道迁移到腹腔的过程中损伤了鱼的内脏组织，引起炎症而使鱼致病死亡。其症状是腹部膨大、腹部有充血现象，在肠外壁、肝脏等处有游离或正在结囊的棘头虫幼虫。如少量感染或间歇性少量感染则不致引起死亡，因幼虫一经结囊后，就不再对鱼体造成破坏性危害。

【诊断方法】剖开病鱼腹腔，就见到虫体。

【防治方法】此虫在鱼体内的迁移过程是比较短暂的，而主要是在迁移过程中引起疾病。因而只能采取预防措施或在发病初期及时洒药杀死水中的浮游动物，防止继续感染。

（1）彻底清塘，注意是否有黄鳝栖息的洞穴，一定要除去黄鳝，堵绝传染源。

（2）在发病初期，用精制敌百虫粉 0.4～0.5 毫克/升全池泼洒，杀死中间宿主。

（3）加强饲养，投喂瓢莎、浮萍和豆饼浆等优质饲料，加速鱼的生长，可以有效地控制病情发展。

第七节　甲壳类动物引起的疾病防治技术

一、中华鳋病

【病原体】大中华鳋〔*Sinergasilus major*（Markewitsch，1940）〕。

【流行与危害】大中华鳋是最常见和分布最广的一种寄生虫，北起黑龙江，南迄广东，都可发现其踪迹。在长江流域一带，从每年 4 月至 11 月，是大中华鳋的繁殖时期。而这种病的流行，以每年 5 月下旬至 9 月上旬最甚。

【症状及病理变化】

（1）摄食与消化　以前大多数作者都认为鳋取食鱼血。尹文英（1956）经仔细观察和推断，认为鳋不是取食鱼血，而是以寄主的表皮细胞和黏液细胞为食。在摄食之前，先进行肠外消化，即先分泌酵素溶解寄主组织使之疏松，鳋的口器构造虽十分微弱，但当寄主组织已被溶解而疏松的状态下，它能撕破寄主组织而摄食（彩图28）。寄主的组织碎片经螯口孔而到达食道，在食道中与消化液混合（由食道外的腺体细胞分泌）而进入胃部，经胃的蠕动与消化液的作用，到达肠的前端时，食物颗粒已细小而透明，经过肠部的吸收，残余的渣滓结成小团，由肛门排出体外。

（2）鳃组织的病理变化　据郑德崇等（1984）的研究，患大中华螯病的病鱼鳃上黏液增多，鳃丝末端膨大成棒槌状，鳃组织的病理变化主要表现为炎性水肿和细胞增生。

①　炎性水肿　大中华螯寄生所引起的草鱼鳃组织的前期病变，最初表现为鳃小片的部分上皮细胞肿胀，随着病变加深，更多的上皮细胞肿胀，并因毛细血管通透性增大，血浆渗出，逐渐使呼吸上皮和毛细血管分离，在它们之间形成腔隙，其中饱含浆液性渗出物。部分血细胞也渗出，尤其是嗜酸性粒细胞大量渗出。少数鳃片毛细血管充血、扩大或破裂出血，鳃条软骨组织也发生轻度变性。

②　细胞增生　在有大中华螯寄生的鳃丝末端，出现上皮细胞、黏液细胞和间质细胞的大量增生，使鳃丝末端因此而膨大成棒槌状。它的表面覆盖着一层黏液细胞，其下是3～4层扁平上皮细胞，再下面是间质细胞，并有大量嗜酸性粒细胞浸润。在没有大中华螯寄生的部位，也发生细胞增生，但增生的只有上皮细胞和少量黏液细胞而无间质细胞。细胞增生的结果使鳃小片融合，毛细血管萎缩以至消失。

【诊断方法】雌螯用爪状的第二触角钩在草鱼鳃上，大量寄生时鳃上似挂着许多小蛆，因此江、浙一带的群众称它为"鳃蛆病"。大中华螯除了钩破鳃组织、夺取营养外，它能分泌一种酶，刺激鳃组织，使组织增生，造成鳃丝末端肿胀发白，严重时能使末端弯曲和变形，不但影响鱼的呼吸，而且伤口又为微生物的侵入打开了方便之门，引起鳃丝局部发炎，使病鱼死亡。患病的多为1龄以上的草鱼，个体较大的当年草鱼，鳃上有时亦可发现有少数大中华螯寄生。

【预防方法】

（1）鱼种放养前，用生石灰带水清塘，用量为每亩（水深1米）125～150千克，能杀死大中华鳋幼体及带虫者。

（2）根据大中华鳋对寄主有严格选择性的特点，可采取轮养其他种鱼的方法进行预防。

（3）在发病季节用硫酸铜硫酸亚铁粉在食场挂袋，进行预防。

【治疗方法】

（1）硫酸铜硫酸亚铁粉全池遍洒，使池水呈0.7毫克/升的浓度，治疗效果很好。

（2）精制敌百虫粉（80%）全池遍洒成0.5毫克/升，疗效很好。

二、新鳋病

【病原体】日本新鳋［*Neoergasilus japonicus* (Harada，1930)]。

寄生在草鱼的鳋科种类尚有下列几种：长刺新鳋（*Neoergasilus longispinosus* Yin，1956）；短指三指鳋（*Paraergasilus brividigitus* Yin，1954）；长指三指鳋（*P. longidigitus* Yin，1954）；中三指鳋（*P. medius* Yin，1956）。

【流行与危害】新鳋是常见而且分布很广的一种寄生虫，我国的东北、长江流域、广东和台湾都可见其踪迹。但仅在湖北武汉市和广东连县，发现池养小草鱼因新鳋病而引起死亡的病例。

【症状及病理变化】雌鳋寄生在草鱼的体表、鳃丝、鳃耙和鼻孔内，在鱼体背部，特别是背鳍基部常寄生着比芝麻稍小的并带有呈八字形卵囊的虫体，通常寄生的虫体不多，不显病状，如大量寄生，病鱼常有"浮头"现象，可引起当年草鱼鱼种死亡。

【诊断方法】肉眼就能观察到虫体。

【预防方法】鱼种放养前，用生石灰带水清塘，同大中华鳋病。

【治疗方法】

（1）用精制敌百虫粉（80%）全池遍洒呈0.5毫克/升的浓度。

（2）高锰酸钾10毫克/升，水温21～30℃，给病鱼浸浴1～

1.5 小时，能有效地杀死新鳋。

三、锚头鳋病

【病原体】草鱼锚头鳋（*Lernaea ctenopharyngondontis* Yin，1960）。

【流行与危害】锚头鳋病是一种常见病，分布广泛，在一般情况下不致引起鱼类死亡，但在密集放养的鱼池、网箱和其他圈养水体中，锚头鳋易大量繁殖，使鱼类遭到严重的侵袭，从而引起流行病甚至暴发性疾病，特别是对当年夏花鱼种危害最大，对鱼的丰满度和亲鱼的性腺发育也有影响。在长江流域一带，每年有两次发病高峰，第一次是 5 月中旬至 6 月中旬，第二次是 9～10 月。在这两个发病高峰期间，经常发生急性感染，甚至暴发性感染。发病初期，病鱼游动迟缓，食欲减退，继而体质逐渐消瘦，严重者可致死亡。

【症状及病理变化】草鱼锚头鳋以其头胸部插入草鱼的鳞片下，鳞片被蛀成缺口，色泽较淡，在虫体寄生处出现充血的红斑，但一般不肿大成瘤。

据潘金培等（1979）对多态锚头鳋雌性成虫寿命的研究结果，在鱼种阶段的 7 月中旬至 9 月中旬，当水温 25～37℃时，成虫平均的寿命为 20 天。而春季多态锚头鳋的寿命要比夏季稍长，可活 1～2 个月，秋季感染的虫体能越冬的可活到翌年 4 月，越冬虫最长的寿命为 5～7 月，但仅有少数虫体能够越冬，大部分成虫在冬季死亡、脱落。至于草鱼锚头鳋雌性成虫的寿命还未做过研究，但推测可能与多态锚头鳋的寿命相近。

据潘金培等（1979）对鲢、鳙锚头鳋生物学的研究，感染一定数量锚头鳋的鲢、鳙鱼种，在虫体脱落、病愈后可获得明显的免疫力。并对病愈的鲢、鳙进行了抗体的测定，初步从鱼的血清中测得了特异性抗体。对鱼种病后获得免疫力持续的时间，也进行了观察，鲢、鳙鱼种病后获得免疫力可持续到整个 1 龄时期。至于 1 龄以上的鱼免疫力是否可持续下去，以及感染虫数与免疫强度的关系等，还需进一步做深入的研究。

【诊断方法】肉眼就能观察到虫体。

【预防方法】

（1）生石灰带水清塘，每亩（水深1米）用150千克，或生石灰与茶饼混合带水清塘，每亩分别用100千克和25千克，可杀灭水中锚头鳋幼体以及带有成虫的鱼和蝌蚪。

（2）鱼种放养前用10～20毫克/升的高锰酸钾浸洗1.5～2小时，然后放养。

（3）在锚头鳋繁殖季节，用精制敌百虫粉（80%）全池泼洒，使池水成0.5毫克/升，间隔2周1次，连泼2～3次。

【治疗方法】

（1）高锰酸钾浸洗病鱼，在水温15～20℃用20毫克/升，水温21～30℃用10毫克/升，浸洗1.5～2小时，可杀死草鱼锚头鳋及其幼虫。

（2）在发病鱼池全池遍洒80%精制敌百虫粉，使池水呈0.3～0.5毫克/升的浓度，可杀死池中锚头鳋幼体，控制病情的发展。是否需下药和下药的次数，可根据锚头鳋成虫的形态而定，若多为"童虫"，根据虫体的寿命，可在半个月内连洒2次药；如果多为"壮虫"，施药1次即可；如果多为老虫，则可以不下药。

四、鲺病

【病原体】寄生在草鱼体上的鲺有四种：大鲺（*Argulus major*）、白鲑鲺（*Argulus coregoni* Thorell，1864）、椭圆尾鲺（*A. ellipticaudatus* Wang，1960）和日本鲺（*A. japonicus* Thiele，1900）。

【流行与危害】鲺还具有一般寄生虫所没有的习性，它既可牢固地附着在寄主体上，又能在水中自由游动，因此可以从一个寄主转移到另一个寄主，亦可随水流、工具等传播蔓延。鲺病在我国流行的地区很广，北起黑龙江南至广东，尤以广东、广西、福建最为严重，一年四季都可发生鲺病的流行，常引起鱼种的大批死亡，在长江流域一带，每年 6～8 月为流行的盛期。

【症状及病理变化】鲺寄生在鱼的体表和鳃上吸食鱼血。在取食时不断用口刺和大颚刺伤和撕破鱼的皮肤。由于它们在鱼体上自由爬行，造成多处伤口，常导致感染发炎；另外，其口刺基部有一堆多颗粒的毒腺细胞，能分泌毒液，病鱼受毒液的刺激，在水中极度不安，急剧狂游和跳跃。对鱼种的危害较大，每尾鱼只要被少数几个鲺寄生，就可引起死亡。

从卵孵出的第一期幼体，就要寄生到鱼上，摄取营养，才能生长发育。鲺是吸食寄主鱼的血液为生，在短暂的时间内每次能吸取寄主的大量血液，满储在树枝状的盲管内，一个个体所储备的血液，在 3℃ 下可供其 2 周之用，14℃ 下可供其 1 周之用，在 28℃ 下平均能供其 3 天之用。

据南海水产研究所（1958）报道，鲺的生长与寿命随季节而异。在实验室中人工培养表明，鲺的生长及寿命受水温影响，水温高时鲺生长迅速但寿命短，水温低时则生长缓慢而寿命长。当平均水温 16.5℃，生活 101 天，为最长的寿命。

鲺离开寄主，在得不到寄主生活条件下的情况下，在平均水温为 23.8℃ 及 17.6℃，离寄主后第一天还能在水中活泼地游动；第二天大部分鲺下沉瓶底，但仍在瓶底爬动，一部分开始死亡，另一部分仍能在水中游动；第三天后全部沉底，有时间或能向上游动，有些已丧失活动能力并死亡；第四天继续死亡，未死者也已不能活动，仅游泳足及其他附肢呈微弱活动，结果于第四天内全部死亡。

鲺在以下情况需暂时地脱离寄主而在水中自由游泳，例如：①由于寄主鱼死亡，鲺为了继续摄食，需即刻或较短时间内更换新寄主，脱离死亡寄主鱼所需时间的长短，主要与鲺当时胃内所储存血液的多寡有密切关系，在侵袭新寄主的过程中，鲺要在水体中作一段或长或短的自由游泳；②当生殖季节来临，雄性要寻找配偶，雌性要排卵时，也需脱离寄主而在水中作自由游泳。

鲺能在水中自由游泳，但从其吸管型的口器来看，它们在自由游泳的阶段是处于不吸食的状态下。据以往的报道，成年鲺可耐饥饿达数日之久；但据王耕南（1961），日本鲺耐饥饿的时间约为24小时，这种时间上的差异，与胃的构造及胃内所贮藏的血液量有关。总的来看，鲺对饥饿的忍耐程度是比较强的。

【诊断方法】肉眼就能观察到虫体。

【预防方法】

（1）鱼种放养前用生石灰带水清塘，每亩（水深1米）用150千克，或生石灰与茶饼混合，每亩生石灰100千克、茶饼25千克或每亩单用茶饼50千克，都能杀死水中鲺的成虫、幼虫和卵块。

（2）鱼池用水应经过过滤设备，防止鲺和幼虫随水流入鱼池。

【治疗方法】

（1）用精制敌百虫粉（含80%）全池遍洒，使池水呈0.3～0.5毫克/升的浓度。

（2）用4～5根蒿筒根扎成1束，每亩7～9束，投入鱼池中，浸出一种黏液，可治疗鲺病（广东）。

第四章
鲤和锦鲤的疾病防治技术

第一节　病毒性疾病的防治技术

一、鲤春病毒血症

鲤春病毒血症（SVC）是一种由病毒引起的急性、出血性传染病。流行于鲤科鱼特别是鲤养殖中。该病通常于春季暴发并引起幼鱼和成鱼的死亡。以全身出血及腹水、发病急、死亡率高为特征。

根据我国农业部发布的《一、二、三类动物疫病病种名录》中规定，将 SVC 列为一类疫病，为 OIE（世界动物卫生组织）必须申报的疫病。

【病原体】一种弹状病毒，即鲤春病毒血症病毒（SVCV），暂列为弹状病毒科水泡病毒属。目前只发现有一个血清型。

【症状及病理变化】病鱼行为失常，无目的漂游，呼吸困难。体色发黑，眼球突出，腹部膨大，肛门红肿，体表（皮肤、鳍条、口腔）和鳃充血。

解剖时，全身出血、水肿及有大量的血性腹水，消化道出血，心、肾、鳔、肌肉出血及出现炎症，最常见的是鳔内壁出血。

【流行与危害】鲤春病毒血症在春季水温低于 15℃时，容易引起越冬结束后鲤的患病及流行。鱼类在越冬中消耗了大量的脂肪，长期的低水温降低了免疫力，入春后易暴发流行鲤春病毒血症。病毒能在被感染的鲤血液中保持 11 周，造成持续性出血。鲤春病毒血症的直接传染源为病鱼、死鱼和带毒鱼。传播方式主要是经水传播，某些水生吸血性寄生虫（鲺、尺蠖、鱼蛭等）是机械传播者。病鱼和无症状带毒鱼类还可垂直传播，经其粪、尿液向体外排出病毒，精液和鱼卵子也是携带病毒的载体。鱼体机械性外伤，最容易受病毒感染。

该病毒能感染各种鲤科鱼类，但是，鲤是最敏感的宿主，能引起大量的鲤和锦鲤患病和死亡。各年龄段的鲤和锦鲤均受其感染，鱼年龄越小越容易感染。鲤春病毒血症病毒感染后的潜伏期不仅依赖于水温，也依赖于鱼体的健康水平。据报道，鲤和锦鲤感染鲤春病毒血症病毒后的潜伏期在 7～60 天，水温 10～15℃时潜伏期约为 20 天。

本病长期以来流行在欧洲大陆一些水温低的国家，2002 年传到美国，并引起鲤大批死亡，我国也分离到病毒。该病于每年春季水温 8～20℃、尤其是在 13～15℃时流行，水温超过 22℃就不再发病，鲤春病毒血症由此得名。

【诊断方法】可以根据临床症状和病理变化作出初步诊断。

确诊则需进一步做实验诊断。实验室检测时可根据《鱼类检疫方法　第 5 部分：鲤春病毒血症病毒（SVCV）》（GB/T 15805.5—2008）国家标准和《OIE 水生动物疾病诊断手册》有关章节进行。

检测鲤春病毒血症病毒无症状带病毒鱼时，取鱼的肝、肾、脾脏和脑，先用鲤上皮乳头瘤细胞（EPC）、CO 细胞或者鲤细胞（FHM）培养分离到病毒，然后用免疫学方法，如病毒中和试验（NT）、免疫荧光（IF）、酶联免疫吸附试验（ELISA）或者 PCR 检测。

具有临床症状诊断时，可以用分离病毒再鉴定的方法，也可以直接用 IF、ELISA 或者 PCR 检测感染组织来更快地完成。检测病毒的温度直接影响结果的准确性，必须在 10～20℃下进行，否则可能无法检测到病毒。

【防治方法】鲤春病毒血症疫苗仅处于实验阶段，因此目前尚无该病的治疗方法。预防措施主要是避免接触病毒。因此，加强对亲鱼、苗种的检疫，繁殖和养殖不使用受病毒污染的水源，也不使用带病毒的卵和鱼。发现疫病或疑似病例，必须销毁染疫动物，同时彻底消毒养殖设施。

二、锦鲤疱疹病毒病 ●●

锦鲤疱疹病毒病是 20 世纪末确认的一种疾病。目前已经传遍世界各地,是致锦鲤与鲤死亡的主要疾病,并造成极大的损失。

根据我国农业部发布的《一、二、三类动物疫病病种名录》中的规定,将锦鲤疱疹病毒病列为二类疫病,为 OIE(世界动物卫生组织)必须申报的疫病。

【病原体】锦鲤疱疹病毒(KHV),目前列为疱疹病毒科(Herpesviridae)、鲤疱疹病毒亚科(Cyprinid hcrpesvirus)、鲤疱疹病毒属的锦鲤疱疹病毒「也被称为鲤疱疹病毒三型(CyHV-III)〕和鲤痘疮病毒(CyHV-I)、金鱼造血器官坏死病毒(CyHV-Ⅱ)同属鲤疱疹病毒属。

【症状及病理变化】病鱼停止游泳,眼凹陷,皮肤上出现苍白色的斑块与水泡;鳃出血,黏液增多,组织坏死,也具大小不等的白色斑块;鳞片有血丝,体表黏液增多、增稠。病鱼一般在出现症状后 24~48 小时内死亡(彩图 29)。

【流行与危害】不同规格大小的鲤和锦鲤,只要感染 KHV 都发生死亡。但是,KHV 不感染共同混养的金鱼、草鱼等其他鱼类。最适发病水温为 23~28℃,水温<18℃或>30℃时不发生死亡。KHV 的潜伏期为 14 天,当 18~27℃水温持续的时间越长,疾病暴发的可能性就越大。KHV 暴发后,存活 1 年以上的鲤还能将携带的病毒传染给其他的鱼。KHV 的水平传播主要通过受病毒污染的水、带毒鱼和寄生虫传播。其垂直传播方式目前还未确定。

1997 年在以色列首次发现锦鲤疱疹病毒病(KHVD),目前该病的流行范围极广,遍及欧洲、亚洲、美洲和非洲,以色列、英国、德国、美国、南非、日本、韩国、中国、马来西亚、新加坡、印度尼西亚等国家均有该病的报道。2002 年 6 月,印度尼西亚爪哇岛暴发锦鲤疱疹病毒病,随后扩散到其他岛屿,造成大量的锦鲤和鲤死亡,并造成严重的经济损失;2003 年 10 月,日本茨城县的霞浦湖暴发流行锦鲤疱疹病毒病，造成鲤大量死亡，死亡量达1125吨。青森县、琦玉县、山根县、长野县和宫崎县也发生大量的鲤死亡，三重县、冈山县、高知县和福冈县有少量死亡。

【诊断方法】如果养殖水体水温是 $18\sim30℃$，特别是 $25\sim28℃$ 时，大量发病的锦鲤和鲤死亡，不论其大小均发生死亡，发病到死亡时间在 $24\sim48$ 小时内，死亡率在 $80\%\sim100\%$。其临床症状是否与细菌病或寄生虫病相类似，都应当高度怀疑是 KHV 感染。由于锦鲤疱疹病毒病的临床表现与许多细菌、寄生虫感染的临床表现非常相似，而锦鲤疱疹病毒病不能通过观察病鱼的外部特征或临床表现确定，而且细菌与寄生虫的继发感染往往掩盖锦鲤疱疹病毒病病症。

目前尚无诊断 KHV 的国家和行业标准，但是可采用《OIE 水生动物疾病诊断手册》中指定的方法或参照 SN/T 1674—2005 病毒分离和聚合酶链反应试验操作规程，进行诊断。KHV 虽然可用锦鲤鳍条细胞（KF）分离，产生 CPE，但其灵敏度很低。因而普遍采用 PCR、电镜观察和 ELISA 等方法进行检测 KHV，或依据观察鳃的损伤和病变等的组织病理变化情况进行确诊。具临床症状的病鱼，可采用上述任何一种方法检测为阳性即可确诊。但无临床症状的带毒鱼，则需要采用两种不同的方法检测，其结果均为阳性才能确诊。

【防治方法】目前锦鲤疱疹病毒病疫苗处于实验阶段，因此尚无该病的有效治疗方法。预防主要是避免接触病毒和采取必要的检疫等卫生措施。尽量避免水源的污染，养殖的锦鲤和鲤不带病毒，养殖时混养一些其他鱼类，以此作为警示性鱼类，发现染疫或病鱼必须销毁，对养殖设施应进行彻底消毒。

三、鲤痘疮病

鲤痘疮病主要发生在 1 足龄以上的鲤、锦鲤，鲫可偶尔发生，湖北、江苏、云南、四川、河北、东北和上海等地曾经发现此病，大多呈局部散在性流行，大批死亡现象较少见。但是，患病后会影响鱼的生长和商品价值。

【病原体】鲤疱疹病毒（*Herpesvirus cyprini*）。

【症状及病理变化】发病初期，感染鱼体表出现薄而透明的灰白色小斑状增生物，以后小斑逐渐扩大，互联成片，并增厚，形成不规则的玻璃样或蜡样增生物，形似癣状痘疮。背部、尾柄、鳍条和头部是痘疮密集区，严重的病鱼全身布满痘疮，病灶部位常有出血现象（彩图 30、彩图 31）。

【流行与危害】本病通常流行于秋末、冬初和早春季节，水温在 10～15℃时，水质肥沃的池塘和水库网箱养鲤中容易发生。当水温升高或水质改善后，痘疮会自行脱落，条件恶化后又可复发。

【防治方法】

（1）秋末或初春时期，应注意改善水质或降低养殖密度。

（2）发病池塘应及时灌注新水或转池饲养；水库网箱则可用转移网箱水区加以控制。

（3）养殖期内，每半个月全池泼洒二氧化氯 0.2 毫克/升、或三氯异氰脲酸粉 0.3 毫克/升、或漂白粉 0.1～0.2 毫克/升。

第二节　细菌性疾病的防治技术

一、皮肤发炎充血病

皮肤发炎充血病是高密度单养鱼类中常见的一种疾病，多发生于一些名优鱼类中，已发现患此病的鱼类有鲤和锦鲤，还有罗非鱼、加州鲈、乌鳢、斑鳢、露斯塔野鲮及泥鳅等。高密度养殖条件下该病极易发生，可导致水产养殖动物的大批死亡。

【病原体】嗜水气单胞菌嗜水亚种（*Aromonas hydrophila* sub. *hydrophila*）和温和气单胞菌（*A. sobria*）。

【流行与危害】本病在春季 4 月中下旬、水温 15℃时即可发生，5～6 月水温 20～30℃时是发病高峰季节。养殖密度高、水质差、水温变化大的养殖池容易发病。此外，扦捕后、长途运输后、越冬后以及发生寄生虫病的鱼，因外伤也容易发生此病。

【症状及病理变化】发病初期，体表出现数目不等的斑块状出血，血斑周围鳞片松动；之后，病灶部位鳞片脱落，表皮发炎溃烂，周缘充血，随着病情发展，病灶扩大，并向深层溃烂，露出肌肉，有出血或脓状渗出物，严重时肌肉溃疡露出骨骼和内脏，最后死亡。本病与打印病症状差别在于：病灶形状不规则；无特定的发病部位，头部、鳃盖、躯干各处均可发生；而且通常有多个甚至几十个病灶。

【预防方法】

（1）鱼池必须清塘消毒，放养密度要适当。

（2）鱼种放养前应用 3.0%～4.0%的盐水浸洗 5～10 分钟，或用 2～3 毫克/升的二氧化氯溶液浸洗 30 分钟左右。

（3）坚持经常换水，保持水质清新。发病季节每半个月泼洒一次二氧化氯制剂，使池水浓度达到 2～3 毫克/升。

【治疗方法】发病鱼的治疗，应当采用外用与内服药物结合法进行。外用药主要用各种消毒剂，如二氧化氯、漂白粉等全池遍洒；内服药可用盐酸土霉素，每千克鱼体重用 20～25 毫克，拌饵投喂，连喂 3～6 天为一个疗程；或用抗菌中草药制剂拌饵投喂，连喂 6 天为一个疗程。

二、赤皮病

赤皮病通常与细菌性烂鳃病、肠炎病被合称为"三烂病"，其流行范围较广。实际上，此病不仅在鲤、锦鲤上发生，在青鱼、草鱼、团头鲂等养殖鱼类中也较常见。目前大多呈散在性发生，发病率不高，发病鱼若不进行治疗，则 8～10 天内可死亡。

【病原体】荧光假单胞菌（*Pseudomonas fluorescens*）。

【流行与危害】此病的发生大多是在养殖过程中，经过捕捞、运输、分养后，显然是与鱼体受损伤有关。此外，体表因寄生虫寄生也可诱发疾病。此菌适宜生长温度为 25～30℃，春、夏、秋季更容易发生。北方地区，鱼经越冬后，因受冻伤，开春后易造成此病流行。

【症状及病理变化】病鱼体表局部或大部分出血发炎，病灶部位鳞片松动和脱落，尤以鱼体两侧较为常见，背部、腹部也有病例。常伴有鳍基充血、鳍末端腐烂、鳍条间组织破坏等蛀鳍现象。

【预防方法】

（1）在捕捞、运输和放养等操作过程中，尽量勿使鱼体受伤。

（2）鱼种放养前可用2‰～3‰的食盐水溶液浸洗20分钟，或用0.5～1.0毫克/升的二氧化氯溶液浸洗20～30分钟（药浴时间的长短视水温和鱼体忍受力而灵活掌握）。

【治疗方法】发病鱼的治疗，应当采用外用与内服药物结合法进行。外用药主要用各种消毒剂（如二氧化氯、漂白粉等）全池遍洒；内服药可用盐酸土霉素，每千克鱼体重用20～25毫克，拌饵投喂，连喂3～6天为一个疗程；或用抗菌中草药制剂拌饵投喂，连喂6天为一个疗程。

三、肠炎病

肠炎病是水产养殖动物的常见疾病，每年均有较高的发病率和死亡率，危害相当严重，是鲤和锦鲤"三烂病"之一。鲤和锦鲤的养殖中也可能因为典型的肠炎病，导致比较高的死亡率。

【病原体】肠型点状气单胞菌（*Aromonas punctata* f. *intestinalis*）。

【流行与危害】此病比较常见于1足龄以上的鲤和锦鲤。一般而言，呈急性型流行的现象比较少见，但是，该病一旦发生，流行时间较长，累计死亡率较高。流行季节为4～9月。最先发病的鱼身体均较肥壮，因此，贪食是诱发因子之一。特别是鱼池条件恶化、淤泥堆积、水中有机质含量较高的鱼池和投喂变质饵料时，容易发生此病。

【症状及病理变化】疾病早期，除鱼体表发黑、食欲减退外，外观症状并不明显，剖腹后可见局部肠壁充血发炎，肠道中很少充塞食物。随着疾病的发展，外观常可见到病鱼腹部膨大，鳞片松弛，肛门红肿，从头部提起时，肛门口有黄色黏液流出，剖腹后腹腔中有血水或黄色腹水。全肠充血发红，肠管松弛，肠壁无弹性，轻拉易断，内充塞黄色脓液和气泡，有时肠膜、肝脏也有充血现象。

【预防方法】此病原菌为条件致病菌。因此，控制养殖水体的环境及加强饲养管理，如经常加注清水，定期泼洒二氧化氯预防，发病季节遍洒含氯消毒剂，食场挂篓消毒，不投喂变质饵料等。严格"四消、四定"管理措施，是预防此病发生的关键。

【治疗方法】外用药和内服药相结合，外用药与上述各病大体相同；内服药可选择烟酸诺氟沙星（每千克鱼体重 20～25 毫克）、盐酸土霉素（每千克鱼体重 20～25 毫克）、磺胺嘧啶（每千克鱼体重 80～200 毫克）、大蒜（每千克鱼体重 10～30 克），均为每天 1 次，4～6 天为一个疗程。

四、烂鳃病

烂鳃病是鱼类养殖中广泛流行的一种疾病。除感染鲤和锦鲤外，还可能对养殖草鱼、青鱼，鲫、鲢、鳙和团头鲂等鱼类造成危害。

【病原体】柱状黄杆菌（*Flavobacterium columnare*）。曾用名有鱼害黏球菌（*Myxococcus piscicola* Lu，Nie & Ko，1975）、柱状屈桡杆菌（*Flexibacter columnaris*）和柱状嗜纤维菌（*Cytophaga columnaris*）。

【症状及病理变化】疾病初期，鳃丝前端充血，略显肿胀，使鳃瓣前后呈现明显的鲜红色和乌黑色的分界线；随后鳃丝前端出现坏死、腐烂，黏液增多，病情严重时鳃丝前端软骨外露、断裂，部分鱼有局部或全部鳃贫血和失血现象。在通常情况下，鳃瓣前部因黏液和溃疡物的增加，池水中的淤泥在其上黏附，形成明显的泥沙镶边区。部分病鱼鳃盖内表皮也因病原菌的感染而充血发炎，中间部位腐蚀成近似椭圆形或不规则形状的透明小窗，俗称"开天窗"。鲤、锦鲤鱼种患此病时，鳃片因严重贫血而呈白色或鳃丝红白相间的"花瓣鳃"现象，常有蛀鳍、断尾现象出现。病鱼因鳃器官溃烂而影响呼吸功能，从而导致死亡。

【流行与危害】在全国各地终年均有发生，水温15℃以下的季节中比较少，通常呈散发性。20℃以上时开始流行，流行的最适温度是28～35℃，不论鱼种还是成鱼饲养阶段均可发生。由于致病菌的宿主范围很广，野杂鱼类也都可感染，因此，容易传播和蔓延。本病常易与赤皮病和细菌性肠炎病并发。

【预防方法】

（1）草食性动物的粪便是病原菌的传播媒介。因此，鱼池施用的动物粪肥必须要经过充分发酵。

（2）该致病菌在0.7%的食盐水中难以生存，故在鱼种进塘时，用3.0%～3.5%的食盐水浸洗鱼种10～20分钟，以杀死鱼体上的病原菌。

（3）发病季节每15天全池泼洒1次二氧化氯，浓度为每立方米水体0.2～0.3克。

【治疗方法】外用药与内服药相结合。外用药可选用二氧化氯、三氯异氰脲酸、漂白粉、大黄、大黄与硫酸铜合剂等，用量可参阅上述赤皮病；内服药可选用盐酸土霉素（每千克鱼体重20～25毫克）、诺氟沙星粉（每千克鱼体重20～25毫克）等抗菌药物拌饲料投喂。

五、白头白嘴病

【病原体】疑是由细菌引起，但是病原菌尚未确定其种类，一般认为病原菌是一种黏细菌（*Myxococcus* sp.）。

【流行与危害】该病主要危害夏花鱼种，尤其对草鱼危害性最大，发病快，来势猛，死亡率高。此病流行于夏季，从5月下旬开始，发病高峰为6月，7月下旬以后较少见。

【症状及病理变化】病鱼从吻端至眼球处的一段皮肤色素消退，变成乳白色，口肿胀。周围皮肤腐烂，有絮状物黏附其上，呈"白头白嘴"症状。将病鱼拿出水面，症状不易观察到。个别病鱼的颅顶充血，呈"红头白嘴"症状。

【诊断方法】本病的诊断应掌握以下三点。

（1）病鱼在水中白头白嘴的症状比出水面时明显。病鱼衰弱地浮游在下风近岸水面，对人声反应迟钝，可见明显的白头白嘴症状。若把病鱼拿出水面，白头白嘴症状又不甚明显。

（2）这种似黏细菌的病原菌，通常只感染鱼苗和夏花鱼种。刮下病鱼病灶周围的皮肤，放在载玻片上，加 2～3 滴清水，压上盖玻片，在显微镜下观察，除可看到大量离散崩溃的细胞、黏液、红细胞外，还有群集成堆、左右摆动和少数滑行的细菌。

（3）注意与车轮虫病和钩介幼虫病相区别。从病鱼的外表来看，这两种病也可能显白头白嘴，有一定程度的相似，但病原体不同，危害程度的差别也很大。车轮虫病和钩介幼虫病来势不如白头白嘴病凶猛，死亡率也不高。镜检白头白嘴病患处黏液有大量滑行杆菌，若见大量车轮虫或钩介幼虫，则可判断为寄生虫引起的白头白嘴病。

【防治方法】

（1）45%苯扎溴铵溶液，一次量每立方米水体 22～33 毫升，全池泼洒，每隔 2～3 天 1 次，连用 2～3 次。

（2）次氯酸钠溶液，一次量每立方米水体 1.0～1.5 毫升，全池泼洒，每 2～3 天 1 次，连用 2～3 次。

（3）10%稀戊二醛溶液，一次量每立方米水体 0.4 毫升，全池泼洒，每 2～3 天 1 次，连用 2～3 次。

六、败血症

败血症（Bacterial septicemia）由致病性嗜水气单胞菌引起的鱼类急性传染病，最早称为淡水鱼暴发病，有的地区又称出血病。该病于 20 世纪 80 年代出现于我国广大淡水鱼养殖地区，可危害包括鲤和锦鲤在内的鲫、鳊、鲢、鳙、鲮等主要淡水养殖鱼类。1989 年前后出现全国性大规模流行，发病最为严重的是 1989 年，造成全国各种淡水养殖鱼类死亡 30 万～40 万吨，经济损失达 21 亿～

28亿元。1994年前后暂定名为淡水鱼细菌性败血症。因该病造成的经济损失达养殖产量的15%～30%，该病当前仍是淡水鱼类养殖的主要疾病。

【病原体】嗜水气单胞菌（*Aeromonas hydrophila*）。

【流行与危害】易感鱼种类主要感染鲤、锦鲤、鲫、鳊、鲢、鳙、鲮等鲤科鱼类，但草鱼对致病菌株有相对较高的抵抗力。

5～10月为疾病发生的主要季节，其中以7～9月发病最高。北方地区在气温突然下降时，也可发生鲤和锦鲤的疾病暴发，其病原也为嗜水气单胞菌，同时伴随竖鳞症状。

全国主要养殖地区均有发生，危害最为严重的省份为湖南、安徽、河南、浙江、湖北、江苏、广东和福建等省。北方地区疾病暴发地域相对较小，发病季节也较短。

传播途径未见系统的研究报道。一般认为寄生虫感染可能成为细菌入侵的先导，但未见明确证据。另外，鱼体体表及肠道可能本身栖息有致病菌株，当寄生虫感染、水质恶化和气候突变等因素发生时，导致鱼体免疫力下降，引起疾病的暴发。当某一地区发生疾病时，鸟类可捕食病鱼，并造成疾病在不同养殖池间的传播。

鲤、锦鲤、鲫、鳊、鲢、鳙和鲮等易感鱼类是病原菌的主要宿主，一些野生鱼（如麦穗鱼等）均可成为致病菌携带者，对池塘环境中是否存在中间宿主未见文献报道。患病鱼可成为病原菌的携带者。寄生虫和藻类是否可成为病原的中间宿主，未见相关的报道。

本病对淡水养殖鱼类危害极大，可危害除草鱼、青鱼外的大部分养殖鲤科鱼类，在全国各地淡水鱼养殖地区流行。疾病病程通常较急，严重时1～2周内死亡率可达90%以上，无有效控制措施。特别对于一些大水面养殖的水域，因用药困难，几乎没有可控制措施；疾病也可慢性发生，在一段时间内持续造成养殖鱼类的大量死亡。养殖环境与病程的走向有很大的影响，一般养殖水质恶化、高密度养殖以及气候条件的急剧变化均可加剧病情，造成养殖鱼类大规模的死亡。

【症状及病理变化】发病早期病鱼可出现行动缓慢、离群独游等现象。病鱼上下颌、口腔、鳃盖、眼睛、鳍基及鱼体两侧轻度充血，肠内有少量食物。典型症状病鱼出现体表严重充血，眼球突出，眼眶周围充血（鲢、鳙更明显）；肛门红肿，腹部膨大，腹腔内积有淡黄色透明腹水，或红色混浊腹水；鳃、肝脏、肾脏的颜色均较淡，呈花斑状；肝脏、脾脏、肾脏肿大，脾呈紫黑色；胆囊肿大，肠系膜、肠壁充血，无食物，有的出现肠腔积水或气泡。部分病鱼还有鳞片竖起、肌肉充血和鳔壁后室充血等症状。

　　症状可因病程长短、病鱼种类及年龄不同表现出多样化，大量急性死亡时，有时可出现少量无明显症状的死亡，人工感染及自然发病中均可出现。

　　不同发病鱼类病理变化基本相似。以鲫为例，可出现红细胞肿大、胞浆内有大量嗜伊红颗粒、胞浆透明化；血管管壁扁平，内皮细胞肿胀、变性、坏死、解体，最终出现毛细血管破损；肝、脾、肾等实质器官出现被膜病变，间皮细胞、成纤维细胞肿胀，胶原纤维等出现坏死、肿胀、纤维素样变，最后大量弥漫性坏死；被膜也发生变性、坏死、出血；心肌纤维肿胀、颗粒变性、肌原纤维不清晰，最终心内膜基本坏死。

　　发病鲫腹水呈淡黄色至红色，透明或混浊，李凡他氏试验（即浆液黏蛋白定性试验）阳性，为炎症性肝性腹水；病鱼血清钠显著降低，血清肌酐、谷草转氨酶（GOT）、谷丙转氨酶（GPT）、乳酸脱氢酶（LDH）等指标显著高于健康银鲫，而血清葡萄糖、总蛋白、白蛋白则显著低于健康鲫鱼，表明严重的肝肾坏死和功能损害及其他实质器官的严重病变，属典型的细菌性败血症。

　　【诊断方法】根据发病季节、发病鱼种类及症状可初步确定疾病。主要诊断依据有以下几类。

　　① 7～9月发病，且同池鲤、锦鲤，或者鲫、鳊、鲢、鳙等养殖鱼类有两种以上的鱼同时发病，可初步判断。通常鲤、锦鲤、鲫、鳊先发病，随后鲢、鳙发病。在北方养殖地区主要是鲤先发病。

　　② 同池多种鱼同时发病并大量死亡，可初步判断疾病的发生。

③ 病鱼出现口腔、颌、鳃盖及鱼体两侧充血，或体表严重充血，眼眶、鳍基及鳃盖充血、眼球突出、肛门红肿等症状，部分鱼出现腹部膨大，轻压腹部，可从肛门流出黄色或血性腹水。

④ 肝、脾、肾、胆囊肿大充血，鲫肝脏可因严重病变而呈糜烂状，肠道因产气而呈空泡状，大部分鱼可见严重的肌肉充血。但急性发病死亡时可能症状不明显，一般几种鱼同时发病，首先要考虑出现细菌性败血病的可能。

取发病鱼肌肉、内脏或腹水，压片或涂片观察可见大量运动的短杆状菌体，结合发病鱼种类、解剖观察可初步作出诊断。

实验室诊断方法主要有以下几种。

（1）细菌的分离培养　取肾、血液或肌肉，于营养琼脂、TSA 或 R-S 培养基作画线分离，$25\sim28℃$培养 24 小时。气单胞菌可在营养琼脂和 TSA 上形成直径 $1\sim5$ 毫米的圆形乳白色或淡黄色、光滑湿润微凸菌落；在 R-S 培养基上可形成黄色无黑色中心的菌落。如需对分离细菌进一步鉴定可采用 API20E 或其他细菌鉴定盒。

（2）血清学诊断　挑取典型菌落，采用气单胞菌标准血清作玻片凝集试验。

（3）致病因子检测　采用脱脂奶平板法检测分离菌株的胞外蛋白酶活力，可作为菌株致病性的辅助判断。具体操作参看"致病性嗜水气单胞菌检验方法 GB/T 18652—2002"。

（4）PCR 检测　目前，有关实验室开展了 PCR 法进行嗜水气单胞菌检测的研究，但未制订气单胞菌相关的 PCR 诊断标准。

目前，气单胞菌已制订三个标准，分别为 GB/T 18652—2002《致病性嗜水气单胞菌检验方法》、SC/T 7201.3—2006《鱼类细菌病检疫技术规程　第 3 部分：嗜水气单胞菌及豚鼠气单胞菌肠道病诊断方法》、SN/T 0751—1999《出口食品中嗜水气单胞菌检验方法》。其中，SN/T 0751—1999 仅列出了气单胞菌主要的细菌分离和检测方法，标准 GB/T 18652—2002 提供了 R-S 选择性培养基等常用培养基的配方及细菌分离方法，并提供了胞外蛋白酶的简易测定方法；标准 SC/T 7201.3—2006 主要提供了从鱼类症状至细菌培养的诊断方法。

【预防方法】

（1）嗜水气单胞菌疫苗的应用　目前生产上应用的是嗜水气单胞菌灭活浸泡疫苗，是一种用嗜水气单胞菌优势血清型 O：5 和 O：97 作为疫苗生产菌株制备的 2 价疫苗，再用 0.15%～0.3%福尔马林室温灭活制成疫苗。生产上采用浸泡免疫技术浸泡免疫鱼，可获得较好的免疫保护。该疫苗浸泡免疫效果较为稳定，已于 2001 年获得新兽药证书文号。但由于不同地区间存在的气单胞菌株血清差异，是影响使用效果的最大不确定因素。国内实验室还研制了气单胞菌口服疫苗和采用胞外蛋白酶和溶血素研究的亚单位疫苗。

（2）日常防病措施　良好的池塘日常管理是预防和控制本病的重要措施，这些防病措施包括彻底清塘、鱼种消毒、合理放养密度和品种搭配、疾病易发季节池塘和食场的定期消毒等，发病季节前加强寄生虫的杀灭，也可有效降低疾病的发生风险。

（3）发病后的捕杀和无害化处理措施　目前国内没有对相关疾病进行捕杀的规定，对于病死鱼，一般要求发病场就地加石灰深埋，减少疾病传播。

【治疗方法】主要是依靠药物控制，疾病发生后可采用消毒剂、抗生素控制。使用较多的有漂白粉、三氯异氰脲酸粉、二氧化氯和生石灰等，结合喹诺酮类药物，黄芩、大黄和大蒜素等也可有效用于疾病的控制。药物治疗见效较快，但易复发。配合消毒剂的使用，可使效果明显提高。

七、竖鳞病

竖鳞病为鲤和锦鲤等鱼类的一种常见病，近年来，乌鳢、月鳢和宽体鳢等也常有发生，草鱼、青鱼、鳙也偶有发生。此病通常在成鱼和亲鱼养殖中出现，发病后的死亡率在 50.0%左右，严重的鱼池，发病死亡率可达 80.0%以上。

【病原体】水型点状假单胞菌（*Pseudomons punctata* f. *ascitae*）。近年来发现，引起鱼类细菌性败血病的嗜水气单胞菌（*Aeromonas hydrophila*）也可导致鲫竖鳞症状。乌鳢等竖鳞病的病原体为费氏枸橼酸杆菌（*Citrobacter freundii*）。

【流行与危害】此病的发生大多与鱼体受伤、水质恶化污浊和投喂变质饵料等因素有关。鲤、锦鲤、鲫竖鳞病主要发生于春季，水温 17～22℃时，以北方地区非流水养鱼池中较流行。

【症状及病理变化】疾病发生早期，鱼体发黑，体表粗糙。随着病情的发展，病鱼身体前部或胸部、腹部鳞片向外张开，鳞片的基部水肿，鳞囊内积聚半透明或含血的渗出液，形成竖鳞，用手轻压，渗出液即从鳞下溢出，鳞片也即脱落。严重时，全身鳞片竖立，并有体表充血、眼球突出、腹部膨大和肌肉浮肿等体表症状（彩图 32）。剖腹后，腹腔内积有腹水，肝、脾、肾等内脏肿大、色浅等综合症状，此时病鱼表现出呼吸困难，身体失去平衡，最终死亡。

【预防方法】

（1）发病季节中，用二氧化氯、三氯异氰脲酸粉和漂白粉等消毒剂全池遍洒，用以预防。

（2）鱼种放养时，用 3.0% 浓度的食盐水，浸洗 10～15 分钟。

【治疗方法】

（1）盐酸土霉素，每千克鱼体重 25 毫克，拌饲料口服，每天 1 次，连服 4～6 天，治疗锦鲤竖鳞病。

（2）复方磺胺二甲氧嘧啶粉，每千克鱼体重 100～200 毫克，拌饲料内服，每天 1 次，连用 5 天，治疗鲤、鲫竖鳞病。

八、打印病

打印病又名腐皮病。本病是淡水养殖鱼类，尤其是鲢、鳙常见的一种疾病，鲤、锦鲤、团头鲂、加州鲈、斑点叉尾鮰和大口鲇等鱼也有病例报道，主要危害成鱼和亲鱼。全国各地均有散在性流行，发病鱼池中感染率可高达 80.0% 以上，大批死亡的病例很少发生，但是，严重影响养殖鱼类的生长、繁殖和商品价值。

【病原体】点状气单胞菌点状亚种（*Aromonas punctata* sub. *punctata*）。

【流行与危害】本病一年四季均可发生，而以夏、秋两季发病率较高。由于病程较长，尤其是初期症状不容易被发现，常被忽视，以致最后导致高发病率。

【症状及病理变化】病鱼病灶多发生在肛门附近的两侧或尾柄部位，通常每侧仅出现1个病灶，若两侧均有，大多对称。初期症状是病灶处出现圆形或椭圆形出血性红斑，随后，红斑处鳞片脱落，表皮腐烂，露出肌肉，坏死部位的周缘充血发红，形似打上一个红色印记。随着病情的发展，病灶直径逐渐扩大，肌肉向深层腐烂，甚至露出骨骼，病鱼游动迟缓、食欲减退，鱼体瘦弱，终至衰弱而死。

【预防方法】

（1）注意水质，防止池水污染。

（2）水质较差的鱼池，可根据情况，每立方米水体用生石灰20毫克全池遍洒，改良水质。

【治疗方法】

（1）发病池可用二氧化氯0.2毫克/升或者漂白粉1.0毫克/升全池遍洒；同时，内服盐酸土霉素药饵，每千克鱼体重用20～25毫克，拌饵投喂，连喂3～6天。

（2）亲鱼患病时，可用抗生素软膏涂抹病灶部位；病情严重时，则需肌内或腹腔注射硫酸链霉素，每千克鱼体重用20毫克。

九、白皮病

【病原体】该病病原菌被认为是一种黏细菌（*Myxococcus* sp.）或者是白皮假单胞菌（*Psudomonas dermoalba*）。

【流行与危害】此病主要危害当年鲤、锦鲤鱼种，受伤鱼体更易感染。主要发生在饲养20～30天的鱼苗及夏花阶段，当年鲢、鳙和草鱼也可发病。常可形成急性流行病，1龄及2龄以上的成鱼偶尔可发病。该病病程比较短，病势凶猛，死亡率很高，发病后2～3天就会造成大批死亡。

【症状及病理变化】病鱼初期尾柄部呈灰白色，随后至背鳍基部后的体表全部发白，严重时尾鳍烂掉或残缺不全。发病时病鱼头部向下、尾部向上，与水面垂直，时而作挣扎游动，时而悬挂于水中，不久即死亡。

【诊断方法】背鳍以后至尾柄部分皮肤变白，镜检有大量杆菌存在。鳍条、皮肤无充血、发红现象。

【防治方法】

（1）采用含氯消毒剂全水体均匀泼洒，含氯石灰（漂白粉）或30％三氯异氰脲酸粉或8％二氧化氯，一次量每立方米水体分别为1～1.5克、0.2～0.5克、0.1～0.3克，疾病流行季节每隔15天1次。

（2）将五倍子磨碎后用开水浸泡过夜，一次量每立方米水体用4.0克全水体泼洒，疾病流行季节每隔15天1次。

（3）先将大黄用20倍重量的0.3％氨水浸泡提效后，一次量每立方米水体用2.5～3.7克，连水带渣全水体泼洒，疾病流行季节每隔15天1次。

（4）采用抗生素诺氟沙星粉，一次量每千克鱼体重用30毫克，拌饲投喂，每天1次，连用3～5天。

（5）氟苯尼考粉或甲砜霉素粉，一次量每千克鱼体重均为5～15毫克，拌饲投喂，每天1次，连用3～5天。

十、鲤白云病 ● ●

鲤白云病为鲤和锦鲤养殖中比较常见的疾病。

【病原体】恶臭假单胞菌（*Psudomonas putida*），此菌为革兰阴性短杆菌。

【症状及病理变化】患病鱼可见鱼体表有点状白色黏液物附着，并逐渐扩大。严重时好似全身布满白云，以头部、背部及尾鳍等处黏液更为稠密。重者鳞片基部充血，鳞片脱落。解剖可见肝脏、肾脏充血（彩图33）。

【流行与危害】主要危害鲤、锦鲤和加州鲈。常发生于稍有流水、水质清瘦和溶解氧充足的网箱养鲤及流水越冬池中，流行温度为6～18℃。当鱼体受伤后更易暴发流行，常并发竖鳞病和水霉病。

【诊断方法】根据症状及流行情况进行初步诊断，并需刮取鱼体表黏液进行镜检。因鲤斜管虫、车轮虫等原生动物大量寄生时，也可引起鱼苗、鱼种体表有大量黏液分泌，并引起病鱼死亡。进一步确诊，则必须进行病原分离与鉴定。

【防治方法】

（1）采用适宜的消毒剂全水体均匀泼洒，含氯石灰（漂白粉），或30%三氯异氰脲酸粉，或8%二氧化氯，一次量每立方米水体分别为1～1.5克、0.2～0.5克、0.1～0.3克，疾病流行季节每隔15天1次。

（2）10%聚维酮碘溶液，一次量每立方米水体用0.5～1.0毫升，疾病流行季节全水体泼洒，每隔15天1次。

（3）将五倍子磨碎后用开水浸泡过夜，一次量每立方米水体用4克，全池泼洒，疾病流行季节每隔15天1次。

（4）先将大黄用20倍重量的0.3%氨水浸泡提效后，一次量每立方米水体用2.5～3.7克，连水带渣全池泼洒，疾病流行季节每隔15天1次。

（5）氟苯尼考粉或甲砜霉素粉，一次量每千克鱼体重均为5～15毫克，拌饲投喂，每天1次，连用3～5天。

（6）磺胺间甲氧嘧啶，一次量每千克鱼体重2～4克，拌饲投喂，每天1次，连用3～5天。

（7）硫酸链霉素，一次量每千克鱼体重20毫克，亲鱼肌内注射，3天后再注射1次。

十一、烂尾病

烂尾病常见于鱼类苗种养殖阶段，发病鱼池处置不当，可以造成大批死亡。

【病原体】温和气单胞菌或点状气单胞菌、嗜水气单胞菌。

【流行与危害】烂尾病多发生于养殖水质较差的鱼池中，在苗种拉网锻炼或分池、运输后，因操作不慎，尾部受损伤后易于发生。发病季节大多集中于春季。

【症状及病理变化】开始发病时，鱼的尾柄处皮肤变白，因失去黏液而手感粗糙，随后，尾鳍开始蛀蚀，并伴有充血，最后，尾鳍大部或全部断裂，尾柄处皮肤腐烂，肌肉红肿，溃烂，严重时露出骨骼。

【预防方法】

（1）在捕捞、运输和放养等操作过程中，尽量勿使鱼体受伤。

（2）鱼种放养前可用2%～3%的食盐水溶液浸洗20分钟，或用0.5～1.0毫克/升的二氧化氯溶液浸洗20～30分钟（药浴时间的长短视水温和鱼体忍受力而灵活掌握）。

【治疗方法】发病鱼的治疗，应当采用外用与内服药物结合法进行。外用药主要用各种消毒剂，如二氧化氯、漂白粉等全池遍洒；内服药可用盐酸土霉素，每千克鱼体重用20～25毫克，拌饵投喂，连喂3～6天为一个疗程；或用抗菌中草药制剂拌饵投喂，连喂6天为一个疗程。

第三节　藻菌性疾病的防治技术

一、水霉病

水霉病几乎可见于各种养殖鱼类和其他水产养殖动物，从鱼卵、鱼苗至成鱼均可发生，不仅可以导致病鱼死亡，而且也失去商品价值。

【病原体】多种水霉（*Saprolegnia* sp.）和绵霉（*Achlya* sp.）。

【流行与危害】本病一年四季都可发生，以早春、晚冬季节最易发生。水霉菌等多是腐生性的，因此，鱼体受伤是发病的诱因，扦捕、运输、体表寄生虫侵袭和越冬时冻伤等均可导致发病，病情的严重程度视人为操作的技术决定，通常情况下都是散在性发病。

【症状及病理变化】霉菌从鱼体伤口侵入时，肉眼看不出异状，当肉眼能看到时，菌丝已深入肌肉，蔓延扩展，向外生长成绵毛状菌丝，似灰白色绵毛，故称白毛病。有的水霉外生部分平堆、色灰，犹如旧棉絮覆盖在上，病鱼体表黏液增多，焦躁或迟钝，食欲减退，最后瘦弱死亡。

【预防方法】扦捕、运输后，用 2.0％～5.0％ 的食盐溶液浸洗鱼 5～10 分钟，可预防此病发生。

【治疗方法】

（1）食盐（每立方米水体 400 克）＋小苏打（碳酸氢钠）（每立方米水体 400 克）合剂，浸浴病鱼 24 小时，也可用此浓度溶液全池遍洒。

（2）采用二氧化氯，每立方米水体 0.3 克全池遍洒。但是，注意对白仔鳗鲡不能用此方法。

二、鳃霉病

鳃霉病为我国池塘养鱼中比较常见的疾病，主要危害鱼苗、夏花鱼种阶段，发病后死亡率可达 50.0％ 以上，是口岸鱼类检疫对象之一。

【病原体】病原尚未深入研究。从形态观察，草鱼鳃上的病原体类似于血鳃霉（*Branchiomyces sanguinis*），青鱼、鳙、鲮鳃上的病原体类似于穿移鳃霉（*B. demigrans*）。

【流行与危害】本病的发生与水质密切相关，水质恶化、尤其是水中有机质含量高时，容易急性暴发。5～7 月为流行高峰季节。

【症状及病理变化】病鱼呼吸困难，无食欲，鳃上黏液增加，有出血、淤血和缺血斑块，俗称"花斑鳃"。严重时整个鳃呈青灰色。诊断时，必须用显微镜检查，可见鳃丝中鳃霉菌丝寄生状况。

【预防方法】对本病成功预防的关键在于保持水质清新。因此，发病池塘必须清除塘底淤泥，彻底消毒，不施放未经发酵的肥料，经常加注新水。

【治疗方法】对于发病的池塘，可立即更换池水，病情可以缓解，此时应适时施放生石灰（每立方米水体 20 克）和含氯消毒剂。

第四节　原生动物性疾病的防治技术

一、鱼波豆虫病

鱼波豆虫病在我国各地和世界各国都有流行，各种养殖鱼类都可发生，对鲤、锦鲤、草鱼和鲮鱼苗危害均比较严重。

【病原体】飘游鱼波豆虫（*Ichthyobodo necatoi*）。

【流行与危害】飘游鱼波豆虫最适宜的繁殖温度为 12～20℃，因此，春、秋两季是流行季节，夏季高温时很少出现。鱼苗培育阶段尤易受害，通常受感染后 3 天左右即可大批死亡。经过越冬后的春花鱼种，开春后也因体质衰弱容易发病。

【预防方法】

（1）育苗池必须彻底清塘消毒，育苗过程中注意水质清洁和有充足的饵料。

（2）鱼种越冬前用硫酸铜（8 毫克/升）溶液浸洗 20 分钟。

【治疗方法】可用硫酸铜硫酸亚铁粉全池遍洒，使池水中的药物浓度达到 0.7 毫克/升。

二、黏孢子虫病

黏孢子虫病（Myxosporidiosis）是由黏孢子虫纲（Myxosporea Butschli, 1881）的一些种类寄生引起。黏孢子虫的种类很多，现已报道的有近千种，全部营寄生生活，其中大部分是鱼类寄生虫，在鱼体各个器官、组织都可寄生，但大多数种类均有一个到数个特有的寄生部位。由于至今仍没有理想的治疗方法，因此危害日益严重。其中有些种类可引起病鱼大批死亡；有些种类虽不引起大批死亡，但使病鱼完全丧失食用价值。

【病原体】多种黏孢子虫（*Myxosporidia* spp.）。

对鲤和锦鲤危害比较大及可能造成危害的常见的黏孢子虫有野鲤碘泡虫（*Myxobolus koi*）、鲫碘泡虫（*Myxobolus carassii*）、圆形碘泡虫（*Myxobolus ratundus*）、鲮单极虫（*Thelohanellus rohitae*）和中华黏体虫（*Myxosoma sinensis*）。

【流行与危害】

(1) 野鲤碘泡虫病　病原体为野鲤碘泡虫。在广东、广西颇为流行。主要危害鲮鱼苗、鱼种和越冬阶段的个体，也可侵袭其他鱼类（如鲤、锦鲤和鲫等）。

(2) 鲫碘泡虫病　病原体包括有五种以上的碘泡虫，但主要为鲫碘泡虫和库班碘泡虫。全国各地均有发现，在上海、江苏、浙江一带的池塘、湖泊、河流中较为常见，有的地方发病率可高达40%，发病时间为夏末、秋初。一般不引起病鱼大批死亡，但在缺氧时，病鱼很容易死亡；同时即使不死，病鱼因丑陋而失去商品价值，损失巨大。

(3) 圆形碘泡虫病　病原体为圆形碘泡虫。全国各地的池塘、湖泊和河流中都有发生。一般不引起病鱼大批死亡，但严重时，一条病鱼上有数百个大孢囊，失去商品价值，造成巨大损失。

(4) 鲤单极虫病　病原体为鲮单极虫。主要危害2龄以上鲤、锦鲤和鲫，长江流域颇为流行，严重时使鱼失去商品价值。

(5) 中华黏体虫病　病原体为中华黏体虫。全国各地均有发现，长江流域、南方各地感染率比较高，主要寄生在2龄以上的鲤肠内壁或外壁。

【症状及病理变化】

(1) 野鲤碘泡虫病　有人对鲮夏花鱼种做的病理学研究结果表明，当寄生虫在鱼体表及鳃上形成许多白色点状或瘤状孢囊时，孢囊是由寄主形成的结缔组织包围。由于虫体的大量寄生，幼小个体不仅寄主组织被破坏，而且生长发育受影响。当虫体严重侵袭鳃瓣时，妨碍鱼苗呼吸而致死。

(2) 鲫碘泡虫病　鲫碘泡虫和库班碘泡虫等主要寄生在鱼类头

后背部肌肉，引起瘤状突起。碘泡虫侵入骨骼肌后进行大量繁殖，仅有碘泡虫本身的囊膜形成许多肉眼看不见的微孢囊，寄主不形成任何孢囊壁将其包围，当碘泡虫成熟后就散在肌纤维中；碘泡虫多数是从肌纤维的外面侵入、繁殖及取代肌纤维，少数是钻入肌纤维内进行繁殖，从肌纤维中间逐步向外取代肌纤维。当碘泡虫在寄生鱼类头后背部肌肉中繁殖时，因此肌纤维和碘泡虫相混杂，只有在瘤状突起的中间部分肌纤维才全部被碘泡虫取代，在此同时碘泡虫又不钻入鱼的背鳍以后及腹部肌肉形成肉瘤状突起。当肉瘤状突起较大时，手摸患处很柔软，好像要胀破一样。

（3）圆形碘泡虫病　圆形碘泡虫寄生在鲤、锦鲤和鲫的头部及鳍上，形成许多肉眼可见的孢囊，这些孢囊都由寄主形成的结缔组织膜包围，且这些肉眼可见的大孢囊都由多个小孢囊融合而成。

（4）鲤单极虫病　病鱼体弱，体色较黑。鳞片下长有白色的、大小不等的瘤状物。由于瘤块的增生，使病鱼产生竖鳞现象。起水的病鱼由于鱼体和网具的相互摩擦，而引起出血，"红白"交混，其状恰如有大面积腐烂，血脓俱下，失去食用价值。

（5）中华黏体虫病　外表症状不明显，解剖可见肠外壁上有芝麻状的乳白色孢囊，剪开肠道后会发现内壁孢囊数量更多。中华黏体虫侵袭鲤、锦鲤肠及其他内脏器官，严重时对鱼类的生长发育有相当的影响。

【诊断方法】

（1）根据症状及流行情况进行初步诊断。

（2）用显微镜进行检查，作出诊断。因为有些黏孢子虫不形成肉眼可见的孢囊，仅用肉眼检查不出；同时，即使形成肉眼可见的孢囊，也必须将孢囊压成薄片，用显微镜进行检查，因为形成孢囊里还有微孢子虫、单孢子虫和小瓜虫等多种寄生虫，用肉眼无法鉴别。

【防治方法】目前，对黏孢子虫病尚无理想的治疗方法，主要进行以下方法预防。

（1）严格执行检疫制度。

（2）必须清除池底过多淤泥，并用生石灰彻底消毒。

（3）加强饲养管理，增强鱼体抵抗力。

（4）全池遍洒精制敌百虫粉，有预防作用，并可减轻鱼体表及鳃上寄生的黏孢子虫病。

（5）寄生在肠道内的黏孢子虫病，用精制敌百虫粉、或盐酸环氯胍、或盐酸左旋咪唑拌饲投喂，同时全池遍洒精制敌百虫粉，可减轻病情。

（6）发现病鱼应及时清除，煮熟后当饲料或深埋在远离水源的地方。

三、斜管虫病

斜管虫病是国内外淡水养鱼和家庭水族箱鱼类中最常见的寄生纤毛虫病之一。

【病原体】鲤斜管虫（*Chilodonella cyprini*），寄生于鱼的体表和鳃上。

【流行与危害】斜管虫病主要发生于水温15℃左右的春、秋两季，而水质较恶劣的情况下，冬季和夏季也可发生。主要危害鱼苗、鱼种，特别是越冬后的鱼种。由于鲤斜管虫在不良条件下可形成孢囊，并随水流传播，而且无严格的宿主特异性，故容易蔓延。

【症状及病理变化】本病无明显体征。大量寄生时，鳃和体表黏液增加，病鱼食欲减弱，体瘦且发黑，浮于池边下风处，呼吸很困难，最终死亡。诊断须在显微镜下确定。

【预防方法】预防措施：饲养鱼苗之前，应注意彻底清塘，以杀灭水中及底泥中的病原；鱼种则在入池前用8毫克/升硫酸铜或3‰食盐溶液浸洗20分钟。

【治疗方法】可用0.7毫克/升的硫酸铜硫酸亚铁粉全池遍洒。

四、小瓜虫病

【病原体】多子小瓜虫（*Ichthyophthirius multifiliis*）。

【流行与危害】全国各地均有流行，对宿主无选择性，各种淡水鱼、洄游性鱼类和观赏鱼类均可受其寄生，尤以不流动的小水体、高密度养殖的条件下更容易发此病。亦无明显的年龄差别，从鱼苗到成鱼各年龄组的鱼类都有寄生，但主要危及鱼种。小瓜虫繁殖适宜水温为 $15\sim25℃$，流行于春、秋季，但当水质恶劣、养殖密度高和鱼体抵抗力低时，在冬季及盛夏也有发生。生活史中无中间宿主，靠孢囊及其幼虫传播。

【症状及病理变化】小瓜虫寄生在鱼的表皮和鳃组织中，对宿主的上皮不断刺激，使上皮细胞不断增生，形成肉眼可见的小白点，故小瓜虫病又称为"白点病"。严重时体表似有一层白色薄膜，鳞片脱落、鳍条裂开、腐烂。病鱼反应迟钝，缓游水面，不时在其他物体上摩擦，不久即成群死亡。鳃上有大量的寄生虫，鱼体黏液增多，鳃小片被破坏，鳃上皮增生或部分鳃贫血。虫体若侵入眼角膜，引起病鱼发炎、瞎眼。

【诊断方法】鱼体表形成小白点的疾病，除小瓜虫病外，还有"黏孢子虫病"、"打粉病"等多种疾病。因此，不能仅凭肉眼看到鱼体表有很多小白点就诊断为小瓜虫病，最好是用显微镜进行检查。如没有显微镜，则可将有小白点的鳍剪下，放在盛有淡水的白瓷盘中，在光线好的地方，用 2 枚针轻轻将白点的膜挑破，连续多挑几个，如看到有小虫在水中游动，即可作出诊断。

【预防方法】因为目前对于小瓜虫病的防治尚无特效药，须遵循防重于治的原则，加强饲养管理，保持良好环境，增强鱼体抵抗力；清除池底过多淤泥，水泥池壁要经常进行洗刷，并用生石灰或漂白粉进行消毒；鱼下塘前应进行抽样检查。

【治疗方法】

(1) 药物治疗　用福尔马林治疗，当水温在 $10\sim15℃$ 时，用 $1/5000$ 的药液浸浴病鱼 1 小时；当水温在 $15℃$ 以上时，用 $1/6000$ 的药液浸浴病鱼 1 小时，或全池泼洒福尔马林，泼洒浓度为 2.5 毫升/升。也可用冰醋酸浸泡治疗，病鱼可用 $200\sim250$ 毫克/升的冰醋酸浸泡 15 分钟，3 天后重复 1 次。或者用 1% 的食盐水溶液浸洗病鱼 1 小时，或者用亚甲基蓝全池泼洒，泼洒浓度为 $2\sim3$ 毫克/

升，每隔 3～4 天泼洒 1 次，连用 3 次（仅限于观赏鱼的治疗）。或者分别用干辣椒和干生姜，各加水 5 千克，煮沸 30 分钟，浓度分别为 0.35～0.45 毫克/升和 0.15 毫克/升，然后对水混匀全池泼洒。每天 1 次，连用 2 次。如果干生姜改为鲜生姜，浓度为 1 毫克/升。

（2）提高水温　将水温提高到 28℃ 以上，以达到虫体自动脱落而死亡的目的。

在治疗的同时，必须将养鱼的水槽、工具进行洗刷和消毒，否则附在上面的孢囊进入适宜环境后又可再感染鱼。

五、固着类纤毛虫病

固着类纤毛虫通常对宿主组织无直接破坏作用，但是在鱼苗和夏花鱼种上，大量附着在体表或鳃上，造成病鱼游泳、摄食或呼吸困难，因而导致死亡。

【病原体】多种固着类纤毛虫，如杯体虫、累枝虫（*Epistylis* sp.）。

【流行与危害】本病主要危害幼鱼，故以 6～7 月最为常见，水质较肥、有机质含量较高的鱼苗池容易发生，鱼苗培育中，机体较弱的鱼也易患此病。

【症状及病理变化】下塘 1 周后的鱼苗大量寄生杯体虫时，身上似有一层毛状物，游动缓慢靠边，停止摄食，最终衰竭而死。需在显微镜下检查诊断。

【预防方法】应注意彻底清塘，以杀灭水中及底泥中的病原，鱼种在投放入池前用 8 毫克/升硫酸铜或 3% 食盐溶液浸洗 20 分钟。

【治疗方法】

（1）可用硫酸铜硫酸亚铁粉全池遍洒，使池水中的药物浓度达到 0.7 毫克/升。

（2）可用硫酸锌溶解后全池遍洒，使池水中的药物浓度达到 0.6 毫克/升。

第五节　扁形动物性疾病的防治技术

一、三代虫病

三代虫病是由三代虫属中的一些种类寄生而引起的鱼病。三代虫主要寄生在鱼体表和鳃，广泛分布于世界各地海水和淡水水域，能寄生于绝大多数野生及养殖鱼类。

【病原体】三代虫（*Gyrodactylus* spp.）。

【流行与危害】三代虫病是一种全球性养殖鱼类病害。我国南北沿海均有发现，尤以咸淡水池塘养殖和室内越冬池内饲养的苗种鱼最易得此病，淡水饲养鱼类也常见此病。其中，以湖北、广东及东北较为严重，在每年春季、夏季和越冬之后，饲养的鱼苗最为易感。此外，在春、夏季，金鱼也常受其危害。我国近岸所捕获的梭鱼上，也经常发现有大量三代虫的寄生。近年古雪夫三代虫引起的疾病在我国越来越流行，成为南方大口鲇苗种阶段的主要疾病，常造成大批死亡。大量三代虫寄生影响寄主的形态、行为、生理和结构。

三代虫通过其主要附着器官（后吸器）的边缘小钩刺入鱼体体表进行寄生生活，引起宿主鱼皮肤损伤，降低鱼体对细菌、霉菌和病毒的抵抗力，增加宿主鱼继发感染其他疾病的机会。三代虫无需中间宿主，产出的胎儿已具有成虫的特征。它在水中漂游，遇到适当的宿主，又重营寄生生活。最适繁殖水温为20℃左右。

【症状及病理变化】三代虫主要寄生在鱼体的鳃部、体表和鳍上，有时在口腔、鼻孔中也有寄生。以锚钩和边缘小钩钩住上皮组织及鳃组织，对鱼体体表及鳃部造成创伤。寄生数量较多时，刺激宿主分泌大量黏液，严重者鳃瓣边缘呈灰白色，鳃丝上呈斑点状淤血。鱼体瘦弱，失去光泽，食欲减退，呼吸困难，游动极不正常。稚鱼期尤为明显。

【诊断方法】因三代虫没有特殊症状，确诊这种病最好的办法是通过镜检。刮取患病鱼体表黏液制成水封片，置于低倍镜下观察，或取鳃瓣置于培养器内（加入少许清洁水）在解剖镜下观察，发现虫体即可诊断。如将病鱼放在盛有清水的培养皿中，用手持放大镜观察，亦可在鱼体上见到小虫体在作蛭状活动。

【预防方法】　除坚持清塘消毒外，鱼种下塘前，用 1 毫克/升的精制敌百虫粉或 15～20 毫克/升的高锰酸钾溶液浸洗鱼体 15～30 分钟。

【治疗方法】

（1）用含量为 30％的精制敌百虫粉化水全池泼洒。用药量为 0.5～0.7 毫克/升。因敌百虫不能杀死虫卵，如疾病严重，池中虫卵较多，需隔 1 周左右再全池泼药 1 次。需要注意的是，虾、蟹混养池及对敌百虫敏感的虹鳟、淡水白鲳、鳜、加州鲈等鱼池，不能用敌百虫治疗。

（2）2000 倍水稀释 10％甲苯咪唑溶液，均匀后全池泼洒，用 10％甲苯咪唑溶液 0.10～0.15 毫克/升。混养斑点叉尾鮰、大口鲇时禁用。

（3）精制敌百虫粉加面碱合剂（1∶0.6），浓度为 0.1～0.2 毫克/升全池遍洒。

（4）用甲苯咪唑，按每天每千克鱼体重 50 毫克量混在饵料中投喂，连用 5 天为一个疗程。

二、指环虫病

指环虫病是由指环虫属（*Dactylogyrus*）和伪指环虫属（*Pseudodactylogyrus*）的单殖吸虫寄生于鱼的鳃上引起。指环虫广泛寄生于鱼类的鳃，有些虫种能造成鱼类疾病，引起苗种的死亡。这种现象不仅在小水体中，而且已发现有些种类可在大水面对成鱼造成危害。指环虫主要寄生于鱼类，少数寄生于甲壳类、头足纲、两栖类及爬行类动物。

【病原体】指环虫。

【流行与危害】指环虫寄生于鳃上，破坏鳃组织，妨碍呼吸，还能使鱼体贫血，血中单核和多核白细胞增多，病鱼可看见鳃上布满白色群体，镜检可见虫体。患病鱼初期症状不明显，后期鳃部显著肿胀，鳃盖张开，鳃丝通常为暗灰色，体色变黑，游动缓慢，不摄食，逐步瘦弱而死亡。该病是一种常见的多发病，主要靠虫卵及幼虫传播。适宜繁殖的水温为 20～25℃，流行季节主要是春季至夏初和秋季。主要危害鲤、锦鲤、鲢、鳙、草鱼、鳗鲡、鳜等，尤以鱼种最易感染，大量寄生可使苗种大批死亡。据有关报道指出，12～14 毫米的小鱼，放入感染源中，鱼体上带有 20～40 个虫体，7～11 天全部死亡。

指环虫属种类众多，我国在黑龙江流域、山东、湖南、湖北、四川、云南、贵州、福建、海南、广东、广西等地均记录和发现大量虫种，目前已有近 400 种。

【症状及病理变化】大量寄生指环虫时，病鱼鳃丝黏液增多，全部或部分苍白色，呼吸困难，鳃部显著浮肿。鳃盖张开，病鱼游动缓慢，贫血，单核和多核白细胞增多。

【诊断方法】在诊断鱼类是否患指环虫病时，应注意鳃上寄生虫的数量。在低倍显微镜下检查鳃组织时，每个视野能见到 5～10 个虫体，就可确定为指环虫病。

【预防方法】防治原则是防重于治，在摸清病因、病理的前提下，首先加强饲养管理，开展综合防治，防患于未然；同时积极寻找新药和新措施，以提高防治效果。

（1）选择优良鱼苗，加强免疫　选择、培育优良健康养殖品种，加强引进鱼苗的鉴别和检疫，杜绝伤病苗下池。并研究开发品种中抗虫基因的移植试验，以选育抗病良种。这对预防出现感染多种吸虫病而言，有广阔发展前景。

（2）彻底清塘　彻底清塘是预防多种鱼病的前提，正确选用清塘药物是关键。以往常用生石灰清塘，但对多数细菌芽孢、病毒及虫卵等灭活效率低，可采用洁尔灭石灰浆（石灰与洁尔灭活性剂配伍），或新洁尔灭石灰浆，也可用福尔马林-石灰浆，其清塘效果较单一使用石灰要强得多。

另外，国外还采用高级氧化新工艺（AOPs）措施处理池塘、沟渠等有机物污染危害。例如，应用一种高效羟基复盐处理剂能产生极强的氧化性，能将石灰、茶粕、鱼藤酮、巴豆等难分解的有机污染物有效地分解，甚至彻底地转化为无害二氧化碳、水等无机物。由于此法具有处理彻底及易于控制等优点，已引起世界各国的关注。

（3）调控水质、水温和pH 在我国渔业养殖区，因夏季水温较高，长时间在30℃以上，使得一些鱼类产生应激机体下降，抗病能力低下，容易发生寄生虫病。因此，要采用深井水、地下水或冷泉水等水源，或采用流水和遮阳网遮蔽降温等措施，并保持较大的环水量，减少应激，同时控制投饵。保持pH7.3～7.5，温差日夜变化小，阳光直射时间短。一旦发生寄生虫病，就要调控水质、水温，并使用驱、杀虫药物。

（4）科学饲养管理 放养密度以适当稀养为宜，采用多点多餐，控制投饵量，减少浪费和水质污染，定期做好排污和水体消毒预防工作，定期分拣鱼的规格，以便分养，减少个体差异，对个体小的苗种进行强化培养。

【药物治疗】在科学诊断的基础上准确用药。尽可能早期准确诊断、发现疾病、及时治疗；尽可能做到无病预防、有病早治，走综合防治的道路。特别是不要长期使用单一品种的药物，要定期换用不同的药物，这样可切断病虫抗药种群的形成。轮换品种应尽可能选用机制不同的复配药物。另外，结合应用高铁酸盐复合剂的疗效也颇佳，它既可清除水体中的微生物、悬浮物，又可强氧化清除其幼虫和虫卵等。

三、侧殖吸虫病

【病原体】日本侧殖吸虫（*Asymphylodora japonica*）。

【流行与危害】此病是因鱼苗误吞从螺体移动外出的侧殖吸虫无尾尾蚴，尾蚴在鱼肠内累积并直接发育成成虫所造成。故发病条件为：鱼苗发塘池曾养殖过成鱼，而又未清塘杀灭铜锈环棱螺、田螺等中间宿主；鱼苗池水质过于老化，缺少天然适口饵料，而在饲养中投饵又不足。本病多发生于 5 月鱼苗培育时期。

【症状及病理变化】患病鱼苗闭口不食，生长停止，游动乏力，随风飘聚于鱼池下风处。将鱼苗直接放在显微镜下，或解剖病鱼，取出肠道，可见肠内充塞吸虫。

本病主要危害鱼苗和夏花鱼种，不仅可以寄生于鲤和锦鲤，草鱼、青鱼、鲢、鳙等养殖鱼类均可发生，可以引起大批死亡。长江中下游地区曾有散在性病例。

【预防方法】鱼苗培育池与成鱼暂养池，即使是临时使用，也必须彻底清塘，灭螺后才能使用。

【治疗方法】

(1) 鱼池轻度发生此病时，可施放 0.2 毫克/升的精制敌百虫粉，杀灭水中尾蚴，并加强投喂，可控制病情发展。

(2) 可以参照治疗复口吸虫的办法，杀灭铜锈环棱螺、田螺等中间寄主。

四、复口吸虫病

复口吸虫病又称双穴吸虫病。

【病原体】复口吸虫的尾蚴和囊蚴。目前，我国引起疾病的复口吸虫有湖北复口吸虫（*Diplostomulum hupehensis*）、倪氏复口吸虫（*D. neidashui*）和山西复口吸虫（*D. shanxinensis*）三种。

【流行与危害】复口吸虫的成虫寄生于鸥鸟，卵随鸟粪进入水体中，孵化出毛蚴，钻入椎实螺中发育形成胞蚴和大量尾蚴。

复口吸虫病的发生，传染源是鸥鸟，传播媒介是椎实螺。如果两个条件缺少一个，此病则不可能发生。因此，若鱼池上空有较多的鸥鸟，而池塘中又有大量椎实螺，阳性螺的百分率有 20.0%～30.0%，在培育鱼种时，即有可能发生急性复口吸虫病。1 尾 3～6 厘米的鱼种，若短时间内同时有数十个至近百个尾蚴侵入，即可导致急性死亡。若鸥鸟、椎实螺的密度并不大，而阳性螺在 5.0% 左右，则有可能引起部分鱼患"白内障"。急性复口吸虫病的发病季节为 5～8 月。复口吸虫性"白内障"则全年均有发生。

【症状及病理变化】大量尾蚴对鱼种急性感染时，由于尾蚴经肌肉进入循环系统或神经系统到眼球水晶体寄生，在转移途中所导致的刺激或损伤，病鱼出现在水中作剧烈的挣扎状游动，继而头部脑区和眼眶充血，旋即死亡。或病鱼失去平衡能力，头部向下、尾部朝上浮于水面，随后出现身体痉挛状颤抖，并逐渐弯曲，1 天以后即可死亡。尾蚴断续慢性感染时，转移过程中对组织器官的损伤、刺激较小，不论是鱼种或成鱼，并无明显的上述症状，尾蚴到达水晶体后，逐步发育成囊蚴，囊蚴逐渐积累，使鱼的眼球开始混浊，逐渐成乳白色，形成白内障，严重的病鱼眼球脱落成瞎眼。

本病的诊断，可取下病鱼的眼球，剪破后取出水晶体，剥下其外周的透明胶质，或放在盛水的玻璃器皿中，肉眼或用放大镜、低倍镜观察，可见白色粟状虫体。

【预防方法】本病一旦发生后，就很难治疗。因此，强调预防和控制。

（1）鱼池清塘，每亩（水深 1 米）用 125 千克生石灰或 50 千克茶饼带水清塘，杀灭池中椎实螺。

（2）用聚草或其他水草扎把，放入水中，诱捕椎实螺，第二天取出，置日光下暴晒，使螺死亡。连续诱捕数天，可控制疾病的发展。

【治疗方法】发病池可用硫酸铜（0.7 毫克/升）全池遍洒，24 小时内连续泼洒 2 次，可杀死椎实螺。

五、舌状绦虫病

【病原体】舌状绦虫（*Ligula* sp.）和双线绦虫（*Digramma* sp.）的裂头蚴。

【流行与危害】本病过去主要发生在湖泊、水库的鱼类中。近年来，随着水产养殖业的发展，不仅在大水面养殖中，而且在池塘养殖中也有发生，主要危害鲤、锦鲤、鲫、鳙、鲢和大银鱼等，草鱼也偶有发生。

舌形绦虫的终末宿主是鸥鸟，第一中间宿主是细镖水蚤，第二中间宿主是鱼类。因此，此病的发生和流行与养殖地区上空的鸥鸟密度与水体中镖水蚤丰度密切相关。由于鸥鸟是候鸟，因此，此病在我国南北方都有发生，通常湖、河、水库上空鸥鸟比较密集，故发病率较高。尤其是人们保护鸟类的认识提高后，此病更呈上升趋势，无明显的流行季节。

【症状及病理变化】病鱼体瘦，但是腹部膨大，严重时鱼体失去平衡能力，侧游或腹部向上，浮于水面，游动无力。剖开鱼腹，可见体腔内充塞白色带状虫体，虫数较少时，虫体肥厚且长，虫数多时则较细长。鱼体内脏萎缩，严重时肝、肾等破损，分散在虫体之中，肠道细如线状。

【防治方法】本病尚无有效的治疗方法。池塘预防可根据鸥鸟出现周期，在池中泼洒精制敌百虫粉（0.3毫克/升），杀灭水中水蚤，截断此虫生活史环节。洒药后，应增加人工饵料投喂，以免影响鱼的生长。

第六节　线虫病的防治技术

似嗜子宫线虫病

【病原体】鲤似嗜子宫线虫（*Pilometroides cyprini*）。

【流行与危害】嗜子宫类线虫病主要出现在春季。雌虫到达寄生部位后，春季发育成熟，内充满幼虫，钻破寄生部位，接触到水后，雌虫即胀破，幼虫散入水体，雌虫死亡后病症可消失。幼虫被剑水蚤、镖水蚤吞食，宿主鱼吞食蚤类后，幼虫通过肠壁钻入腹腔中生长发育。雌、雄虫在腹腔、鳔中成熟并交配后，雌虫即迁移至寄生部位发育，至翌年的春天成熟，并因虫体长大而显现症状（彩图34）。通常呈散在性流行，鱼群中寄生线虫的分布为聚集分布类型，即少数鱼中寄生的数目较多，多数鱼寄生比较少。故大批死亡情况少见。

引起鱼类嗜子宫线虫病的有多种寄生线虫，而且各具宿主特异性和固定的寄生部位或鳍条基部。大批死亡病例较少见到，但是会影响鱼体的商品价值。

【症状及病理变化】各嗜子宫线虫在宿主中的寄生部位不同，其症状也不相同。鲤嗜子宫线虫寄生于鲤的鳞下或鳍条基部，寄生处可见鳞囊胀大，鳞片松散、竖立或脱落，翻开鳞片可见红色线虫盘曲于内，周边皮肤充血发炎。

【预防方法】用生石灰带水清塘，杀灭幼虫和蚤类，已放养的鱼池可用 0.2～0.4 毫克/升精制敌百虫粉杀灭蚤类。

【治疗方法】患病鱼可用 2.0%～2.5% 浓度的食盐水浸洗鱼体，时间 15～20 分钟，效果较好；或用 1.0% 高锰酸钾、碘酒涂抹在病灶部位。涂抹时勿使药液淌入鳃中。眼部寄生的线虫不可用涂抹法。

第七节　甲壳类动物引起的疾病防治技术

一、锚头鳋病

【病原体】鲤锚头鳋 (*Lernaea cyprinacea*)。可以寄生在鲤、锦鲤、鲫、鳗鲡、乌鳢等多种鱼的体表、口腔。

【流行与危害】本病是鱼类中常见疾病。各种锚头鳋对多种鱼类的鱼种和成鱼造成危害，尤以鲢、鳙为甚，可引起大批死亡，或影响商品价值。

锚头鳋寄生到鱼体后，经"童虫"、"壮虫"、"老虫"三个形态阶段，其寿命随温度的高低而异，通常夏天平均寿命约 20 天、春季 1～2 个月、冬季可长达 5～7 个月。产卵囊的频率和卵孵化速度也与温度密切相关，较高温度产卵囊频率高，孵化速度也快，反之则低。7℃以下，停止产卵和孵化。虫卵孵化形成无节幼体，经 5 次蜕皮形成桡足幼体，再经 4 次蜕皮，成为第 5 桡足幼体后，桡足幼体在鱼体上营暂时性寄生生活，并在鱼体上交配，交配后雄虫离去并死亡。雌虫寻找合适的宿主营永久性寄生生活,在寄生部位形成头角,并迅速拉长身体,逐渐成熟产卵(彩图 35)。由此可知,锚头鳋病在春末、夏季为流行盛季,但也是寿命最短的季节。鱼池中发生此病后,通常有较高的感染率和感染强度。

【症状及病理变化】病鱼通常呈烦躁不安、食欲减退、行动迟缓和身体瘦弱等常规病态。由于锚头鳋头部插入鱼体肌肉、鳞下,身体大部露在鱼体外部,且肉眼可见,犹如在鱼体上插入小针,故又称之为"针虫病"。当锚头鳋逐渐老化时,虫体上布满藻类和固着类原生动物,大量锚头鳋寄生时,鱼体犹如披着蓑衣,故又有"蓑衣虫病"之称。寄生处的,周围组织充血发炎,尤以鲢、鳙、团头鲂为明显,草鱼、鲤锚头鳋寄生于鳞下,炎症不很明显,但常可见寄生处的鳞被蛀成缺口。寄生于口腔内时,可引起口腔不能关闭,因而不能摄食。小鱼种虽仅 10 多个虫寄生,即可能失去平衡,发育严重受阻,甚至引起弯曲畸形等现象。

【预防方法】

(1) 用生石灰清塘法,杀灭水中幼虫和带虫的鱼和蝌蚪。

(2) 放养鱼种时,若发现有锚头鳋寄生,可用高锰酸钾药浴法。草鱼、鲤水温 15~20℃时,浓度为 20 毫克/升;水温 21~30℃时,浓度为 10 毫克/升,药浴 1~2 小时。鲢、鳙、鲂水温 10℃以下,浓度为 33 毫克/升;10~20℃时,浓度为 20.0 毫克/升;20~30℃时用 12.5 毫克/升;30℃以上用 10 毫克/升,药浴约 1 小时。注意药浴时间应根据鱼体质强弱、气候闷热等情况灵活掌握,万一有异常情况,应及时放归鱼池,药浴完在 4~5 小时内,须随时观察,必要时应注入新水或充氧。药浴时应避免在强阳光下进行。

【治疗方法】发病池可用 80% 的精制敌百虫粉按 0.23~0.25 毫克/升的浓度全池遍洒,目的是杀灭水中的幼虫,每 5~7 天遍洒 1 次。对于"童虫"阶段的寄生虫,至少需施药 3 次;"壮虫"阶段需施药 1~2 次;"老虫"阶段可不施药,待虫体脱落后,即可获得免疫力。

二、鲺病

【病原体】日本鲺（*Arhujus japonicus*）、大鲺（*A. major*）、中华鲺（*A. chinensis*）、喻氏鲺（*A. yui*）和椭圆尾鲺（*A. ellipticaudatus*）等。鲺的个体较大、扁平，体色接近于宿主颜色。雌鲺较雄鲺大。

【流行与危害】本病为养殖鱼类的常见病，危害多种鱼类，并有因此病导致幼鱼大批死亡的病例，全国各地均有流行，南方各省较为严重。雌鲺产卵时离开宿主，在水中植物、石块、螺壳等固体物上产卵，孵化出幼虫。幼虫即需寻找宿主寄生，经 6～7 次蜕皮后发育成熟。产卵、孵化、发育与寿命均与温度有关，25～30℃为适宜温度，故 6～8 月为发病高峰季节。由于鲺的幼体或成体均可随时离开鱼体在水中游动，并寻找另一寄主，故极易随水流、动物和网具等传播。

【症状及病理变化】由于鲺在鱼体表面活动，刺伤、撕开表皮，使鱼不安。感染量大时，鱼群集水面跳跃急游，食欲减退，鱼体消瘦。捞起病鱼，用肉眼即可见到鱼体上吸附的鱼鲺。

【防治方法】全池遍洒 80% 精制敌百虫粉，浓度为 0.4～0.5 毫克/升，即可杀灭鲺的幼虫、成虫。

第五章
鲢和鳙的疾病防治技术

第一节　病毒性疾病的防治技术

鳙暴发性水肿、出血并发症

【病原体】用漂白粉、生石灰、消毒剂药物等进行治疗均无效果；对大批病鱼体表及内脏各器官进行寄生虫学检查，均未发现使鱼发病的寄生虫。用病鱼组织滤液感染健康鱼，致被感染鱼发病，发病症状与原症状相同，再用感染后的鱼组织感染健康鱼，仍能出现原病鱼症状。通过上述实验，疑是病毒病原，但具体是何种病毒仍需进一步研究。

【流行与危害】此病流行季节是 7～8 月高温期，水温在 25～30℃，以 28～30℃ 最易发生。此病只对鳙感染，而对池中鲤、鲫、鲢、草鱼等均无感染，均具有感染的专一性，但此病感染速度快、感染率高，被感染鱼死亡量大。发病后的第一天，池中只有几尾病鱼，到第三天已占全池的 39% 左右，等到第五天猛增到 90% 以上，死亡数量也由十几尾猛增到数千尾。天气变化不大时，鱼病病情发展较稳定，但是在雷暴雨夜里，病鱼会大量死亡。

【症状及病理变化】病鱼体色发黑，食欲减退或停食，集群情况差，病鱼症状以水肿、出血并发症为主，兼单纯水肿、出血病症状并存。

（1）水肿性症状　病鱼全身浮肿，腹内因大量积水肚皮外鼓，从岸上看鱼肚呈明显的灰白色，积水呈无色，腹内压强大。严重的眼睛外露，嘴肿得无法闭合，造成呼吸困难，窒息而死。此病症虽与鲤传染性水肿病症状相似，但没有竖鳞现象，鳃丝、内脏均未见异常。

（2）出血性症状　病鱼的口腔、下颌、头顶、鳍基、尾部和鳃丝有明显的充血症状，肠道多数充血不明显，病鱼在出现此症状1～2 天后死亡。

（3）水肿、出血并发症状　病鱼全身浮肿，眼睛外突，肚外鼓，鳃丝、口腔、下颌、头顶、鳍基和尾部充血，皮下有点状充血现象。肠道发炎充血，肛门发炎。

【防治方法】

（1）更换池水，将原池水排除 1/2，再注入新水，同时增设排水管道，变死水为活水，防止水质恶化，改善鱼的生活环境。

（2）调节水体结构：每亩用 15 千克生石灰全池遍洒 1 次后，连续 3 天用 0.2 毫克/升的三氯异氰脲酸粉（50％）进行抛洒、调节 pH，改善水质。

（3）投喂药饵，在调节水质的同时，用亚硫酸氢钠甲萘醌粉，一次量每千克鱼体重按 1～2 克的比例制成药饵进行投喂，每天1 次。

第二节　细菌性疾病的防治技术

一、打印病

【病原体】点状气单胞菌点状亚种。

【流行与危害】全国各养鱼地区均有此病出现，主要危害鲢、鳙，可危害鱼种、成鱼直至亲鱼，已发展成重要的常见多发病，对亲鱼危害较严重，造成的经济损失较大。鱼体患病后，往往拖延较长时间不愈，严重影响生长发育和繁殖，有的地区花鲢感染率可高达 80％。此外，近年来，一些高密度饲养鱼类也有此病发生，已在大鲵、泥鳅、乌鳢等发现，甚至金鱼和草鱼也有此病发生。此病终年可见，而以夏、秋季发病率较高，水温 28～32℃是流行高峰期。一般认为此病的发生与操作受伤有关，其次是拉网和鱼种运输，特别是家鱼人工繁殖操作影响很大。由于病程较长，尤其是初期症状不容易发现，常被忽视，以致最后导致高发病率。

【症状及病理变化】病灶主要发生在背鳍和腹鳍以后的躯干部分；其次是腹部两侧；少数发生在鱼体前部。病灶处首先出现圆形或椭圆形出血性红斑，似加盖红色印章在鱼体表，故叫打印病，又叫腐皮病（彩图 36）；随后病情加重，红斑处鳞片脱落，坏死的表皮腐烂，露出白色真皮；病灶内周缘部位的鳞片埋入已坏死表皮内，外周缘鳞片疏松，皮肤充血发炎，形成鲜明的轮廓，随着病情的发展，病灶的直径逐渐扩大和深度加深，形成溃疡，严重时甚至露出骨骼或内脏。病鱼游动迟缓，食欲减退，鱼体瘦弱，终至衰弱而死。

【诊断方法】根据症状、病理变化（尤其是病鱼特定部位出现的特殊病灶）及流行情况进行初步诊断，确诊需在有无菌条件的实验室，将病灶处细菌接引在 R-S 培养基上，如长出黄色菌落，则可作出进一步诊断。如用荧光抗体法或分子生物学等方法，则能作出准确诊断。注意此病与疖疮病的区别：鱼种及成鱼患打印病时通常仅一个病灶，其他部位的外表未见异常，鳞片不脱落。

【防治方法】

（1）调节水质，保持池水清新。

（2）操作过程中注意勿使鱼体受伤。

（3）对多年老池塘，每年或隔年清淤 1 次。

（4）在发病季节，以 1 毫克/升的漂白粉全池泼洒，消毒池水，连用 3 天。隔 2 天再用 3 天，经过 10 天，可控制此病发展。

二、细菌性败血症

20 世纪 80 年代，鲢细菌性败血症（溶血性腹水病）在我国广大淡水鱼养殖地区暴发，危害包括鲢、鳙在内的鲫、鳊、鲤等我国主要淡水养殖鱼类，是我国养鱼史上危害鱼的种类最多、危害鱼的年龄范围最大、流行地区最广、流行季节最长、危害养鱼水域类别最多、造成的损失最大的一种急性传染病。目前该病的研究报道不少，提出的病原体有嗜水气单胞菌、温和气单胞菌、鲁克耶尔森菌等病原菌，病名也较多，有叫溶血性腹水病、腹水病的；也有叫出血性腹水病、出血性疾病（彩图37～彩图40），由于以前病因未查明，在1990年暂时统一用淡水养殖鱼类暴发性流行病这一名称。目前，基本查明该病是由细菌感染引起的败血症，故称该病为淡水鱼类细菌性败血症，简称细菌性败血症。

【病原体】嗜水气单胞菌（*Aeromonas hydrophila*）。属气单胞菌科（Aeromonadaceae）、气单胞菌属（*Aeromonas*）。也有报道，病原体为温和气单胞菌（*A. sobria*）和豚鼠气单胞菌（*A. cavia*）等。

【流行与危害】本病曾在20世纪70年代末、80年代初在国内个别养殖场（如北京、浙江、江苏）有所发生，但未引起人们足够重视。1986年10月又在上海市崇明县个别养鱼场的1足龄异育银鲫发生大批死亡，其特征是病鲫充血，腹部膨大，有大量腹水，并发生溶血，故当时称之为银鲫溶血性腹水病。接着于1987年在上海、江苏、浙江等省市流行，至1991年已在上海、江苏、浙江、安徽、广东、广西、福建、江西、湖南、湖北、河南、河北、北京、天津、四川、陕西、山西、云南、内蒙古、山东、辽宁、吉林等20多个省、直辖市、自治区广泛流行。危害对象主要是鲢、鳙、异育银鲫、团头鲂、鲤、鲮等。从夏花鱼种到成鱼均可感染，以2龄成鱼为主，且不仅是精养池塘发病，网箱、网拦、水库养鱼等也都发生。发病严重的养鱼场发病率高达100%，重病鱼池死亡率高达95%以上。发病时同一水体的麦穗鱼、鲫、螺蚌等先有零星的死亡出现，而后鲢、鳙才开始死亡，个体大的鲢、鳙较个体小的鲢、鳙更易引起死亡。流行时间为3～11月，高峰期常为5～9月，10月后病情有所缓和。水温9～36℃均有流行，尤以水温持续在28℃以上及高温季节后水温仍保持在25℃以上为严重。在水库汛期，下暴雨时混浊的洪水直接流入水库后该病易暴发。

【症状及病理变化】早期急性感染时，鱼体背部发黑，病鱼的上下颌、口腔、鳃盖、眼睛、鳍基及鱼体两侧轻度充血，此时肠内尚有少量食物。严重时鱼体表严重充血，以至出血，眼眶周围也充血。鲢、鳙的症状尤为明显，眼球突出，肛门红肿，腹部膨大，轻压腹部有红色或黄色黏液流出，鳃盖骨中央内皮腐蚀脱落，似开"天窗"；鳃、肝、肾的颜色均较淡，且呈花斑状，病鱼严重贫血；肝脏、脾脏、肾脏肿大，脾呈紫黑色；胆囊肿大，肠系膜、腹膜及肠壁充血，肠内没有食物，而有很多黏液，有的肠腔内积水或有气体，肠被胀大，有的病鱼鳞片竖起，肌肉充血，鳔壁充血，鳃丝末端腐烂。有的病鱼体质弱，病原菌侵入的数量多时会突然发生死亡，而外观上看不出明显症状。病情严重的鱼厌食或不吃食，静止不动或发生阵发性乱游、乱窜，有的在池边摩擦，最后衰竭死亡。

显微镜下的病鱼鳃丝呈灰白色，贫血现象严重，末端腐烂。红细胞肿胀，有的发生溶血，在脾、肝、胰、肾中均有较多血源性色素沉着。病理组织观察，肝细胞肿胀、变性、坏死、崩解；脾脏的网状细胞和造血细胞变性、坏死、解体；肾小体坏死、解体；心肌纤维肿胀、变性、弯曲，心内膜坏死等。

【诊断方法】根据症状、流行病学和病理变化可作出初步诊断。主要诊断依据有：①在华中地区高温的 7～9 月发病，且同池饲料的鲢、鳙、鲤、鲫、鳊等有两种以上的鱼同时发病，可初步判断，通常麦穗鱼等小型鱼或水中的螺、蚌等靠岸边或死亡，即为前期征兆，随后鲫、鳊先发病，最后是鲢、鳙发病；②同池多种鱼同时发病并大量死亡，可初步判断为此病的发生；③病鱼出现口腔、颌、鳃盖及鱼体两侧充血，或体表严重充血，眼眶、鳍基及鳃盖充血、眼球突出、肛门红肿等症状，部分鱼出现腹部膨大，轻压腹部，可从肛门流出黄色或血性腹水；④肝、脾、肾、胆囊肿大充血，鲫肝脏可因严重病变而呈糜烂状，肠道因产气而呈空泡状，大部分鱼可见严重的肌肉充血。但急性发病死亡时可能症状不明显，一般几种鱼同时发病，首先要考虑出现细菌性败血症的可能。

取发病鱼肌肉、内脏或腹水，压片或涂片观察可见大量运动的短杆状菌体，结合发病鱼种类、解剖观察可初步作出诊断。此外，还有分子生物学方法诊断、免疫学方法诊断等。

【防治方法】

（1）免疫预防　将致病菌株经 0.15％～0.3％福尔马林室温灭活制成疫苗，采用群体免疫方法浸泡，在生产上可获得较好的免疫保护。国内部分实验室正在研究开发嗜水气单胞菌口服疫苗和采用胞外蛋白酶、溶血素基因等毒力因子研制的亚单位疫苗。

（2）生产预防　应清除池塘过多的淤泥，并暴晒塘底。用生石灰干塘清塘，每亩用 50～70 千克调成石灰浆全池均匀泼洒。带水清塘每亩（1 米水深）用 125～150 千克生石灰全池泼洒。往年发病的池塘翌年加大生石灰清塘量，每亩多加 100 千克，用漂白粉（含有效氯 30％～32％）20 克/米^3 全池泼洒清塘；做好鱼种放养前的消毒工作，放养密度应合理。

（3）药物预防　上半个月用生石灰 20～30 毫克/升全池泼洒 1 次，下半个月可全池泼洒 1 次漂白粉（有效氯 30％）1 毫克/升、或强氯精（有效氯 84％）0.3 毫克/升。轻微症状时，抗生素拌饵投喂。

三、白皮病

白皮病又叫白尾病，为鲢、鳙的主要病害之一，草鱼、青鱼也有发生。此病主要发生在饲养 20～30 天的鲢、鳙鱼苗及夏花阶段，当年草鱼有时也会暴发此病。常可形成急性流行病，1 龄及 2 龄以上的成鱼偶尔可以发现。病程较短，来势快，死亡率很高，发病后 2～3 天就会造成大量死亡。

【病原体】白皮病的病原体，有两种不同的观点。王德铭等（1963）从患白皮病的鱼体分离到的病原菌是假单胞菌科（Pseudo-monadaceae）的白皮极毛杆菌（*Pseudomonad dermoalba*）。黄惟灏等（1981）提出白皮病的病原菌为鱼害黏球菌。

【流行与危害】白皮病为鲢、鳙鱼种阶段的主要疾病之一。此病广泛流行于我国各地鱼苗、鱼种池（饲养 20～30 天的鲢、鳙鱼苗及夏花阶段），每年 5～7 月为流行季节，尤其在夏花分塘前后，因操作不慎，碰伤鱼体，或体表有大量车轮虫等原生动物寄生使鱼体受伤时，病原菌乘虚而入，暴发流行。此病来势凶猛，流行时间长，传染速度快，发病 2～3 天即可造成大量死鱼，一般死亡率在 30％左右，最高死亡率可达 45％，对渔业生产的危害相当大。当年草鱼、青鱼也会暴发此病。此病的病原体广泛存在于淡水水体中，由于水质不清洁和恶化，尤其施用了没有充分发酵的粪肥，病原菌更易滋生和繁殖。

【症状及病理变化】该病发生初期，先在前鳍后部或尾柄的某一地方出现一小白点，随后迅速蔓延以致背鳍和臀鳍间的体表直到尾鳍基部全部发白，呈白雾状，手摸鳞片粗糙，有竖鳞现象，无黏液，因病鱼游动缓慢，在水中即能看到病变部位。严重的病鱼，尾鳍烂掉或残缺不全，形成蛀鳍。病鱼的头部向下，尾部向上，与水面垂直，时而作挣扎状游动，时而悬挂于水中，不久病鱼即死亡。

【诊断方法】

（1）背鳍以后至尾柄部分皮肤变白，镜检有大量杆菌存在。鳍条、皮肤无充血、发肿现象。

（2）主要流行在鲢、鳙的夏花鱼苗、鱼种中。

【防治方法】

（1）保持水质清新，清除过多淤泥。

（2）施用发酵好的粪肥，最好经过消毒处理。

（3）预防该病，可在成鱼池塘用漂白粉或生石灰、30％三氯异氰脲酸粉或 8％的二氧化氯进行消毒，一次量每立方米水体分别为 1～1.5 毫克/升、0.3～0.6 毫克/升、0.2～0.5 毫克/升、0.1～0.3 毫克/升；疾病流行季节，每隔 15 天 1 次。还要坚持每天下午或翌日早上将残饵、剩草捞出，适时更换新水，保持池塘水质清洁。

（4）将五倍子研碎后用开水浸泡过夜，全池抛洒，使池塘水质达到 4 毫克/升；在疾病流行季节，每隔 15 天泼洒 1 次。

第三节 藻菌性疾病的防治技术

一、水霉病

鱼类水霉病主要是由水霉科的各属真菌引起的"鱼类真菌病",统称为水霉病(*Saprolegniasis*),常感染体表受伤组织及死卵,在鱼类的繁殖过程中造成较大损失。在成鱼养殖过程中,受伤体表组织形成灰白色如棉絮状的覆盖物,形成感染。

【病原体】水霉科(Saprolegniaceae)、水霉属(*Saprolegnia* sp.)、绵霉属(*Achlya* sp.)、丝囊霉属(*Aphanomyces* sp.)、腐霉属(*Pythium* sp.)和异霉属(*Allomyces* sp.)等的种类。

【流行与危害】水霉菌广泛存在于世界各地的淡水或半咸水水域及潮湿土壤中,于死亡的有机物上腐生,在国内外养殖地区都有流行;对温度的适应范围很广,5~26℃均可生长繁殖,不同种类略有不同,有的种类甚至在水温30℃时还可以生长繁殖。水霉、棉霉属的繁殖适温为13~18℃。对水产动物的种类没有选择性,凡是受伤的组织或机体均可被感染,而未受伤的则一律不受感染,且在尸体上水霉繁殖得特别快,所以水霉是腐生性的,通常认为水霉是一种继发性感染的病原体。倪达书(1982)认为,可能是由于活细胞能分泌一种抗霉物质的缘故。但也有一些种类是以原发性病原体导致鱼类致病,这些种类通常称为寄生水霉(*Saprolegnia parasitica*)。

【症状及病理变化】水霉菌侵袭鱼体表皮组织,通常从鳍条和头部开始,继而扩散到整个体表。疾病早期,肉眼看不出有什么异状,当表现出肉眼可见的灰色或白色斑点或斑纹时,菌丝不仅在伤口侵入,向外长出外菌丝,且已向肌肉层深入内菌丝。外菌丝呈灰白色棉毛状,以圆形、新月形、漩涡形,辐射覆盖在体表,严重时皮肤破损、肌肉裸露。由于霉菌能分泌大量蛋白质分解酶,机体受刺激后分泌大量黏液,病鱼开始焦躁不安,与其他固体物发生摩擦，之后鱼体负担过重，游动迟缓，食欲减退，最后瘦弱而死。

鱼体内脏如肾脏、膀胱等都呈现病理性变化。主要原因是菌丝在病灶处能引起出血及肌纤维坏死，加之毒素作用，从而导致鱼体死亡；当水霉感染垂死的鱼卵时，首先黏附在鱼卵上，继而穿透卵膜引起卵的死亡。水霉还可以通过阳性趋化作用，使水霉从死卵传染至活卵，引起鱼卵的大量死亡，给渔业经济造成巨大的经济损失。

在活的鱼卵上有时虽可看到孢子的萌发和穿入卵壳，并悬挂在卵的间质或卵间隙中生长和分出侧枝的情况。但是，如果胚胎发育正常则悬浮在卵间质中的内菌丝，一般就停止发育，也不长出外菌丝。当胚胎因故死亡时，则内菌丝迅速延伸入死胚胎而繁殖，同时外菌丝亦随之长出，当菌丝长得多时，附近发育正常的卵也因菌丝覆盖而窒息而死，这样恶性循环，有时可引起全部卵死亡。

【诊断方法】

（1）肉眼观察体表棉絮状的覆盖物。

（2）病变部压片，以显微镜检查时，可观察到水霉病的菌丝及孢子囊。

（3）霉菌种类的判别需经培养与鉴定。

【防治方法】

（1）鱼体水霉病的预防　①除去池底过多淤泥，并用200毫克/升生石灰或20毫克/升漂白粉消毒；②加强饲养管理，提高鱼体抵抗力，尽量避免鱼体受伤；③亲鱼在人工繁殖时受伤后，可在伤处涂抹10％高锰酸钾水溶液等，受伤严重时每千克鱼体重则需肌内或腹腔注射链霉素5万～10万单位。

（2）鱼卵水霉病的预防　①加强亲鱼培育，提高鱼卵受精率，选择晴朗天气进行繁殖；②鱼巢洗净后进行煮沸消毒（棕榈皮做的鱼巢），或用盐、漂白粉等药物消毒（聚草、金鱼藻等做的鱼巢）；③产卵池及孵化用具进行清洗、消毒；④采用淋水孵化，可减少水霉病的发生；⑤鱼巢上黏附的鱼卵不能过多，以免压在下面的鱼卵因得不到足够氧气而窒息死亡，感染水霉后再进一步危及健康的鱼卵。

（3）外用药　①全池遍洒食盐及小苏打（碳酸氢钠）合剂（1∶1），使池水呈 8 毫克/升的浓度；②全池遍洒亚甲基蓝，使池水呈 2～3 毫克/升的浓度，隔 2 天再泼 1 次。

（4）内服抗细菌的药　如抗生素等，以防细菌感染，疗效更好。

二、毛霉病

【病原体】主要是接合菌亚纲、毛霉目中的毛霉科种类，约有 60 种。

【症状及病理变化】肉眼观察，患病鱼最明显的症状是头部和鳍条布满了淡黄色的真菌样菌丝。病理切片显示，坏死组织中有粗壮、无隔和分枝的菌丝。

【流行与危害】本病的发生与水质和鱼体营养条件密切相关。营养匮乏时，鱼体质下降，抵抗力下降，加之水质恶化，溶解氧含量下降，导致病害发生。

【预防方法】对本病成功预防的关键在于营养搭配合理，保持充足饵料和水质清新。因此，发病池塘必须清除塘底淤泥，彻底消毒，不施放未经发酵的肥料，经常加注新水。

【治疗方法】对于发病的池塘，可立即更换池水，病情可以缓解。此时，应适时施放生石灰（15～20 毫克/升）和含氯消毒剂。

第四节　原生动物性疾病的防治技术

一、车轮虫病

【病原体】车轮虫种类很多，对宿主似乎没有严格的选择性。

【流行与危害】车轮虫病是鱼类中常见的寄生性纤毛虫病之一，全国各养鱼区都有流行，是池塘传统养鱼和集约化名优鱼养殖中的常见病、多发病，可导致病鱼大量死亡，尤其是鱼苗和鱼种。养殖区一年四季均可检查到车轮虫的寄生，在长江中下游地区，车轮虫病流行的高峰季节是 4～7 月，尤其是 5～6 月，鱼苗养成夏花鱼种的池塘最容易发生。一般在池塘面积小、水较浅而又不易换水、水质较差、有机质含量较高且放养密度又较大的情况下，容易造成此病的流行。离开鱼体的车轮虫能在水中自由生活 1～2 天，可直接侵袭新寄主，或随水流传播到其他水体。鱼池中的蝌蚪、水生甲壳类动物、螺类、水生昆虫和水草等，都可成为临时携带者和传播者。

【症状及病理变化】车轮虫主要侵袭鱼苗和鱼种，少量寄生时鱼体症状不明显。一旦在体表和鳃上大量寄生，刺激表皮和鳃丝大量分泌黏液，引起上皮细胞增生，阻碍呼吸。临池观察，鱼苗和鱼种靠岸边集群游动，有"摩擦"固体物现象，呈"跑马"症状或成群绕池狂游，鱼苗可出现"白头白嘴"症状。在苗种期，外观除鱼体发黑、消瘦、离群独游外，并无明显体征。故必须通过鳃、体表黏液、鳍条等部位的镜检后才能确诊。

【预防方法】饲养鱼苗之前，应注意彻底清塘，以杀灭水中及底泥中的病原体，鱼种则在入池前，用 8 毫克/升硫酸铜或 3％食盐溶液浸洗 20 分钟。

【治疗方法】

（1）可用 0.7 毫克/升的硫酸铜硫酸亚铁粉全池遍洒。

（2）可用硫酸锌溶解后全池遍洒，使池水中的药物浓度达到 0.6 毫克/升。

二、黏孢子虫病

黏孢子虫种类很多，可寄生在淡水、海水鱼类中，几乎能寄生所有鱼类。寄生部位主要包括皮肤、肌肉、鳃、鳍条和体内的各器官组织，有的种类能导致宿主大量死亡。危害鲢、鳙的种类主要是鲢碘泡虫（*Myxobolus driagini*）。

【病原体】鲢碘泡虫（*Myxobolus driagini*），隶属于黏孢子虫纲、双壳目、碘泡虫科（Myxobolidae），是一种引起鲢疯狂病的病原体。主要侵袭寄主脑颅腔内神经系统和感觉器官，导致病鱼极度消瘦、行动异常、失去平衡而死亡。

【流行与危害】黏孢子虫病没有明显的季节性，一年四季均可发现。

【症状及病理变化】鲢碘泡虫寄生在鲢的各种器官组织，其中尤以神经系统和感染器官为主，如脑、脊髓、脑颅腔内拟淋巴液、神经、嗅觉系统和平衡、听觉系统等，形成大小不一、肉眼可见的白色孢囊。严重感染时病鱼极度消瘦、头大尾小、尾部上翘，体重仅为同样体长、健康鱼的 1/2 左右，头长为尾柄高的 2.95 倍（健康鱼为 2.2~2.3 倍），体色暗淡无光泽；病鱼在水中离群独自急游打转，常跳出水面，又钻入水中，如此反复多次而死；死亡时头常钻入泥中；有的侧向一边游泳打转，失去平衡和摄食能力而死，故叫疯狂病。

【诊断方法】

（1）根据症状及流行情况进行初步诊断。

（2）用显微镜进行检查，作出诊断。因有些黏孢子虫不形成肉眼可见的孢囊，仅用肉眼检查不出来；同时，即使形成肉眼可见的孢囊，也必须将孢囊压薄片，用显微镜进行检查，因形成孢囊的还有微孢子虫、单孢子虫和小瓜虫等多种寄生虫，这些寄生虫肉眼无法鉴别。

【防治方法】

（1）用生石灰彻底清池消毒。

（2）不投喂带黏孢子虫病的鲜活小杂鱼、虾，或经熟化后再投喂。

（3）发现病鱼、死鱼及时捞除，并泼洒防治药物。

（4）对有发病史的池塘或养殖水体，每月全池泼洒敌百虫 1~2 次，浓度为 0.2~0.3 毫克/升。

三、斜管虫病

淡水养鱼和家庭水族箱鱼类最常见的寄生纤毛虫病之一，发病速度快，死亡率高，尤其危害苗种。

【病原体】鲤斜管虫（*Chilodonella cyprini*）。

【流行与危害】此病流行广泛，对鱼苗、鱼种危害较大，能引起大量死亡。该寄生虫繁殖最适温度为 12～18℃，该病多发生在春末夏初和秋末。由于鲤斜管虫在不良条件下可形成孢囊，并随水流或水草等固体物质传播，而且无严格的宿主特异性，故容易蔓延。

【症状及病理变化】鲢的鱼苗和鱼种在发病期间，集中出现在库边靠岸区域缓慢游动，驱之不去，体色发黑，体表及鳃丝覆盖大量黏液；鱼死前，鳃丝浅红略白。解剖后发现，体内几乎没有食物。从发病到死亡 2～3 天。

【诊断方法】该病无特殊症状，病原体较小，必须用显微镜进行检测诊断。

【防治方法】

（1）用生石灰彻底清塘，杀灭底泥中的病原。

（2）鱼种入池前用 8 毫克/升硫酸铜或 2% 食盐浸洗病鱼 20 分钟。

（3）用 0.7 毫克/升硫酸铜硫酸亚铁粉全池遍洒。

第五节　扁形动物性疾病的防治技术

一、三代虫病

寄生鲢、鳙的主要是鲢三代虫（*Gyrodactylus hypophthal-michthysi* Ling, 1962），能寄生在鳃、体表、口腔和鳍，造成一定危害。

【病原体】鲢三代虫是一类常见的鱼类体外寄生虫。

【流行与危害】由于越冬期长时间不摄食，鱼体体质弱，抵抗力差，放养密度过大，极易被病原侵袭，造成流行。三代虫的繁殖适温为 20℃ 左右，此时病原体大量繁殖，水体中病原数量迅速增加，鱼体与病原接触的机会大大增加，故该病通常发生在春、秋季及初夏。在每年春、夏季和越冬之后，饲养的鱼苗和鱼种最为易感，全国均有发生，尤以湖北、广东及东北较为严重。三代虫通过其主要附着器官（后吸器）的边缘小钩刺入鱼体体表进行寄生生活，引起宿主鱼皮肤损伤，降低鱼体对细菌、霉菌和病毒的抵抗力，增加宿主鱼继发感染其他疾病的机会。三代虫无需中间宿主，产出胎儿已具有成虫的特征。它在水中漂游，遇到适当的宿主，又重营寄生生活。三代虫表现出明显的寄主特异性。

【症状及病理变化】鲢三代虫寄生于鳃、体表、口腔和鳍，造成一定危害。以锚钩和边缘小钩钩住上皮组织及鳃组织，对鱼体体表、鳃部及口腔上皮造成创伤。寄生数量较多时，刺激宿主分泌大量黏液，严重者鳃瓣边缘呈灰白色，鳃丝上呈斑点状淤血。鱼体瘦弱，失去光泽，食欲减退，呼吸困难，游动极不正常。稚鱼期尤为明显。

【诊断方法】因三代虫没有特殊症状，确诊这种病的最好办法是通过镜检。取鳃丝置于载玻片上（加入少许清洁水），盖玻片压片，显微镜下观察，或取鳃瓣在培养皿中（加入少许清水）在解剖镜下观察，发现虫体即可诊断。

【防治方法】同本节指环虫病。

二、指环虫病

指环虫病是由指环虫属（*Dactylogyrus*）和伪指环虫属（*Pseudodactylogyrus*）的单殖吸虫寄生于鱼的鳃上引起的。指环虫广泛寄生于鱼类的鳃，有些虫种能造成鱼类疾病，引起苗种甚至成鱼养殖的死亡。网箱、池塘、湖泊和水库养殖都可发现这种病。

【病原体】危害鲢、鳙的指环虫主要有鳙指环虫（*D. arstichthys*）和小鞘指环虫（*D. vaginulatus*）。

【流行与危害】鳙指环虫和小鞘指环虫在我国黑龙江流域、山东、湖南、湖北、四川、云南、贵州、福建、海南、广东、广西等地均有记录和发现，是一种常见多发病，主要靠虫卵和幼虫传播。

流行于春末、夏季和初秋，适宜温度为 $20\sim25℃$。大量寄生可使鱼苗种大批死亡。指环虫寄生于鳃上，破坏鳃组织，妨碍呼吸，还能使鱼体贫血，血中单核和多核白细胞增多，病鱼可看见鳃上布满白色群体，镜检可见虫体。患病鱼初期病状不明显，后期鳃部显著肿胀，鳃盖张开，鳃丝通常为暗灰色，体色变黑，游动缓慢，不摄食，逐步瘦弱而死亡（彩图41）。据有关报道指出，$12\sim14$ 毫米的小鱼放入感染源中，鱼体上带有 $20\sim40$ 个虫体，病鱼 $7\sim11$ 天全部死亡。

【症状及病理变化】大量寄生时，病鱼鳃丝黏液增多，鳃丝肿胀，苍白色，贫血。病鱼鳃盖张开，呼吸困难，游动缓慢而死。指环虫在鳃丝的任何部位都可寄生，用后固着器上的中央大钩和边缘小钩钩在鳃上，用前固着器黏附在鳃上，并可在鳃上爬动，引起鳃组织损伤。中央大钩的刺入，可使上皮组织糜烂和少量出血，边缘小钩刺进上皮细胞的胞质，可造成撕裂。李文宽等（1994）的研究表明，小鞘指环虫引起鲢鳃瓣缺损，黏液增多，鳃血管扩张充血、出血，呼吸上皮组织肿胀。上皮细胞增生，使鳃小片融合。鳃丝呈棍状，乏力，几条鳃丝融合，形成一片上皮细胞板。严重时鳃小片坏死解体。病鱼的肝脏、脾脏（包括胰腺）、肾脏、肠均出现严重病变。小鞘指环虫引起的鳃部病变，导致呼吸障碍，致使全身性缺氧，而加剧各器官出现广泛性病变，直至能使各系统代谢紊乱。

【诊断方法】显微镜检测鳃的压片，当发现有大量指环虫寄生（每片鳃上有 50 个以上虫体，或在低倍镜下每个视野有 $5\sim10$ 个虫体），可确定为指环虫。

【防治方法】

（1）选择、培育优良健康养殖品种，加强引进鱼苗的鉴别和检疫，杜绝伤病和带病鱼苗下池。

（2）彻底清塘。通过清塘杀灭虫卵，应用强氧化性和分解能力的物质，处理和分解池塘的有机污染物，甚至彻底地转化为无害二氧化碳、水等无机物。

（3）调控水质。调节水体温度、酸碱度，避免高温和变温过大影响鱼体体质，导致鱼体抗病力下降，容易发生寄生虫病。一旦发生寄生虫病，就要调控水质、水温，并使用驱杀虫药物。

（4）科学饲养管理。放养密度以适当稀养和混养为宜，放养个体规格一致，减少个体差异，减少病原入侵机会。

【药物治疗】在科学诊断的基础上准确用药。尽可能早期准确诊断、发现疾病、及时治疗；尽可能做到无病预防，有病早治，走综合防治的道路。特别是不要长期使用单一品种的药物，要定期换用不同的药物，这样可切断病虫抗药种群的形成。轮换品种应尽可能选用机制不同的复配药物。

三、血居吸虫病

【病原体】血居吸虫属复殖吸虫。

【症状及病理变化】症状有急性和慢性之分。急性型为水中尾蚴密度较高，在短期内有多个尾蚴钻入鱼苗体内，引起鱼苗跳跃、挣扎，在水面急游打转，或悬浮在水面"呃水"；鳃肿胀，鳃盖张开，肛门口起水泡，全身红肿，鳃及体表黏液增多，不久即死亡。慢性型是尾蚴少量、分散地钻入鱼体，在鱼的心脏和动脉球内发育为成虫，虫卵随血液被带到肝、脾、肾、肠系膜、肌肉、脑、脊髓和鳃等，在鳃上的虫卵可发育孵出幼虫，并钻出鱼体外，引起出血和鳃组织损伤；被血液带到其他组织器官的虫卵，不能发育孵化外包多层的结缔组织，数量多时可引起血管被堵、组织受损，出现相应的症状。一般在肾脏中虫卵较多，肾组织受损，引起腹腔积水、眼球突出、竖鳞、肛门肿大外突，病鱼贫血，逐渐衰竭而死。夏花鱼种刚死时，还有口略张开、鳃及体表黏液增多等症状。

【流行与危害】血居吸虫病在我国的福建、广东、江西、湖北、江苏、浙江、上海、东北等地都有发生。危害对象除鲢、鳙外，团头鲂、鲤、鲫、草鱼、青鱼、金鱼、黄颡鱼、乌鳢等多种淡水鱼均是易感对象。引起急性死亡的主要是鱼苗、鱼种，流行于春末、夏季，其中，尤以鲢和团头鲂的苗种受害最大，死亡率高。近年来，有体重350克的鲫、团头鲂，体重700克的鲢、鲤，体重2000克的花鲢、草鱼大量死亡的病例。血居吸虫的种类很多，已报道的有50多种，对宿主有严格的选择性，如鲂血居吸虫的尾蚴对团头鲂很敏感，对鲢、鳙和草鱼没有感染力；对鲤虽能钻入，但第二天虫就死亡、脱落，且对饲养4~6天后的鲤鱼苗，尾蚴就无法钻入。

【诊断方法】由于寄生部位的特殊性，血居吸虫病极易被误诊或漏诊，检查此病的方法为：

（1）将病鱼的心脏及动脉球取出，放入盛有生理盐水的培养皿中，剪开心脏及动脉球，并轻刮其内壁，在光线亮的地方用肉眼仔细观察，即可看出是否有血居吸虫的成虫。

（2）将病鱼的有关组织压成薄片，在显微镜下检查有无大量橘子瓣状虫卵，尤其是要仔细检查鳃及肾组织。

（3）了解发病鱼池中是否有大量中间宿主。

【防治方法】

（1）彻底清塘，消灭中间宿主；进水时要经过滤，以防中间宿主随水带入。

（2）已养鱼的池中发现有中间宿主椎实螺等时，应立即在傍晚将草扎成数小捆放在池中诱捕中间宿主，于翌日清晨把草捆捞出，将中间宿主压死或放在远离鱼池的地方将中间宿主晒死，连续诱捕数天，杀灭中间宿主。

（3）如池中已有血居吸虫的毛蚴及尾蚴，应在诱捕中间宿主的同时，全池遍洒精制敌百虫粉0.3~0.5毫克/升，杀灭水中的幼虫。全池遍洒精制敌百虫粉的次数，要根据池中诱捕中间宿主的效果及螺中感染强度和感染率而定。

（4）根据血居吸虫不同种类对宿主鱼选择的特异性，可采取轮养的方法。

（5）1足龄以上鱼的饲养池中，可以混养些吃螺的鱼类，以减少和消灭鱼池中的螺。

（6）杀灭鱼体内寄生的血居吸虫，采用杀虫药拌饵，制成小颗粒饲料，在水面投喂。

（7）杀灭水中的毛蚴及尾蚴，精制敌百虫粉0.3~0.5毫克/

升，泼药 1～2 次。

四、复口吸虫病

复口吸虫病又称双穴吸虫病、白内障病，可导致鲢、鳙、团头鲂等中上层鱼类的鱼苗、夏花鱼种瞎眼、掉眼等病症，影响鱼的健康，严重时引起大批死亡。

【病原体】目前，我国引起疾病的复口吸虫有湖北复口吸虫（*Diplostomulum hupehensis*）、倪氏复口吸虫（*D. neidashui*）和山西复口吸虫（*D. shanxinensis*）三种。

【流行与危害】复口吸虫病在我国湖北、湖南、广东、江苏、浙江、上海、东北等地都有发生。危害多种淡水鱼类，尤其以鲢、鳙、团头鲂的鱼苗和育种为主要危害对象。鸥鸟是复口吸虫病发生的传染源，椎实螺是传播媒介，如果两个条件缺少一个，此病则不可能发生。因此，若鱼池上空有较多的鸥鸟，而池塘中又有大量椎实螺，阳性螺的百分率有 20.0%～30.0%，在培育鱼种时，即有可能发生急性复口吸虫病。1 尾 3～6 厘米的鱼种，若短时间内同时有数十个至近百个尾蚴侵入，即可导致急性死亡。若鸥鸟、椎实螺的密度并不大，而阳性螺在 5.0% 左右，则有可能引起部分鱼患"白内障"。急性复口吸虫病的发病季节为 5～8 月。复口吸虫性"白内障"则全年均有发生。

【症状及病理变化】大量尾蚴对鱼种急性感染时，由于尾蚴经肌肉进入循环系统或神经系统到眼球水晶体中寄生，在转移途中所导致的刺激或损伤，病鱼出现在水中作剧烈的挣扎状游动，继而头部脑区和眼眶充血，或病鱼失去平衡能力，头部向下、尾部朝上浮于水面，随后出现身体痉挛状颤抖，并逐渐弯曲，显著特征是头部严重充血、鳃盖和胸鳍基部呈鲜红色，鱼在几分钟至几十分钟内即行死亡。尾蚴慢性感染时，转移过程中对组织器官的损伤、刺激较小，无论是鱼种或成鱼，难以显示上述症状，尾蚴到达水晶体后，逐步发育呈囊蚴，囊蚴逐渐积累，使鱼的眼球开始混浊，逐渐呈乳白色，形成白内障，严重的病鱼眼球脱落成瞎眼。

【诊断方法】可取下病鱼的眼球，剪破后取出水晶体，剥下其外周的透明胶质，或放在盛水的玻璃器皿中，肉眼或用放大镜、低倍镜观察，可见白色粟状虫体。检查池中是否有椎实螺，周围是否有鸥鸟出现，也可以帮助诊断。

【防治方法】

（1）鱼池清塘，每亩（水深 1 米）用 125 千克生石灰或 50 千克茶籽饼带水清塘，杀灭池中椎实螺。

（2）用聚草或其他水草扎把，放入水中，诱捕椎实螺，翌日取出，置日光下暴晒，使螺死亡。连续诱捕数天，可控制疾病的发展。

（3）驱赶鸥鸟。

（4）发病池可用硫酸铜（0.7 毫克/升）全池遍洒，24 小时内连续泼洒 2 次，可杀死椎实螺。

第六节　绦虫病的防治技术

舌状绦虫病

【病原体】舌状绦虫（*Ligula* sp.）和双线绦虫（*Digramma* sp.）的裂头蚴。

【流行与危害】本病过去主要发生在湖泊、水库的鱼类中。近年来，随着水产养殖业的发展，不仅在大水面养殖中，而且在池塘养殖中也有发生，主要危害鳙、鲢、鲤、锦鲤、鲫、大银鱼等，草鱼也偶有发生。舌形绦虫的终末宿主是鸥鸟，第一中间宿主是细镖水蚤，第二中间宿主是鱼类。因此，此病的发生和流行与养殖地区上空的鸥鸟密度和水体中镖水蚤丰度密切相关。由于鸥鸟是候鸟，因此，此病在我国南北方都有发生，通常湖、河、水库上空鸥鸟比较密集，故发病率较高。尤其是人们保护鸟类的认识提高后，此病更呈上升趋势，无明显流行季节。

【症状及病理变化】病鱼体瘦，但是腹部膨大，严重时鱼体失去平衡能力，侧游或腹部向上，浮于水面，游动无力。剖开鱼腹，可见体腔内充塞白色带状虫体，虫数较少时，虫体肥厚且长，虫数多时，虫体则较细长。鱼体内脏萎缩，严重时肝、肾等破损，分散在虫体之中，肠道细如线状。

【防治方法】本病尚无有效的治疗方法，池塘预防可根据鸥鸟出现周期，在池中泼洒精制敌百虫粉（0.3毫克/升），杀灭水中水蚤，截断此虫生活史环节。洒药后，应增加人工饵料投喂，以免影响鱼的生长。

第七节　甲壳类动物引起的疾病防治技术

一、中华鳋病

【病原体】中华鳋属（*Sinergasilus* sp.）的寄生虫，属于桡足亚纲（Copepoda）、剑水蚤目（Cyclopoida）、鳋科（Ergasilidae）。

【流行与危害】该病流行范围很广，在我国北起黑龙江，南至广东均有发生，鱼种和成鱼均可发病。在长江流域一带，每年4～11月是中华鳋的繁殖时期，也是此病的流行季节，5～9月为流行高峰期。鲢中华鳋主要危害2龄以上鲢、鳙，严重时均可引起病鱼死亡。在目前许多水库和湖泊采用施肥养鲢、鳙，此病是主要的危害对象，每年均有造成严重危害的报道。中华鳋对寄主有较严格的选择性，在同一鱼池中，鲢、鳙的鳃上寄生鲢中华鳋；鲤、鲫的鳃上只寄生鲤中华鳋；而草鱼、青鱼鳃上只被大中华鳋所寄生。

【症状及病理变化】病鱼轻度感染中华鳋时，一般无明显症状。但鲢、鳙严重感染时，其鳃上有几十只甚至上百只大中华鳋寄生，而强大的第二触肢长期较深地插入鳃丝，造成机械损伤，影响鱼的正常呼吸，引起鱼焦躁不安，且这些伤口易受病原微生物的入侵，导致鳃丝末端发炎、肿胀。此外，中华鳋在摄食时分泌酶溶解组织，刺激鳃组织，使组织增生，致使鳃丝末端肿胀发白，附近微血管亦被破坏，使鱼贫血，甚至弯曲变形。鱼体食欲减退，呼吸困难，离群独游，翻开病鱼鳃盖，肉眼能见鳃丝末端附着像蝇蛆一样的白色小虫，故称"鳃蛆病"。随着病情加剧，病鱼表现极度不安，在水表层打转或狂游，病鱼的尾部往往露出水面，故又称"翘尾巴病"，最后鱼体消瘦而死亡。

【诊断方法】用镊子掀开患中华鳋病的鱼的鳃盖，沿其鳃腔边缘剪去，肉眼可看到鳃丝末端内侧上乳白色的虫体，或用剪刀将左右两边的鳃完整地取出放在培养皿里，将鳃片逐片分开，在解剖镜下，用解剖针将鳃丝拨开，鉴定中华鳋及统计其数量。

【防治方法】

（1）用生石灰带水清塘，能杀死水中的中华鳋幼体和带虫者。鱼种放养前，用 0.7 毫克/升的硫酸铜硫酸亚铁粉浸洗 20~30 分钟，用同样比例进行整个水体成为 0.7 毫克/升的浓度遍洒，对治疗此病也有很好的效果。

（2）在水库养殖期间发病时，按 2~2.5 米水深计算，每亩 1 米深水体用 0.35~0.45 毫克/升的 80% 的精制敌百虫粉进行全库泼洒，可杀死中华鳋幼虫，以控制病情发展，减少鱼种的死亡。

二、锚头鳋病

锚头鳋病又称"针虫病"、"铁锚虫病"和"蓑衣虫病"。对鲢、鳙鱼种危害最大，在发病高峰季节，鱼种能在短期内出现暴发性感染，而造成鱼种大批死亡。锚头鳋是鱼类最常见、最顽固的体外寄生虫之一。

【病原体】鱼类的一种侵袭性病原。我国危害较大的种类主要有鲤锚头鳋、草鱼锚头鳋和多态锚头鳋。

【流行与危害】全国都有此病流行，水库和湖泊养殖鲢、鳙容易感染和暴发，感染率高、感染强度大、流行季节长，为主要鱼病之一。锚头鳋寄生到鱼体后，经"童虫"、"壮虫"、"老虫"三个形态阶段，寿命与温度的高低呈反相关，即温度高，发育快，寿命短。通常夏天平均寿命约 20 天，春季 1～2 个月，冬季可长达 5～7 个月。在水温 12～33℃都可繁殖，产卵的频率和孵化速度也与温度密切相关，较高温度产卵频率高，孵化速度也快，反之则低。7℃以下，基本上停止产卵和孵化。虫卵孵化形成无节幼体，经 5 次蜕皮形成桡足幼体，再经 4 次蜕皮，成为第 5 桡足幼体后，桡足幼体在鱼体上营暂时性寄生生活，并在鱼体上交配，交配后雄虫离去且即死亡。雌虫寻找合适的宿主营永久性寄生生活，在寄生部位形成头角，并迅速拉长身体逐渐成熟产卵。由此可知，锚头鳋病在春末、夏季为流行盛季，但也是寿命最短的季节。对淡水鱼类各龄鱼都可危害，其中尤以鱼种受害最大。当有 4～5 只虫寄生时，即能引起病鱼死亡；对 2 龄以上的鱼一般虽不引起大量死亡，但影响鱼体生长、繁殖及商品价值。

【症状及病理变化】患锚头鳋病的病鱼在发病初期急躁不安，食欲减退，体质逐渐消瘦，行动迟缓，终至死亡。锚头鳋以头胸部插入鱼体肌肉内、鳞片下，而胸腹部则裸露于鱼体之外，在寄生的部位肉眼可看到针状的病原体，故称之为"针虫病"（彩图 42）。当锚头鳋逐渐老化、形成"老虫"时，虫体表面常有固着类原生动物及藻类附生。大量锚头鳋寄生时，肉眼观察好像一束束灰色的棉絮，鱼体犹如披着蓑衣，故又有"蓑衣虫病"之称。在锚头鳋寄生部位，其周围组织发炎、红肿，有因溢血而出现的红斑；或看到靠近虫体的一块鳞片被"蛀"成缺口，鳞片色泽较淡，在虫体寄生处亦出现充血的红斑，但一般不肿大成瘤。小鱼种虽有仅 10 多个虫寄生，即可能失去平衡，发育严重受阻，甚至引起弯曲畸形等现象。

【诊断方法】将患锚头鳋病的鱼放在解剖盘里，仔细检查病鱼的体表、鳃弧、口腔和鳞片等处，若看到一根根似针状的虫体，即是锚头鳋的成虫；锚头鳋的"童虫"体细如毛发，白色透明无卵囊，如不细心检查，不易发现，需用放大镜或将病鱼直接放在解剖镜下观察，检查时仔细观察鳞片胶面或用镊子取掉鳞片，即可看到虫体。

【防治方法】

（1）对池塘养殖，可用生石灰清塘法处理，杀灭水中和底泥中存在的幼虫和携带幼虫的生物。

（2）在放养鱼种时，用 10～30 毫克/升的高锰酸钾浸洗 30～50 分钟，可杀灭虫体。不同鱼种和不同规格鱼采用不同浓度，根据鱼体体质注意药浴时间。根据气候等灵活掌握，有异常情况，立即放归鱼池。

（3）在养殖期间发病时，每亩 1 米深水体用 0.35～0.45 毫克/升的 80％精制敌百虫粉进行全库泼洒，可杀死锚头鳋幼虫，以控制病情发展，减少鱼种的死亡。如果鱼感染的多为锚头鳋"童虫"时，在半个月内连续施药 2 次，检查后如有少量，可以再施药 1 次；多为"壮虫"的可下药 1～2 次；如虫体处于"老虫"时期，可以不施药。

三、鲺病

【病原体】有日本鲺（*Arhujus japonicus*）、大鲺（*A. major*）、中华鲺（*A. chinensis*）、喻氏鲺（*A. yui*）和椭圆尾鲺（*A. ellipticaudatus*）等。

【流行与危害】本病为养殖鱼类的常见病，危害多种鱼类，并有因此病导致幼鱼大批死亡的病例，全国各地均有流行，南方各省较为严重。雌鲺产卵时离开宿主，在水中植物、石块、螺壳等固体物上产卵，孵化出幼虫，幼虫即需寻找宿主寄生，若在 48 小时内找不到宿主就会死亡。幼虫经 6～7 次蜕皮后发育成熟。产卵、孵化、发育与寿命均与温度有关，25～30℃为适宜温度，故 6～8 月为发病高峰季节。由于鲺的幼体或成体均可随时离开鱼体在水中游动，并寻找另一寄主，故极易随水流、动物、网具等传播。

【症状及病理变化】由于鲺在鱼体表面活动，将口前刺刺入鱼体皮肤，并将基部毒腺组织产生的毒液注入鱼体，使其产生炎症和出血，以便用口吸食。同时腹部的倒刺使鱼体表皮形成很多伤口、出血，病鱼呈现不安、狂游。感染量大时，鱼群集水面跳跃急游，食欲减退，鱼体消瘦。捞起病鱼，用肉眼即可见到鱼体上吸附的鱼鲺。

　　【防治方法】全池遍洒80%精制敌百虫粉，浓度为0.4～0.5毫克/升，即可杀灭鲺的幼虫、成虫。

第六章
鲫和金鱼的疾病防治技术

第一节　病毒性疾病的防治技术

一、痘疮病

【病原体】外国有的文献报道是病毒，日本的佐野德夫认为不是病毒，而是上皮组织瘤。

【流行与危害】在湖北省的武汉市和荆州市饲养的当年金鱼和1龄金鱼常发生此病，秋末和冬季水温较低时（15℃左右）是痘疮病的流行季节。武汉东湖公园金鱼园有两个水泥金鱼池，曾连续三年都发生此病。在苏北里下河一带流行很广，主要危害对象是商品鲫，不但影响鱼的生长，而且也影响鱼的商品价值，直接影响渔农的经济效益。

【症状及病理变化】发病初期，体表或尾鳍上出现乳白色小斑点，覆盖着一层很薄的白色黏液。随着病情的发展，白色斑点的大小和数目逐渐增加、扩大和变厚，其形状的大小各异，直径可从1厘米到数厘米或更大些，病灶部分的表皮增厚而形成大块石蜡状的"增生物"，厚1～5毫米，严重时可能融成一片。这些"增生物"表面初期光滑后来变粗糙并呈蜡样，质地由柔软变成软骨状，较坚硬，颜色为浅乳白色、奶油色，状似痘疮，故称"痘疮病"。这种增生物一般不能被摩擦掉，但增长到一定大小和厚度时，会自动脱落，接着在原患处又重新长出新的"增生物"。增生物面积不大时，对病鱼特别是大鱼，危害不大，不会致死；但增生物的面积太大时，就严重地影响鱼的正常生长和发育，使病鱼消瘦，游动迟缓，食欲较差，常沉在水底，陆续死亡。

崔龙波等（1995）报道，金鱼痘疮病的病变发生部位主要见于红龙睛狮子头和墨龙睛狮子头金鱼肉瘤发达的头部皮肤，特别是头部两侧包括眼的周围、颊额及鳃盖的皮肤，口周围及尾鳍、身体背部等处偶尔也能见到。病变组织均隆起于皮肤表面，其大小不等，小的如帽针头、小米粒大、呈圆形，随着病情的发展，其病灶亦不断扩大，大的如半颗黄豆大。所有病变组织均呈局部灶性发生，即使病灶较密集，也彼此独立。但病变极为严重时，头部病灶依肉瘤的纹理而呈网状相互交织在一起。病变组织最初呈乳白色，以后渐成灰白色。病变较久时，在白色病变组织下方的皮肤见有出血。病灶表面最初光滑，后来变为粗糙，呈玻璃样或蜡样。有的病灶时间较久，其顶端溃破、凹陷。有的病灶从皮肤上脱落，留下出血点。病变组织质地初期柔软易碎，用手挤压时或将鱼捞出时由于鱼的用力摆动，就会从病灶处向外冒出白色黏液样的物质。但病变较久时，病灶则变得稍硬。切开病变部位的皮肤，可见病变组织延伸至皮肤深层，有时深达头骨。

【诊断方法】根据症状诊断。初期，病鱼体表出现薄而透明的灰白色小斑状、似石蜡样的增生物（即痘疮），以后逐渐扩大，连成一片，并增厚。这些痘疮与鱼体表结合十分牢固，用刀片才能刮下来，形似癣状痘疮。背部、尾柄、鳍条和头部是痘疮的密集区，严重的遍布全身，病灶部位常有出血症状。

【防治方法】

（1）强化秋季培育工作，加强营养，使金鱼在越冬前有一定肥满度，增强抗低温和抗病的能力。

（2）提高养殖水体的溶解氧含量，清除水面的遮阳物（水花生等），增加光照。

（3）经常投喂水蚤、水蚯蚓、摇蚊幼虫等动物性鲜活食料，加强营养，增强对痘疮病的抗病力。

（4）药物治疗，以外用为主，全池泼洒二氧化氯、过氧化钠或强效季铵盐类药物，结合内服强力霉素、恩诺沙星，一般3～7天后可见疗效。

（5）用红霉素 10 毫克/升浸洗鱼体 50～60 分钟，对预防和早期的治疗有一定的效果。

二、出血病

【病原体】疑是呼肠孤病毒（Reovirus）。

【流行与危害】患病的有当年金鱼和少数 1 龄金鱼，最小的金鱼全长 2.9 厘米时开始发病，能引起金鱼大量死亡。出血病是急性型，最初仅死亡数尾鱼，2～3 天后就有数十尾、数百尾死鱼出现。一般水温在 25～30℃时流行。在湖北省每年 6 月下旬至 8 月下旬为流行季节。湖北省武汉市和荆州市、上海市、江西省南昌市都出现过出血病。

【症状及病理变化】病鱼的眼眶四周、鳃盖、口腔和各鳍条的基部充血。如将皮肤剥开，肌肉呈点状充血，严重时全部肌肉呈血红色，某些部位有紫红色斑块。解剖病鱼，肠道、肾脏、肝脏、脾脏也都有不同程度的充血现象。有腹水。鳃部呈淡红色或苍白色。通常各鳍条、鳞片都较完整，此症状和草鱼出血病很相似。病鱼游动缓慢，食欲很差。

【诊断方法】根据病鱼症状判定。

【防治方法】

（1）小金鱼培养过程中，适当稀养，保持池水清洁。每周要有 3 天投喂水蚯蚓等鲜活食料，对预防此病有一定的效果。

（2）全池泼洒三氯异氰脲酸粉，浓度 0.3 毫克/升，即每亩 1 米水深 200 克，连续 2 天，第三天开始在每千克精饲料中加入 3 片复方新诺明制成药饵投喂，连喂 3 天。全池泼洒聚维酮碘溶液，为浓度 1～2 毫克/升。在池水消毒的同时，每千克鱼用黄芩 2 克、大黄 5 克、黄柏 3 克拌饵投喂，每天 1 次，连喂 4～6 天。每千克饲料用病毒灵 2～3 片，碾碎溶于水中，拌饲料投喂，连喂 3 天。

（3）停食 4～5 天，全缸投青霉素（90 厘米×45 厘米×60 厘米鱼缸）80 万单位，上午、下午各 1 支，连续 3 天为一个疗程，一般 4～5 天可治愈（碧霞，2005）。

（4）严重者，在 10 千克水中，加入 100 万单位的卡那霉素或 8 万～16 万单位的庆大霉素，病鱼水浴静养 2～3 小时。每天 1 次，一般 2～3 天治愈（碧霞，2005）。

第二节　细菌性疾病的防治技术

一、皮肤发炎充血病

【病原体】细菌，种类待鉴定。

【流行与危害】患病鱼多数是个体大的当年和 1 龄以上的金鱼。春末到初秋是流行季节，可引起观赏鱼大批死亡。水温 20～30℃ 时是流行盛期，水温降至 20℃ 以下时，仍会出现少数病鱼，且继续死亡，因此危害很大，直至 10℃ 左右不再发现病鱼，死亡停止。皮肤发炎充血病是观赏鱼的常见病、多发病，全国各地都有流行。

【症状及病理变化】皮肤发炎充血，以眼眶四周、鳃盖、腹部和尾柄等处较常见，有时鳍条基部也有充血现象，严重时鳍条破裂。肠道、肾脏和肝脏等内脏器官都有不同程度的炎症，与出血病所不同的是肌肉正常、口腔内部没有炎症。病鱼鳞片通常完整，没有脱落。病鱼浮于水表或沉于水底，游动缓慢，反应迟钝，食欲较差。

【诊断方法】根据病鱼症状判定。

【防治方法】

（1）合理密养，水中溶解氧含量应维持在 5 毫克/升左右，尽量避免金鱼浮头，以增强抗病力，加强饲养管理。每周除喂全价颗粒饲料外，至少有 3 天投喂活水蚯蚓等动物性食料，并加喂少量芜萍（瓢莎、浮萍），以增强抗病力。

（2）遍洒乳酸依沙吖啶（利凡诺），使养殖水体呈 0.8～1.5 毫克/升的浓度，有特效。

（3）遍洒含有效氯 85% 的三氯异氰脲酸粉，使水体呈 0.4～0.5 毫克/升的浓度，用作预防和早期治疗。

(4) 注射链霉素或卡那霉素。每尾大金鱼腹腔注射 5 万～10 万国际单位（最好按每千克鱼体重注射 10 万～15 万国际单位计，仅注射 1 次）。

(5) 口服诺氟沙星（氟哌酸）。每 10 千克鱼体重每天用药粉 0.8～1.0 克，拌人工饲料投喂，每天 1 次，连喂 6 天。由于用量少，务必和饲料充分拌匀，让每条病鱼都能吃到药饵，方能起到治疗的作用。

(6) 海水鱼类烂鳍病与皮肤病的防治方法，在 10 千克海水中放 2 粒头孢，浸洗病鱼 10～15 分钟；或放入 0.2 克高锰酸钾，浸洗病鱼 5～10 分钟（中国观赏鱼杂志 2004 年第 1 期第 41 页）。

(7) 遍洒苯扎溴铵溶液（新洁尔灭），将含量 20％的苯扎溴铵溶液以 1 200 倍以上的水稀释后，全池均匀泼洒。治疗的一次量用 0.10～0.13 毫克/升（以有效成分计），每隔 2～3 天用 1 次，连用 2～3 天。预防为 15 天 1 次（剂量同治疗量）。

(8) 停食 4～5 天，全缸投青霉素（90 厘米×45 厘米×60 厘米鱼缸）80 万单位，上午和下午各 1 支，连续 3 天为一个疗程，一般 4～5 天可治愈（孙心悦）。

(9) 严重者，在 10 千克水中，加入 100 万单位的卡那霉素或 8 万～16 万单位的庆大霉素，病鱼水浴静养 2～3 小时。每天 1 次，一般 2～3 次可治愈（孙心悦）。

二、烂鳃病

【病原体】柱状纤维黏细菌（*Cytophaga columnaris*）。同物异名：鱼害黏球菌（*Myxococcus pisciocola*，1975）。

【流行与危害】金鱼黏细菌性烂鳃病常在水温 20℃以上时开始流行，在长江流域一带，春末至秋季为流行盛期。水温在 15℃以下时，病鱼逐渐减少。黏细菌性烂鳃病能使当年鱼大量死亡，1 龄以上大金鱼也常患病，然而锦鲤得病较少。黏细菌性烂鳃病是金鱼的常见病、多发病，全国各地都有流行。

【症状及病理变化】病鱼鳃丝腐烂，带有一些污泥。有时鳃丝尖端组织腐烂，造成鳃边缘残缺不全。有时鳃部某一处或多处腐烂。鳃盖骨的内表皮充血，有时被腐蚀成一个略成圆形的透明区，俗称"开天窗"。鳃上黏液增多，鳃丝肿胀，鳃的某些部位因局部缺血而呈淡红色或灰白色；有的部位则因局部淤血而呈紫红色，甚至有小出血点；严重时，鳃小片坏死脱落，鳃丝末端缺损，鳃丝软骨外露；在病变的鳃丝周围常黏附着坏死脱落的细胞、黏液、病原菌和水中各种杂物。由于鳃丝组织被破坏造成病鱼呼吸困难，常游近水体表面呈浮头状。病情严重的病鱼，在换清水后，仍有浮头现象。也有鳃丝上先有寄生虫寄生创伤后继发感染细菌，形成烂鳃病的病例。

【诊断方法】根据病鱼症状判定。细菌培养、感染，进一步确认。

【防治方法】

（1）当年小金鱼适合稀养；经常投喂水蚤、摇蚊幼虫等活食料；定时消毒养殖水体，杀灭减少病原菌。这些方法对预防烂鳃病发生有明显作用。

（2）用2%的食盐水溶液浸洗。水温32℃以下时，浸洗5～10分钟，有效进行预防和早期治疗，尤其是鳃和体表的寄生虫感染。

（3）用0.5～0.6毫克/升的三氯异氰脲酸粉（含有效率85%）浸洗。

（4）遍洒含有效氯30%的漂白粉，使水体呈1毫克/升的浓度。先将漂白粉溶于水，滤去残渣后再全池均匀遍洒，适用于室外大水体。

（5）每立方米水体放3.7克干的乌桕叶（新鲜乌桕叶4千克折合1千克干乌桕叶）。先将乌桕叶用20倍重量22%石灰水浸泡过夜，再煮沸10分钟，进行提效，然后连水带渣全池泼洒。

（6）遍洒中药大黄，使水体呈2.5～3.7毫克/升的浓度。每0.5千克干品大黄用10克的氨水（0.3%）浸泡12小时后，将大黄浸出液、药渣一起遍洒（氨水的含氨量按100%纯氨水浓度计算）。

（7）用 20 毫克/升的乳酸依沙吖啶（又名利凡诺、雷佛奴尔）浸洗。水温 5～20℃ 时，浸洗 15～30 分钟；21～32℃ 时，浸洗 10～15 分钟。

（8）遍洒乳酸依沙吖啶（利凡诺），使养鱼水体呈 1.0～1.5 毫克/升的浓度。治疗皮肤发炎充血病、黏细菌性烂鳃病等细菌性疾病有特效。

（9）遍洒苯扎溴铵溶液，将含量 20% 的苯扎溴铵溶液以 1200 倍以上的水稀释后，全池均匀泼洒。治疗的一次量用 0.10～0.13 毫克/升（以有效成分计），每隔 2～3 天用 1 次，连用 2～3 天。预防为 15 天 1 次（剂量同治疗量）。

三、白头白嘴病

【病原体】一种纤维黏细菌（*Cytophaga* sp.），又称黏球菌（*Myxococcus* sp.）。

【流行与危害】小金鱼苗对白头白嘴病很敏感，是鱼苗阶段主要鱼病之一，而大鱼通常不发病。刚开始时仅死亡 2～3 尾，翌日便增至数十尾，第三天便大批死亡，发病之快，来势之猛，较为罕见。发病小金鱼的全长为 2.0～3.5 厘米，病情和池养家鱼鱼苗情况极相似。在湖北省武汉市，每年 5 月下旬至 7 月上旬是流行季节，6 月为流行高峰期。我国华中、华南地区都有白头白嘴病出现。

【症状及病理变化】发病时，病鱼的颌部和嘴部周围的细胞坏死，色素消失而表现白色，病鱼的头部和嘴圈为乳白色，唇似肿胀，以致嘴部不能张闭，造成呼吸困难，呈现"红头白嘴"症状。病鱼通常不合群，游近水面呈浮头状。严重的病鱼，病变部位发生溃烂，病鱼颅顶和瞳孔周围有充血现象，有时还表现白皮、白尾、烂尾、烂鳃或全身黏液增多等病理现象。

【诊断方法】根据病鱼症状判定。细菌培养、感染，进一步确认。

【防治方法】

（1）当年小金鱼适合稀养。经常投喂水蚤、摇蚊幼虫等活食料；保持清洁的水质，对预防此病发生有明显作用。

（2）用食盐水、浸洗，与防治黏细菌性烂鳃病相同。

（3）用 1 毫克/升漂白粉溶液对养鱼缸进行消毒。

（4）用 20 毫克/升的乳酸依沙吖啶（利凡诺）浸洗。当水温为 5～20℃时，浸洗 15～30 分钟；21～32℃时，浸洗 10～15 分钟。用于早期治疗，疗效更显著。

（5）遍洒乳酸依沙吖啶（利凡诺），使养殖水体呈 0.8～1.5 毫克/升的浓度。治疗烂鳃病、皮肤发炎充血病、黏细菌性烂鳃病等细菌性疾病有特效，但乳酸依沙吖啶（利凡诺）价格较高，不宜用于大面积预防。

（6）将金霉素 5 毫升溶于 5 升水中连续浸洗病鱼 2～3 天，病鱼即可康复（碧霞，2005）。

四、赤皮病

赤皮病又称出血性腐败病，也有称赤皮瘟、败血症或擦皮瘟。这种病和腐皮病的症状有明显的不同。

【病原体】荧光假单胞菌（*Pseudomonas fluorescens* Migula，1895）。

【流行与危害】鱼体受伤后易患出血性腐败病。当年金鱼患病较多，而 1 龄以上的大金鱼中少见。锦鲤患病比金鱼多。春季和秋季是出血性腐败病的流行季节。出血性腐败病与水质有密切的关系，溶解氧含量低，溶解有机质含量高，易发生赤皮病。我国各地都有赤皮病流行。

水体环境直接影响鱼体的体表健康和致病菌的致病能力。环境恶劣是赤皮病发病的重要因素。如果环境适宜于传染源，就能引起寄主生病。疾病只是在病原、寄主、环境三者关系适合时才发生。鱼生活在水中，水的物理、化学特性经常发生变化，并受自然因素和人为污染的影响。因而在这样的水体中，鱼类经常接触到恶劣因素，不断出现的恶劣因素，适合于病原细菌的生存和繁衍，疾病就随时都有可能发生。

【症状及病理变化】发病初期，病鱼体表出现红斑，然后局部或大部充血发炎，鳞片脱落，特别是鱼体两侧及腹部最明显。背鳍、尾鳍等鳍条基部充血，鳍条末端腐烂，常烂去一段，鳍条间的软骨组织也常被破坏，使鳍条呈扫帚状。水温低时（15℃左右），体表病灶处常继发感染水霉菌。口腔、肌肉正常。

【诊断方法】根据病鱼症状判定。细菌培养、感染，进一步确认。

【防治方法】

（1）合理密养，水中溶解氧含量应维持在5毫克/升左右。注意饲养管理，操作要小心，尽量避免鱼体受伤。

（2）可用1%食盐水，或2毫克/升的高锰酸钾，或2毫克/升的漂白粉浸浴鱼体（碧霞，2005）。

（3）遍洒含有效氯85%的三氯异氰脲酸粉，使水体呈0.4～0.5毫克/升的浓度，用作预防和早期治疗。

（4）用乳酸依沙吖啶（利凡诺）浸洗或遍洒。与防治烂鳃病的方法相同。

五、竖鳞病

竖鳞病也称松鳞病、鳞立病。

【病原体】水型点状假单胞菌（*Pseudomonas punctata* f. *ascifae*）。

【流行与危害】主要危害个体较大的金鱼和锦鲤，每年秋末至春季水温较低时是流行季节，尤其在气温骤降时常暴发流行。鱼类越冬后，抵抗力减弱，特别是养殖水体水质恶化、鱼体受伤后，最容易患竖鳞病。竖鳞病是金鱼的常见病、多发病，全国各地都流行竖鳞病，以东北和华北地区较为常见。此病难以治愈，即使治愈后，色彩、光泽和体态都不如以前好看。

【症状及病理变化】病鱼体表粗糙，部分或全部鳞片竖起像松果状。鳞片基部水肿，其内部积存着半透明或含血的渗出液，以致鳞片竖起、张开。如在鳞片上稍加压力，就有液体从鳞基喷射出来。有时伴有鳍基充血，皮肤轻度充血，眼球外突。文金、龙睛的病鱼，看来像珍珠鳞那样的外形。病鱼离群缓游，严重时呼吸困难，反应迟钝，浮于水面。病鱼沉在水底部或身体失去平衡，腹部向上，最后衰竭而死。金鱼、锦鲤、攀颅科、斗鱼科和鳉鱼科鱼类常患此病。

【诊断方法】根据病鱼症状判定。细菌培养、感染，进一步确认。

【防治方法】

（1）强化秋季培育工作，投喂清洁的饵料，忌喂腐败变质的饵料，注意保持水质清洁，使金鱼在越冬前达到一定的肥满度，增强抗低温和抗病的能力。

（2）口服维生素 E。每 10 千克鱼体重每天用 0.3～0.6 克拌人工饲料长期服用，有效预防竖鳞病、水霉病等；每天用 0.6～0.9 克口服，连续 10～15 天作为辅助治疗药物。待鱼病治愈后，维生素 E 用量改为预防用药量。

（3）用 3% 食盐水浸洗病鱼 10～15 分钟，连用 5 天。

（4）遍洒含有效氯 85% 的三氯异氰脲酸粉，使水体呈 0.4～0.5 毫克/升的浓度，用作预防和早期治疗。

（5）用 2% 的食盐水与 3% 的碳酸氢钠溶液混合，浸洗鱼体 10 分钟（碧霞，2005）。

（6）口服氟哌酸。用上述外用药浸洗或遍洒的同时结合口服药物，剂量与皮肤发炎充血病完全相同，疗效非常显著。

（7）用复方磺胺二甲嘧啶粉拌饵投喂，每千克鱼体重用药品 1 克拌入饲料中，每天 1 次，连用 4～6 天。

（8）以有效碘 5% 的聚维酮碘溶液加水稀释完全溶解并搅拌均匀后全池泼洒，每立方米水体用药品 0.008 克（以有效碘计）；每 100 千克饲料拌药品 1 克（以有效碘计）。

（9）龙鱼是一种对药物非常敏感的鱼种，其敏感度不下于神仙鱼。应先以活性炭滤除水中的药物至少 3 天，再取出活性炭。水温维持在 30～32℃，静观龙鱼 1～2 天，然后再考虑下什么药对症治疗。

（10）在 50 千克水中投放 100 万单位青霉素或 100 万单位卡那霉素，隔天 1 次，连用 3 天。

六、蛀鳍烂尾病

【病原体】温和气单胞菌（*Aeromonas sobia* Popoff et Veron）。

【流行与危害】从当年鱼到产卵亲鱼都会患蛀鳍烂尾病，而以个体较大的鱼较为常见。一年四季都会发生，夏季往往引起病鱼死亡。水温较低时，整个尾鳍烂掉，病鱼仍活着，尽管死亡率极低，但使金鱼失去优美的姿态，失去观赏价值。家庭养金鱼易发生蛀鳍烂尾病。我国各地，特别是水族箱养殖的观赏鱼在移动中受伤后，没有及时采取防治措施，就会有蛀鳍烂尾病出现。

【症状及病理变化】病鱼游动缓慢，食欲减退，有的废食。鱼体失去平衡。尾鳍及尾柄充血、发炎，鳍条边缘出现乳白色、蛀蚀，继之腐烂而造成鳍条残缺不全，尾鳍尤为常见。有时每根鳍条软骨间结缔组织裂开，呈破扫帚状，严重时整个尾鳍烂掉、尾柄肌肉溃烂和骨骼外露。病鱼的鳞片正常，或者有个别鳞片脱落。有的病鱼尾鳍有充血现象，呈一条一条的血丝状。

【诊断方法】根据病鱼症状判定。细菌培养、感染，进一步确认。

【防治方法】

（1）据林学明介绍，采用内服、外用相结合进行生产性治疗。口服：每千克食料中拌入 2 克先锋霉素投喂，连喂 5～7 天，停药 3 天，再喂 5～7 天。外用：全池泼洒强力霉素、氟哌酸或环丙沙星，使水体呈 1 毫克/升的浓度，每 3 天 1 次，连泼 3 次。

（2）对于少量极为严重的烂尾金鱼，应实施手术治疗：用剪刀剪去尾鳍溃烂部分，使鳍条平衡整齐，用 1‰浓度的乳酸依沙吖啶（利凡诺）反复涂抹几遍，再用上述药物处理。通常经过 10～15 天，裂开的鳍条能够愈合，剪去的鳍条也能够再生；经过 40～80

天的恢复生长，整个尾鳍可重新长好。再生鳍条与原来旧鳍之间留下一条痕迹。这种鱼观赏价值降低了，但可用作亲鱼繁殖后代。

（3）用1%浓度的乳酸依沙吖啶（利凡诺）水溶液涂抹，每天1次，连续涂抹3～5次。

（4）用复方磺胺二甲嘧啶粉拌饵投喂，每千克鱼体重用药品1克拌入饲料中，每天1次，连用4～6天。

（5）在观赏鱼类的养殖过程中，要始终保持良好的水环境，尤其是地面水泥池养殖，其自身净化能力差，更要注意水体消毒，以免水体中温和气单胞菌过多繁殖。用药物治疗的同时，投喂水蚯蚓等动物性饲料，加强营养，以增强抗病力与组织再生能力。

七、穿孔病

穿孔病又称洞穴病。

【病原体】柱状纤维黏细菌（*Cytophaga columnaris*）。同物异名：鱼害黏球菌（*Myxococcus pisciocola*）。

【流行与危害】穿孔病是危害很大的传染病，1971年在日本发现穿孔病。每年从9月到翌年6月为流行期，而10月到初冬水温较低时为流行盛期。据悉，日本友人曾赠送一批金鱼给杭州动物园金鱼场饲养，未经严格的检疫措施，以致全长14厘米以上、名贵的2龄金鱼900尾和12厘米的亲鱼3000尾均先后患病。180口鱼池每天均有金鱼死亡，少则10余尾，多则50～60尾，最多每天死亡100余尾，这是金鱼疾病中危害最大的一种病。

用病鱼卵孵化的鱼苗，1个月后也开始发病，其症状与成鱼有所不同，最初是尾鳍边缘出现白色黏液般分泌物，随即向前蔓延，布满全身，不久死亡；少数小鱼开始出现症状时，鳞片色素细胞已被破坏，失去光泽，体色转白，然后脱落发炎，出现溃疡。

【症状及病理变化】早期病鱼食欲减退，体表部分鳞片脱落，表皮微红，外观微微隆起，随后病灶出现出血性溃疡，从头部、鳃盖、背部、腹部、鳍部直到尾柄均可出现溃疡症状。溃疡面大小不一，依鱼体大小有所差异，小者如黄豆，2龄以上大金鱼溃疡直径有 1~2 厘米。有的病灶在腹侧形如一条被刀划破的伤口，似打印状，其溃疡不仅限于真皮层，而且深及肌肉，严重的至骨骼和内脏，酷似一个洞穴，故又称洞穴病。发病快，病程持续时间较长，直到病原体侵入鳃部，鳃丝红肿呈棒状，尖端有缺刻，肿胀有的呈紫色，有的整个鳃丝呈苍白色，有的部分鳃丝形成血栓，以致呼吸困难，窒息而死。

【诊断方法】根据病鱼症状判定。细菌培养、感染，进一步确认。

【防治方法】

（1）经常给观赏鱼投喂水蚯蚓等鲜活食料，加强营养，增强抗病力。

（2）合理密养，水中溶解氧含量应维持在 5 毫克/升左右，避免鱼浮头，以增强抗病力。

（3）以有效碘 5% 的聚维酮碘溶液全池泼洒，使水体呈 0.008 毫克/升的浓度；每 100 千克饲料拌药品 1 克（以有效碘计）。

（4）遍洒漂白粉，使水体呈 10 毫克/升的浓度。

第三节　藻菌性疾病的防治技术

一、水霉病

水霉病又称白毛病、肤霉病。

【病原体】同丝水霉（*Saprolegnia monoica* Pringsheim，1858）曾在金鱼、锦鲤上被发现。寄生水霉（*S. parasitica parasitica* Coker，1923），曾在金鱼、锦鲤体上和金鱼的卵上被发现。

【流行与危害】水霉是腐生性寄生物，专寄生在伤口和尸体上。鱼类患水霉病的原因，主要是由于捕捉、搬运时操作不慎，擦伤皮肤，或因寄生虫破坏鳃和体表，或因水温过低冻伤皮肤，以致水霉的动孢子侵入伤口。当水温适宜时（15℃左右），3~5 天就长成密集的菌丝体，感染数量很多时就会导致病鱼死亡。如伤口继发性感染细菌，则加速了病鱼的死亡。水霉全年都存在，秋末到早春是流行季节。水霉病是金鱼的常见病、多发病，我国各地都有流行。从鱼卵到各龄鱼都可感染，当孵化水温低时，在鱼卵上极易发生水霉病。

【症状及病理变化】病鱼体表或鳍条上有灰白色如棉絮状的菌丝，布满"白絮"，故又称白毛病。严重时菌丝厚而密，鱼体负担过重，病鱼常呈呆状，游动迟缓，食欲减退，终至死亡。有时菌丝着生处有伤口或溃烂。

【诊断方法】一般来说，活卵和健康的鱼体是不会长水霉的。

【防治方法】

（1）加强饲养管理，在拉网、捕捞、运输和放养鱼种时，要精细操作，避免鱼体受伤。

（2）创造有利于鱼卵孵化的外界条件，提高水温，降低鱼卵密度，可预防鱼卵患水霉病。

（3）在越冬以前，根据显微镜下活体检查结果，用药物杀灭寄生虫，可以有效地预防水霉病。

（4）遍洒食盐和碳酸氢钠（1∶1）合剂，先将食盐化水和碳酸氢钠一起泼洒，使水体呈 400～500 毫克/升的浓度。因用药量大，通常将病鱼集中在小水泥池中进行施药。

（5）0.3 毫克/升甲醛溶液直接泼洒入鱼缸中，可抑制霉菌的滋生。

二、卵甲藻病

卵甲藻病也称打粉病。

【病原体】嗜酸卵甲藻（*Oodinium acidophilum* Nie）。因为它只生活在微酸性（pH 5～6.5）的淡水水质中，故定名为嗜酸卵甲藻。卵甲藻的成熟个体呈现肾形，因而也叫做"腰鞭毛虫"。

【流行与危害】卵甲藻病发生在酸性水体（pH 5.2～6.5）中。主要危害当年金鱼，1 龄鱼死亡较少。春末至初秋，水温 22～32℃时为流行季节。小金鱼密度过大、缺少水蚯蚓等动物性食料时，病情特别严重，发生大量死亡。在中性和微碱性（pH 7 以上）的水体中，还未发现卵甲藻病。

嗜酸卵甲藻对其所在的水体中的所有鱼类都能寄生，但危害性则对小鱼比大鱼为大，病鱼体表黏液增多，背鳍、尾鳍及背部先后出现白点。白点逐渐蔓延至尾柄、身体两侧、头部和鳃内，乍看与小瓜虫病的症状相似，仔细观察，可见白点之间有充血的红色斑点，尾柄部特别明显。病鱼食欲减退，至后期病鱼游动迟缓，不时呆浮水面，身上白点连接成片，体表像裹了一层白粉。"粉块"脱落处发炎溃烂，往往被细菌侵入，最后病鱼大批死亡。

【症状及病理变化】卵甲藻往往从侵害鱼鳍开始，然后扩散到整个鱼体，鱼体看起来好像浑身沾满了一层粉状物，所以也被称为"打粉病"。沿着鱼的躯干看，很容易发现这种覆盖物。

卵甲藻病发病初期，观赏鱼会在装饰物和植物叶上蹭痒。病鱼体表黏液增多，背鳍、尾鳍及体表出现黄白色圆点，白点逐渐蔓延至尾柄、头部和鳃内。骤看和小瓜虫病的症状相似，仔细观察（或用放大镜），可见白点之间有红色血点。后期病鱼游动迟缓，不时呆浮水表或群集成团，身上白点连接成片，连鱼眼也被混浊物覆盖，最后病鱼瘦弱而死亡。

【诊断方法】用镊子取少许粉状物，在显微镜下观察可见嗜酸卵甲藻便可确诊。

【防治方法】

（1）给观赏鱼类投喂水蚯蚓等动物性食料，最好还要加喂少量芜萍，以增强抗病力。

（2）提高池水的酸碱度。其方法是取 0.5～1 克生石灰，溶于 50 千克水中充分搅拌，待充分溶解沉淀后将溶液泼洒全池（缸），使池（缸）中的酸碱度调节到 pH 为 8 左右。

（3）早期处理。在发现鱼病早期，可把金鱼养在嫩绿水中，按每 12.5 千克水中投放青霉素 40 万～80 万单位或庆大霉素 8 万～16 万单位等抗生素药物，停食或少食，多晒太阳杀菌也有一定疗效。

（4）将病鱼转移到微碱性水质（pH 7.2～8.0）的水族箱等小水体中饲养。

（5）遍洒碳酸氢钠，使水体呈10～25毫克/升的浓度。适用于水族箱、小缸和小池等小水体。

（6）遍洒生石灰，使水体呈5～20毫克/升的浓度。适用于室外土池或大鱼池。

（7）成鱼可用2％～3％的食盐水涂洗全身，清水过洗后入干净嫩绿水中静养，隔天1次，数次即可见效。

第四节　原生动物性疾病的防治技术

一、波豆虫病

鱼波豆虫病也称口丝虫病、白云病。

【病原体】飘游鱼波豆虫［*Ichthyobodo nectrix*（Henneguy，1883）Pinto，1928］（同物异名：*Costia nectrix*，漂浮口丝虫）。

【流行与危害】鱼波豆虫病是金鱼的常见病、多发病之一，多发生在养殖水质不良的小水体中。金鱼、锦鲤从鱼苗到亲鱼都会患病，对幼鱼危害最大，年龄愈小，愈容易敏感。适宜于鱼波豆虫大量繁殖的水温为12～20℃，秋末至春季是鱼波豆虫病的流行季节。如条件适宜，病情发展极快，3～5天幼鱼就大量死亡。大鱼在越冬以后，由于饲料缺乏，营养不足，患病后也能引起死亡。我国各地都有此病流行。

【症状及病理变化】病鱼皮肤上有一层乳白色或灰蓝色的黏液，使观赏鱼类失去原有的光泽。在鱼体伤口处，往往被细菌或水霉感染，形成溃疡，使病情更加恶化。当鱼波豆虫大量侵袭皮肤时，鳃上也出现大量虫体，由于鳃组织被破坏，影响鱼的呼吸，因此病鱼游近水面呈浮头状。锦鲤在感染鱼波豆虫病后呈昏睡状态，沉于池底角落，因而称昏睡病。

【诊断方法】肉眼观察结合显微镜检查，可以确诊。

【防治方法】

（1）保持水质洁净，特别在水族箱，低温下长期不换水也易发病。

（2）用 2% 的食盐溶液浸洗 5～15 分钟，或 3%～5% 的食盐水浸浴 1～2 分钟，连续数天。

（3）用 20 毫克/升的高锰酸钾溶液浸洗，水温 10～20℃ 时，浸洗 20～30 分钟；水温 20～25℃ 以上时，浸洗 15～20 分钟；25℃ 以上时，浸洗 10～15 分钟。

（4）遍洒硫酸铜，使水体呈 0.7 毫克/升的浓度。

二、碘泡虫病

常见的弧形虫、两极虫、弯缝虫、四极虫、角形虫、球孢虫、黏体虫、碘泡虫、尾孢虫、旋缝虫和单极虫等属于黏孢子虫类的寄生虫，黏孢子虫是分类系统中的"纲"的地位，它们引起的寄生虫病均称为黏孢子虫病。碘泡虫病是依病原体而命名的一种黏孢子虫病。其实，像碘泡虫也是分类系统中"科"的地位，可见它还包括许多寄生虫的种类。

【病原体】碘泡虫类寄生虫是鱼类黏孢子虫的一大寄生虫类群，它们是鱼类寄生虫病的重要病原体（彩图 43～彩图 45）。

【流行与危害】患碘泡虫病的病鱼瘦弱，体色不鲜艳又无光泽，尽管很少引起严重的病害，但使观赏鱼类降低甚至失去了观赏价值。由于体表、口腔和鳃丝上寄生孢囊，使金鱼丧失摄食能力和使血液循环受到干扰，鳃丝负担过重，严重扩大或弯曲变形。一旦水体缺氧，极易引起死亡，或者遇到水温突降也会陆续死亡。患病的以幼鱼为多，有时个体较大的当年鱼、1 龄鱼也会患病。每年 5 月下旬至 8 月下旬为流行季节，碘泡虫病在我国有日益严重的趋势。华中、华东和华南一带都有碘泡虫病流行。

【症状及病理变化】病鱼消瘦或者非常消瘦，体表、鳍条上出现如粟米大小的乳白色孢囊，翻开鳃盖可以见到鳃丝上亦有大量孢囊。孢囊的大小有的像芝麻，个别大如豌豆。病鱼游动速度慢，寻食能力和适应能力均很差，一旦浮头或水温突降就陆续死亡。

【诊断方法】结合症状，通过显微镜检查，就可以确定。

【防治方法】

（1）加强饲养管理，维持良好的养殖水质，养殖过程中投喂药饵预防，控制病原体感染。

（2）禁止直接用鱼池水、湖水或水库水养鱼，切断碘泡虫的传染源。彻底消毒发病水体（鱼池、水族箱），进行预防。

（3）不要从疫区引进病鱼，防止黏孢子虫的侵入。

（4）用8％硫酸铜溶液浸洗病鱼15～20分钟；或用1％敌百虫溶液浸洗病鱼3～9分钟，有一定疗效。

（5）口服地克珠利预混剂，每千克鱼体重用2.0～2.5毫克（以有效成分计），拌饵均匀投喂。

（6）经常给观赏鱼类喂食水蚯蚓等动物性食料，增加鱼体抗病力。

三、球孢虫病

【病原体】常见的有三种球孢虫，即鲩球孢虫（*Sphaerospore ctenopharyngodoni*）；黑龙江球孢虫（*Sphaerospore amurensis*）；中华球孢虫（*Sphaerospore sinensis*，同物异名：*Sphaerospore branchialis*）。

【流行与危害】少量球孢虫寄生于观赏鱼类，鱼体往往不显症状；大量寄生在鳃丝上，就妨碍鱼的呼吸，增加鳃丝间机械阻塞。一旦遇到水体缺氧，极易引起观赏鱼类死亡。患病的多数是幼鱼，少数1龄以上的鱼也患病。每年6月至8月下旬为流行季节，我国长江流域各地都有球孢虫病的报道。

【症状及病理变化】患球孢虫病的病鱼消瘦，鳃和体表、鳍条上有芝麻大小的白点状孢囊。严重时鳃丝上被大量的孢子和发育不同阶段的营养体原质团所充塞，严重影响观赏鱼类鳃的呼吸功能而导致病鱼死亡。其他症状与碘泡虫病很相似。

【诊断方法】结合症状，通过显微镜检查，就可以确定。

【防治方法】同碘泡虫病。

四、小瓜虫病

【病原体】多子小瓜虫（*Ichthyophthirius multifiliis* Fouquet，1876）。

【流行与危害】小瓜虫病（白点病）是金鱼的常见病、多发病。金鱼、锦鲤从鱼苗到亲鱼都会患小瓜虫病而大量死亡。小瓜虫繁殖最适宜的水温在 $15\sim25℃$，当水温降低到 $10℃$ 以下和上升到 $28℃$ 时，虫体发育即停止或逐渐死亡。小瓜虫病的流行有明显的季节性。在长江流域，每年 $3\sim5$ 月和 $11\sim12$ 月为小瓜虫病的流行盛期。我国各地都流行小瓜虫病。当水温高至 $35℃$ 左右时，室外的水体和鱼池不再出现病鱼，而室内的水族箱、小鱼池内小瓜虫的扩散速度非常快，所以一旦发现，就必须立刻采取有效的治疗措施。

海水观赏鱼类中有一种刺激隐核虫，俗称"海水小瓜虫"，常常寄生鱼体形成病情，值得注意。

【症状及病理变化】观赏鱼类感染小瓜虫的初期，病鱼体表、鳍条和鳃上均有白点状的孢囊分布，几天后白点分布全身，全身皮肤和鳍条布满着白点和覆盖着白色黏液，故而称"白点病"。鱼鳍紧缩，病鱼瘦弱，鳍条破裂，病鱼多漂浮水面不游动或缓慢游动，食欲不振，体质消瘦，皮肤伴有出血点，鳃组织被破坏，因此病鱼经常呈浮头状，并在水族箱箱壁、水生植物、沙石或礁石等装饰物上不断摩蹭，试图摆脱寄生虫，游泳逐渐失去平衡。

【诊断方法】肉眼和显微镜检查，即可诊断。

【防治方法】

（1）加强饲养管理。每天投喂活水蚯蚓等动物性食料，增强鱼体对小瓜虫病的免疫力。

（2）使用已发病的水族箱、水泥池之前，要将其刷洗干净，然后用 5% 食盐水浸泡 $1\sim2$ 天，以清除、杀灭小瓜虫及其孢囊，并用清水冲洗后再饲养观赏鱼类。

（3）利用小瓜虫不耐高温的弱点，提高水温至 28～30℃，再配备药物治疗，通常治愈率可达 90％以上（碧霞，2005）。但是值得指出的是，治疗效果达到后，要及时回归养殖鱼类的正常生活习性的温度。

（4）用 167 毫克/升的冰醋酸水溶液浸洗鱼体。水温在 17～22℃时，浸洗 15 分钟。以后相隔 3 天再浸洗 1 次，浸洗 2～3 次为一个疗程。

（5）用 200～250 毫克/升的福尔马林（甲醛）浸洗鱼体 1 小时。浸洗后将病鱼移至清水中饲养 1 小时，6 天后用同样浓度再浸洗 1 次。

（6）海水鱼类小瓜虫病的防治，将 10 千克海水放入玻璃缸中，加入 0.05 克硫酸铜，充氧，浸洗 5～8 分钟，24 小时后可见体表白点脱离。这种方法对初次患病鱼体效果较好，但对二次感染的鱼体效果不明显（中国观赏鱼杂志，2004 年第 1 期第 40 页）。

五、斜管虫病

【病原体】鲤斜管虫（*Chilodonella cyprini* Moroff，1902）。

【流行与危害】斜管虫病是金鱼的常见病、多发病，多发生在水族箱和水质不良、养殖密度过大等的小水体中。金鱼、锦鲤等从鱼苗到大鱼都会患斜管虫病，对当年生幼鱼的危害最大。适宜斜管虫繁殖的水温为 12～18℃，当水温低至 8～12℃时，仍可大量出现。从发现少数虫体后，经过 3～5 天，就大量繁殖，最初少数鱼死亡，继之大量死亡。在室外养殖水体水温在 25℃以上时，通常不会发病，但在室内水族箱、小水体中，仍会有斜管虫病出现。在长江流域一带，每年 12 月至翌年 5 月为流行季节，我国各地都有斜管虫病流行。

【症状及病理变化】斜管虫主要寄生于养殖鱼类的皮肤和鳃上。患病的观赏鱼类食欲不振，身体瘦弱，体色较深，乃至变黑，呼吸困难，鱼体感染部位分泌大量的黏液，严重时患处有乳白色薄翳黏膜层，使观赏鱼类失去原有的色彩，严重时病鱼的鳍条不能充分伸展。病原体寄生在体表和鳃上，破坏组织，使病鱼呼吸困难，因此病鱼常游近水面呈浮头状，即使换清水仍不能恢复正常。由于皮肤和鳃组织受到破坏，容易感染细菌。

【诊断方法】显微镜检查鱼体黏液和鳃丝，发现虫体的数量，确定病害程度。

【防治方法】

（1）与鱼波豆虫病的防治方法相同。

（2）鱼种进池前要经过严格的检疫，如发现有病原体要用8毫克/升硫酸铜浸洗30分钟，或用2%食盐水浸泡10～20分钟。

（3）治疗时，用0.7毫克/升的硫酸铜硫酸亚铁粉遍洒。

六、杯体虫病

【病原体】筒形杯体虫（*Apiosoma cylindriformis* Chen，1955）。

【流行与危害】杯体虫寄生各种观赏鱼类的体表和鳃上，少量寄生时，观赏鱼类无明显的症状，对寄主组织没有直接破坏作用。但在鱼苗培育阶段，大量虫体寄生鱼体上时，会刺激上皮组织，使上皮组织增生，黏液分泌增加，体表呈白雾状，使鱼苗不能正常地游泳和摄食，妨碍呼吸，能使鱼苗大量死亡。发病时间是5月至7月上旬。浙江省吴兴市、江苏省无锡市、湖北省武汉市都有杯体虫病的报道。

【症状及病理变化】金鱼鱼苗孵出后饲养7～10天，身上呈现乳白色，似有一层绒毛状物，游泳无力，摄食很少，终至瘦弱而死。用显微镜检查绒毛状物就是杯体虫。

【诊断方法】在显微镜下可直接观察到众多活体的杯体虫。

【防治方法】

（1）严禁用鱼池、湖泊的水直接饲养金鱼。最好的养鱼用水是经过处理的井水、自来水。

（2）遍洒硫酸铜硫酸亚铁粉，使水体呈0.7毫克/升的浓度。

（3）用20毫克/升的高锰酸钾溶液浸洗鱼体（见鱼波豆虫病）。

第五节　扁形动物性疾病的防治技术

一、三代虫病

【病原体】中型三代虫（*Gyrodactylus medius*）、细锚三代虫（*Gyrodactylus sprostonae*）和秀丽三代虫（*Gyrodactylus elegan*）。

【流行与危害】三代虫用锚钩和边缘小钩钩住观赏鱼类的皮肤组织和鳃组织，并吸附其上，刺激鱼体分泌过多黏液，夺取营养，以致鱼体逐渐消瘦。对鱼苗和当年金鱼、锦鲤危害极大，能引起大量死亡。由于三代虫的大量寄生，可以引起病鱼眼角膜混浊及失明症。少数全长2～3厘米的金鱼苗，发生类似的失明症。对1龄以上的大鱼危害较小。三代虫繁殖最适宜的水温为20℃，因此在长江流域4～5月为三代虫病的流行季节。大多出现在池塘里养殖的观赏鱼身上，在暖水水族箱里也偶有出现。全国各地养鱼地区都有三代虫病流行，而以华北地区更为严重。

【症状及病理变化】病鱼瘦弱，发病初期的病鱼呈现极度的不安，时而狂游，时而急剧侧游，在水草丛中或缸边擦蹭，企图摆脱病原体的侵扰。然后，黏膜层增厚，继之食欲减退，游动缓慢，甚至干脆无精打采地爬在水族箱底，终至死亡。少量病原体则不显症状。

【诊断方法】三代虫没有眼点，据此特征，容易与指环虫区分开来。三代虫营胎生生殖，在每一个成虫的身体中部，可见到1个椭圆形的胎儿（第二代），而在胎儿体内，又开始孕育着下一代（第三代）的胚胎，故称之为"三代虫"。

【防治方法】

（1）在放养观赏鱼类之前，用10％的精制敌百虫粉（含量80％以上）溶液浸洗鱼类20～30分钟，或用2％～3％的食盐溶液浸洗10分钟，可达到杀死三代虫的目的。

（2）用20毫克/升的高锰酸钾溶液浸洗鱼类，水温10～20℃

时，浸洗 20～30 分钟；水温 20～25℃ 时，浸洗 15～20 分钟；25℃以上时，浸洗 10～15 分钟。

（3）遍洒精制敌百虫粉，使水体呈 0.2～0.4 毫克/升的浓度。

二、指环虫病

【病原体】常见的种类有中型指环虫（*Dactylogyrus intermedius*）、坏鳃指环虫（*Dactylogyrus vastator*）和弧形指环虫（*Dactylogyrus arcuratus*）。

【流行与危害】指环虫属于卵生吸虫，种类各异。指环虫寄生在观赏鱼的鳃上，用一对锚钩和 14 个边缘小钩钩在鳃丝组织中，破坏鳃组织，刺激鳃组织分泌过多的黏液，妨碍呼吸。指环虫以鳃组织和血球为食物，造成鱼体贫血、消瘦，血液中的单核和多核白细胞增多。当年金鱼、幼鱼寄生 5～10 个指环虫就能致死。水温 20～25℃ 时，适宜指环虫繁殖，因此，每年春季至初夏和秋季在长江流域为流行季节。指环虫的大量寄生，也能使 1 龄以上的鱼死亡。近年来，在武汉市发生大金鱼死亡的多次病例，观赏鱼类在密养条件下，指环虫病的危害有日趋严重的趋势，应该引起养殖观赏鱼爱好者的注意。

【症状及病理变化】病鱼的初期症状不明显，后期的病鱼鳃部显著肿胀，鳃盖张开。翻鳃金鱼可看见鳃上有乳白色虫体，鳃丝通常为暗灰色。有时病鱼急剧侧游，在水草丛中或缸边撞擦，企图摆脱指环虫的侵扰，最后游动缓慢，终至死亡。

若卫生条件差、生存压力大而且养殖过密的情况下，鳃部寄生虫害就会泛滥，病鱼不断擦痒，并且呼吸急促。如果病情严重，鱼会把头浮出水面，张开鳃片，呼吸困难，应设法使水体溶解氧充足。

【诊断方法】肉眼结合解剖镜检查，即可确诊。

【防治方法】

（1）放养观赏鱼类之前，用 10％的精制敌百虫粉（含量 80％以上）溶液浸洗鱼类 20～30 分钟；或用 2％～3％的食盐溶液浸洗

10 分钟，杀死三代虫。

（2）用 20 毫克/升的高锰酸钾溶液浸洗鱼类，水温 10～20℃时，浸洗 20～30 分钟；水温 20～25℃ 时，浸洗 15～20 分钟；25℃以上时，浸洗 10～15 分钟。

（3）遍洒精制敌百虫粉，使水体呈 0.2～0.4 毫克/升的浓度。

（4）其他市售驱虫药，要严格按照说明书的使用方法使用。

三、白内障病

这里介绍的白内障病是由复口吸虫引起的。

【病原体】复口科（Diplostomatidae）、复口属（*Diplostomum*）的复口吸虫（*Diplostomulum* sp.）的尾蚴和囊蚴。在湖北省武汉市、荆州市、黄石市，江西省南昌市、九江市等地已鉴定为湖北复口吸虫（*Diplostomulum hupehensis*）和倪氏复口吸虫（*Diplostomulum niedashui*）；在黄河流域一带，是匙形复口吸虫（*Diplostomulum spathuceum*）。

【流行与危害】病鱼的水晶体混浊，首先是影响了观赏鱼类的观赏价值。患病的鱼类多数为 1 龄以上的大鱼，特别是龙睛，患病最为普遍。上海、浙江、江苏、江西、湖北等地区均流行复口吸虫病。

【症状及病理变化】病鱼眼睛中的水晶体混浊，眼球发炎，呈乳白色，称之为“白内障病”。严重时眼睛失明，甚至水晶体脱落，导致金鱼不能正常摄食，以致鱼体瘦弱或极度瘦弱而死。

【诊断方法】复口吸虫囊蚴寄生于鱼眼水晶体或玻璃体中；复殖吸虫成虫寄生于鸟类肠道。诊断时将病鱼眼球水晶体上刮下的胶质放在盛生理盐水的培养皿中，稍加摇动，凭肉眼可以观察到游离在生理盐水中蠕动着的白色粟米状虫体。更可以在显微镜下观察到虫体。

另外，可查看养殖现场周围和水草上的椎实螺的存在多寡，及显微镜检查其肝、肠中有否椎实螺的尾蚴存在，因为椎实螺是复口吸虫的中间宿主。

【防治方法】当复口吸虫的尾蚴侵入鱼体后，就进入肌肉、血管、心脏、神经、脑及眼球水晶体内等部位。因此，通过药物杀死已进入体内的寄生虫是很困难的，特别是对急性感染发病的观赏鱼更不可能，故必须严格采取预防措施，切断传染源，使复口吸虫的生活史不能延续下去而达到防治的目的。

经常给鱼类喂以鲜活的水蚯蚓等动物性食料，病鱼还能够依靠嗅觉吃到饲料。

第六节　线虫病的防治技术

鲫嗜子宫线虫病

【病原体】鲫似嗜子宫线虫（*Philometroides carassii*）。

【流行与危害】鲫似嗜子宫线虫为胎生，成熟雌虫钻破鳍条，部分身体浸到水中，由于渗透压改变而体壁破裂，幼虫便散到水中。幼虫被温剑水蚤（*Thermocyclops* sp.）、近亲剑水蚤（*Cyclops vicinus*）、萨氏中镖水蚤（*Sinodiptomus sarsi*）等中间宿主吞食后，幼虫在水蚤体腔中发育，从天然水体中捞取的水蚤，已感染了剑水蚤的幼虫，将其投入养殖金鱼的水族箱或金鱼池中，金鱼吞食剑水蚤而感染。幼虫再从金鱼肠道钻到腹腔中发育为成虫，雌虫、雄虫在鱼鳔上交配，雌虫于秋末迁移到鳍条中发育成熟。有时雌虫迁移路线有错误，钻到围心腔中，金鱼便死亡；有时钻到肾脏中，引起肾脏充血发炎，腹水肿。若雌虫就在鱼的腹腔，也能发育成熟，对宿主危害就不大了。雌虫于4～5月间发育成熟，因此流行季节是春季（长江流域），雌虫于秋季迁移，秋季也是流行季节。上海、浙江、江苏、湖北等地区都有鲫似嗜子宫线虫病（彩图46）出现。

【症状及病理变化】病鱼鳍条中有红色线虫，鳍条充血，鳍基部发炎，鳍条破裂，往往同时感染水霉菌使病情加重。寄生少量线虫时，病鱼没有明显症状。

【诊断方法】症状明显，比较容易诊断。

【防治方法】

（1）每年 11 月至翌年 2 月，仔细检查金鱼的鳍条是否有淡红色的线虫。方法是将鳍条展开，对光用肉眼或放大镜检查。

（2）用细针挑破虫体所在的病鱼组织，将虫体挑出。然后用 5% 的苯扎溴铵稀释 100 倍后的溶液涂抹伤口，每天 1 次，连续 3 次。最好结合苯扎溴铵的遍洒，防止继发感染细菌性疾病。

（3）遍洒溴氯海因粉，水温 25℃ 以上时的用量使水体呈 0.03 毫克/升（以溴氯海因计）的浓度，水温 24℃ 以下时为 0.04 毫克/升的浓度，促使鱼体伤口愈合，同时预防金鱼的烂鳃病、白头白嘴病和竖鳞病等细菌性疾病。

（4）遍洒 80% 精制敌百虫粉，使水体呈 0.5 毫克/升的浓度，杀灭池中发病的剑水蚤，5 月下旬及 6 月上旬各遍洒 1 次。同时，预防三代虫病、指环虫病等鱼病。

（5）每年 4～5 月间，最好投喂水蚯蚓等动物性食料。如果投喂活水蚤（其中必定带有一定数量的剑水蚤），则用沸水烫过，以杀死水蚤体中的线虫幼虫，防止金鱼因摄食剑水蚤而感染。

第七节　甲壳类动物引起的疾病

一、新鳋病

【病原体】日本新鳋（*Neoergasilus japonicus*）和长刺新鳋（*Neoergasilus longispinosus*）。

【流行与危害】主要患病的是幼鱼，较多寄生虫能引起死亡。1 龄鱼也有患病的，但通常不致死，鱼体消瘦而已。新鳋寄生在鳃丝上危害较大，直接影响鱼的呼吸功能。春季至秋季为流行季节。上海市青浦县、广东省连县、湖北省武汉市、蔡甸区和黄石市等地均有发现。

【症状及病理变化】病鱼身体消瘦发黑，在体表和各鳍条上，特别是在背鳍、尾鳍上和鼻孔附近，可见到许多小白点。有时鳃丝、鳃耙上也有，病鱼常有浮头现象。

【诊断方法】症状明显，比较容易诊断。

【防治方法】

（1）用1%的高锰酸钾溶液涂抹病鱼体表和鳍上的新鳋，每天1次，连续3次，能有效杀死新鳋。

（2）用20毫克/升的高锰酸钾溶液浸洗鱼体（见三代虫病）。

二、锚头鳋病

【病原体】鲤锚头鳋（*Lernaea cyprinacea* Linnaeus，1758）。

【流行与危害】鲤锚头鳋对淡水观赏鱼类的危害很大，尤其是幼鱼，只要有2～4个虫体寄生同一尾鱼，就能引起死亡。有时它寄生于鱼眼和口腔处，影响鱼类摄食，造成寄主瘦弱或极度消瘦。在长江流域一带，4～9月为锚头鳋病的流行季节，我国各地都有此病流行。从天然水体中捞取水蚤时，将锚头鳋的桡足幼虫带入水族箱或观赏鱼类的养殖水体中而使观赏鱼感染。更可怕的是伤口的继发细菌感染，继发细菌性疾病。

【症状及病理变化】发病初期的病鱼呈现急躁不安、食欲不振，继而鱼体逐渐瘦弱。仔细检查鱼体上有一根根半透明的针状虫体，一头插入肌肉组织，其四周组织损伤、发炎，形成红肿、溃疡，有因溢血而出现的红斑，继则鱼体组织坏死。严重时病鱼死亡。露在体外的虫体上常有累枝虫等原生动物、藻类和霉菌附生，多时如披着蓑衣，从而增加了鱼体的负担，影响病鱼的活动能力。锚头鳋寄生于锦鲤等鳞片较大的鱼类时，则使寄生部位的鳞片被"蛀"成缺口，鳞片色泽较淡，寄生处亦出现充血的红斑，但一般肿胀不明显。

【诊断方法】症状明显，比较容易诊断。只是应该辨明寄生虫正值幼虫、壮虫还是老虫阶段，则为正确用药提供依据。

【防治方法】

（1）鱼体上有少数锚头鳋虫体，可立即用剪刀将虫体剪断，然后用 5% 的苯扎溴铵稀释 100 倍后的溶液涂抹伤口。最好结合苯扎溴铵的遍洒，防止继发感染细菌性疾病。

（2）用 1% 的高锰酸钾水溶液涂抹虫体和伤口，经过 30～40 秒，放入水中，翌日再涂药 1 次。

上述药物和处理方法能使锚头鳋死亡，并经过 4～6 天，鳋体腐烂而软化，然后用镊子将虫体轻轻取出，再涂药 2 次，使伤口很快愈合。有介绍用镊子直接将虫体拔出，这种方法很不妥当，因为锚头鳋的头部就像锚一样深钻在肌肉里，强拉出来，对鱼体有损伤。

（3）如果室外鱼池养殖的观赏鱼类大量感染锚头鳋，则用 1/80000～1/50000 的高锰酸钾溶液浸洗，当水温 20～30℃ 时，浸洗 1 小时左右，能有效地杀灭锚头鳋。

（4）全池遍洒 80% 精制敌百虫粉，使养殖水体呈 0.5 毫克/升的浓度，杀灭水中锚头鳋幼虫，从而控制病情的发展。水温 30℃ 以上禁止使用敌百虫。

三、鲺病

【病原体】日本鲺（*Argulus japonicus* Thiele，1900）。

【流行与危害】鲺以其尖锐的口刺，刺伤鱼的皮肤，吸食血液与体液，造成机械性创伤，使鱼体逐渐消瘦。口刺基部有毒腺细胞，分泌毒液，对鱼体产生强烈的刺激。由于皮肤被鲺造成了许多伤口，使致病菌侵入和继发性感染水霉，从而加速了病鱼的死亡。在长江流域一带，每年 6～8 月为流行盛期。

鲺的危害，单独时并不太严重，但太多鲺寄生时观赏鱼类则静止不动，聚集于养殖水体的一隅，或离群在水面浮游，逐渐变得食欲不振，终至死亡。

【症状及病理变化】鲺寄生在养殖鱼类的体表和鳃上，但发生于鳍基者居多，对于大个体的观赏鱼类有时会寄生在口腔内壁，与锚头鳋"定位寄生"不一样，鲺是"移动寄生"。初期病鱼急剧快游，企图摆脱虫体，有时 1～3 个鲺寄生在幼鱼的身体一侧时，鱼体就失去平衡。大鱼患病时表现极度不安，如果观赏鱼等常跃出水面，或在水中狂游，最后鱼体瘦弱或极度瘦弱而死。鲺的口刺和大颚刺伤鱼的皮肤。造成许多伤口，容易被细菌感染的机会增多。

【诊断方法】症状明显，比较容易诊断。

【防治方法】

(1) 用 5 毫克/升的精制敌百虫粉水溶液，浸洗鱼体 2～5 分钟，鱼体和鲺都被麻醉，鲺很快从鱼体上脱落，鱼体放入清水中，很快就恢复正常。

(2) 遍洒精制敌百虫粉，使水体呈 0.3～0.5 毫克/升的浓度，浸洗病鱼。

(3) 敌百虫杀灭鲺的方法有显著效果。用 1% 的精制敌百虫粉溶液涂抹鲺，约 30 秒后放入清水中，翌日再涂抹 1 次，鲺死后会脱落。通常不能用镊子将鲺体硬拉下，因为鲺有 2 个吸盘紧紧吸住鱼体，这种方法只适用于个体较大的观赏鱼类被少数鲺寄生。

第七章
团头鲂的疾病防治技术

第一节　细菌性疾病的防治技术

一、白头白嘴病

【病原体】黏细菌（*Myxobacteria* sp.）。

【流行与危害】此病最易在团头鲂夏花鱼种饲养过程中发生，鱼苗下塘后1周左右，即发生此病。一般有经验的饲养者，鱼苗下塘后饲养25天左右就及时分塘，可以减少损失。

【症状及病理变化】鱼体的吻端、头部有白色的症状，眼球的周围皮肤溃烂，鱼体体色发黑而瘦弱，病鱼离群，在鱼池边和下风头较多，病情严重时头部出现充血现象，这种鱼不久就会死亡。

【诊断方法】在水中，病鱼的额部和嘴的周围色素消失，呈现白头白嘴，当从岸边观察在鱼池水面游动的病鱼，这种症状颇为显著，但将病鱼拿出水面肉眼观察时，往往不明显。严重的鱼病灶部位发生溃烂，个别病鱼的头部有充血现象。病鱼体瘦发黑，散乱地集浮在近岸水面，不停地浮头，不久即出现大量死亡。

【预防方法】

（1）鱼池在放养前，用生石灰彻底清塘。

（2）鱼种放养时，用8毫克/升硫酸铜溶液浸洗鱼种约20分钟。

（3）对鱼体达夏花鱼种时，可用0.5毫克/升的硫酸铜全池泼洒。

（4）加注新鲜水，改善水质。

（5）施放漂白粉，用1毫克/升漂白粉溶液（含氯量30%）全池泼洒。

【治疗方法】

（1）五倍子：五倍子煎汁，按 2 毫克/升的浓度全池泼洒。

（2）大黄：浓度为 2.5～3.7 毫克/升，按 500 克大黄用 0.3％氨水（取含氨量 25％～28％的氨水 0.3 毫升，用水稀释至 100 毫升，即成 0.3％氨水），大黄全部浸泡在氨水中 12～24 小时，煮沸 10 分钟，用水稀释泼洒。

二、出血病

【病原体】一种短杆细菌引起的疾病。

【流行与危害】出血病是鱼种培育阶段广泛流行、危害性较大的鱼病，流行季节长，发病率高，发病时间 5～10 月，池塘中养殖鲢、鳙、鲫、团头鲂鱼种，发病严重时会造成全军覆没。

【症状及病理变化】鱼体体表外观暗黑，带微红色。皮下和肌肉有出血现象。口腔、下颌、头顶和眼睛周围充血，肌肉有块状充血，鳃盖、鳍条基部、鳃部出现白鳃，肠道充血（彩图 47、彩图 48）。感染力强，死亡率高。

【诊断方法】依据症状确诊。

【防治方法】

（1）从外地购买的鱼种，必须抽样检疫，以防病原带入。

（2）鱼种入塘前一定要进行药浴：用 2％～4％食盐水，浸浴 10～15 分钟；或者用 20 毫克/升高锰酸钾洗浴 2 小时左右。

（3）加强水质管理。在池塘中鱼体发病之前半个月，及以后每隔半个月用生石灰全池泼洒 1 次，用量为 15 千克/亩（水深 1.5 米），有条件的池塘进行换水和加水，严格控制水质，用药物拌饲投喂。

（4）常规防病措施。除了加强水质管理以外，在 6 月，可用 0.5 毫克/升的精制敌百虫粉全池泼洒 1 次，以预防寄生虫病。

（5）专人巡塘。观察鱼体摄食和活动情况，发现鱼病，及时采取有效措施。

（6）及时处理病鱼：一定要及时捞取病鱼，集中收集，埋在土中。在埋病鱼时，最好用漂白粉消毒，捞过病鱼的工具用 10 毫克/升的硫酸铜溶液或 5％食盐水中消毒后才能使用（翟子玉）。

三、肠炎病

【病原体】细菌。

【流行与危害】团头鲂肠炎病是在密养的情况下发生，发病通常比较严重。团头鲂鱼种和成鱼均出现细菌性的肠炎病，死亡率高达 80％以上。江苏、上海市郊养鱼区域均有出现，一般出现在主养团头鲂的鱼池中，搭养的鱼池出现比较少。

【症状及病理变化】病鱼发病后食欲衰退，以后随病情发展，鱼体色变黑，离群缓游，鳍条基部稍有充血，肛门外突红肿。主要症状在肠部，剖开鱼腹，有许多腹腔液，肠壁微血管充血或破裂，肠壁呈红褐色，肠黏膜细胞往往溃烂脱落，肠内无食物，常含有淡黄色的黏液。有些鱼体内脏肿大，颜色淡黄。肝发黄，胆囊大。

【预防方法】

（1）1 毫克/升漂白粉全池遍洒，或用生石灰溶液全池遍洒，水深 1.5 米，每亩用 15 千克，如塘泥较厚的鱼池要适当增加生石灰。一般每月泼洒 2 次，非鱼病季节每月泼洒 1 次，一般预防效果可达 60％以上。

（2）做好食场消毒、饲料消毒及工具消毒。

【治疗方法】

（1）磺胺胍，每 100 千克鱼体重第一天 10 克，第 2～6 天每天 5 克。制成颗粒饵料投喂，每天 1 次，连续 6 天为一个疗程。

（2）地锦草、铁苋菜、辣蓼，每 50 千克鱼体重用干草 250 克，每天 1 次，连续 3 天。

（3）上海市第二制药厂研制的"鱼家乐"，对团头鲂细菌性鱼病可起抑制作用。如果是预防用服药为 1‰、治疗用药为 3‰，用药 3 天后可以减轻，用药 7 天后可以抑制，对细菌性鱼病有较好的效果，对病毒性及寄生虫肠炎病而无效果。

第二节　藻菌性疾病的防治技术

一、水霉病

【病原体】水霉（*Saprolegnia* spp.）。

【流行与危害】此病一年四季都能发生，但以早春和晚冬温度低时最为流行。各种鱼类均可感染。密养的越冬池鱼最易发生此病。

【症状及病理变化】主要由于扦捕、搬运操作不当，擦落鳞片，寄生虫破坏皮肤，使霉菌侵入伤口而发病。霉菌的动孢子从鱼体伤口侵入后，吸取皮肤中的营养，即能迅速萌发向外生长。初期肉眼看不出症状。当能看到毛状菌丝时，菌丝早已向肌肉深入和蔓延扩展，向外生长成棉毛状菌丝。菌丝与伤口的细胞组织黏附，使组织坏死，游泳失衡，食欲减退，瘦弱而死。

在鱼卵孵化过程中，如果鱼卵感染了水霉菌，就会造成大批鱼卵的死亡。

【防治方法】用生石灰清塘，可减少此病发生。扦网、运输操作要细致，勿使鱼受伤。要注意合理密放，并以 4/10000 ～ 5/10000 浓度的食盐水浸泡鱼体。

二、鳃霉病

【病原体】鳃霉。

【流行与危害】鳃霉病大都在水质恶化、有机质含量很高、水质发臭的池塘中发生。在长江和西江流域各地的养殖场都有流行，以广东、广西地区最为严重，从鱼苗到成鱼都会被感染。每年的 5～10 月的夏、秋两季，此病最为流行。

【症状及病理变化】病鱼鳃瓣失去正常鲜红色，而呈粉红色或苍白色。菌丝不断向鳃组织里生长，破坏鳃组织，堵塞血管，使鱼的呼吸功能受到阻塞。鳃霉病的出现，往往是急性的。环境条件适宜，从发现病原体开始，1～2天即可大量繁殖，使鱼突然大批死亡。

【防治方法】保持水质清新，防止水质恶化。用混合堆肥代替直接下池沤制的大草肥和粪肥，培育优质鱼苗、鱼种。用生石灰清塘，二氧化氯溶液作全池泼洒，有极好的效果。尚未发现团头鲂被感染鳃霉病后出现大批死亡的现象。

第三节　原生动物性疾病的防治技术

一、小瓜虫病

【病原体】小瓜虫。

【症状及病理变化】虫体大量寄生鱼的皮肤、鳍条和鳃片上，肉眼可以看见许多白色小点状囊泡。严重时体表似有一层白色薄膜，鳃丝脱落，鳍条裂开、腐烂。鳃上和鱼体上大量寄生，黏液增多，鳃小片被破坏，鳃部贫血。鱼体游泳迟钝，浮于水面，有时在鱼池的边区活动。

【预防方法】因为目前对于小瓜虫病的防治尚无特效药，须遵循防重于治的原则，加强饲养管理，保持良好环境，增强鱼体抵抗力；清除池底过多淤泥，水泥池壁要经常进行洗刷，并用生石灰或漂白粉进行消毒；鱼下塘前应进行抽样检查。

【治疗方法】

（1）药物治疗　用福尔马林治疗，当水温在10～15℃时，用1/5000的药液；当水温在15℃以上时，用1/6000的药液浸浴病鱼1小时；或全池泼洒福尔马林，泼洒浓度为2.5毫克/升。也可用冰醋酸浸泡治疗，病鱼可用200～250毫克/升的冰醋酸浸泡15分钟，3天后重复1次。或者用1％的食盐水溶液浸洗病鱼60分钟，或者用亚甲基蓝全池泼洒，泼洒浓度为2～3毫克/升，每隔3～4天泼洒1次，连用3次（仅限于观赏鱼的治疗）。或者分别用干辣椒和干生姜，各加水 5 千克，煮沸 30 分钟，浓度分别为 0.35～0.45 毫克/升和 0.15 毫克/升，然后对水混匀全池泼洒。每天 1 次，连用 2 次。如果干生姜改为鲜生姜，浓度为 1 毫克/升。

（2）提高水温 将水温提高到 28℃以上，以达到虫体自动脱落而死亡的目的。

二、斜管虫病

【病原体】鲤斜管虫。

【症状及病理变化】由斜管虫引起的疾病，在鱼苗、鱼种阶段发病较多，分布也较广，各地养殖场都有出现。发病初期无明显症状，严重时鱼体发黑、消瘦、游泳缓慢、呼吸困难。鳃和皮肤覆盖有灰白色的黏液层。大量寄生时能破坏鳃片上皮细胞和产生凝血酶，使鳃小片血管阻塞，黏液增多，严重时出现呼吸困难，病鱼游泳至水面和池边，在下风口最多，以后就大量死亡。

【防治方法】

（1）彻底清塘。

（2）用 0.5 毫克/升浓度的硫酸铜全池泼洒，疗效很好。

（3）用 0.5 毫克/升浓度的敌百虫（含 80％精制敌百虫粉）全池泼洒，亦有同样的效果。

（4）鱼种放养前使用药浴：①用 2％浓度的食盐浸洗 5～15 分钟；3％浓度的食盐浸洗 5 分钟以上。②用 20 毫克/升浓度的高锰酸钾溶液，水温 10～20℃时，浸洗 20～30 分钟；水温 20～25℃时，浸洗 15～20 分钟；25℃以上时，浸洗 10～15 分钟。③5 毫克/升浓度的硫酸铜溶液，在水温 15～20℃浸洗 15～20 分钟。

第四节 扁形动物性疾病的防治技术

一、血居吸虫病

【病原体】血居吸虫。

【流行与危害】团头鲂的鳃肿病，只出现在夏花至 2 寸左右的鱼种，1 龄以上的成鱼还未发现此病。每年 5～6 月间，饲养鱼苗阶段，是血居吸虫尾蚴侵入幼鱼的季节，因而往往出现幼鱼大批死亡。用尾蚴感染鱼苗的试验表明：鱼苗孵化后 3～4 天下池，如池中有大量鲂血居吸虫尾蚴存在，则鱼苗被急性感染而死亡。当数量较多的尾蚴同时进入鱼体时，可使鱼苗在 1～2 天内死亡。

【症状及病理变化】当虫卵在鳃丝内大量存在时，整个鳃丝，甚至各鳃小片都被虫卵充塞。虫卵在那里发育长大，使鳃小片浮肿膨大、弯曲，产生扁圆形、球形、葫芦状等畸形。继而整个鳃丝体积大大增加、迫使外鳃盖及鳃盖膜向外张开，发生鳃肿症状。

尾蚴钻进鱼苗体内后，沿着血管附近的皮下组织钻穿移动，扰乱皮层与肌肉之间的联系，阻碍皮层营养的流通。当侵入鳔、前肠周围或未被吸收的卵黄囊内而频繁活动时，使肠管的分化、发展处于停滞状态，引起肠管膨胀，使鱼苗死亡。如幼虫在眼眶周围活动，发育成长，则通入眼球的血管产生血栓。如侵入背鳍和臀鳍之间，则引起组织增生而产生畸形，甚至使鱼苗尾柄发生向上弯曲。幼虫如在心脏外围来回蠕动，虽未进入心脏和动脉球内，但由于虫体贴在心脏外表，占据了一定的位置，直接影响心脏的跳动，终使鱼苗死亡。

【防治方法】

(1) 清塘消毒　团头鲂血居吸虫的中间寄主是白旋螺。为了避免白旋螺随水流进入鱼池，应采用带水清塘法。首先尽量除去池底淤泥和鱼池四周杂草，特别是能被池水淹没的水草、杂物等应彻底清除。鱼池边坡上如有裂缝或漏洞，要堵塞填平。按水深 1 米、每亩用生石灰 165 千克带水清塘。使用时视生石灰的质量好坏而增减，在下药时要注意池边水草多的区域，生石灰能有效地杀灭鱼池中的白旋螺。茶粕对杀灭白旋螺效果也较好，但是对水生植物无杀伤作用，甚至能促使水棉、水网藻等的生长。

(2) 诱捕法　在没有清塘的鱼池发现有白旋螺，但又急于要放鱼苗或夏花鱼种，可用杨树、柳树根及其他有根须的水生植物或水草、网具，让白旋螺附着而进行诱捕。

（3）尾蚴的杀灭　5～6月间是鲂血居吸虫尾蚴从白旋螺体内大量逸出时期，也正巧鱼苗培育季节，池中如有大量尾蚴时，在鱼苗下塘前拖1次复网，去除杂物，再用0.5毫克/升敌百虫（精制敌百虫粉含量90%）或用0.5毫克/升硫酸铜全池遍洒。

（4）饲喂敌百虫　当团头鲂夏花饲养时，发现心脏和血液中寄生血居吸虫时，每万尾鱼的饲料拌喂晶体（含量90%）的敌百虫15～20克，每天1次，连续5次。其方法是将15～20克的精制敌百虫粉加入少量的水使其融化，然后与1～1.5千克米糠或麸皮、豆饼等拌和，做成适口的小颗粒投喂。

二、复口吸虫病

【病原体】由复口吸虫的尾蚴、囊蚴寄生鱼体而引起。在鱼苗、夏花被尾蚴侵入后，病鱼在水中上下往返不安地游泳，或头部向下、尾部向上地挣扎。当感染严重时，鱼的脑部充血，以后造成大量死亡。如果尾蚴不是一下子钻入鱼体，鱼苗不会致死。随着鱼苗生长，尾蚴紧贴在鱼体眼睛的水晶体上，使水晶体混浊，严重时造成水晶体脱落。

【防治方法】复口吸虫尾蚴侵入途径及寄生部位比较特殊，一般药物很难起作用。所以，只能从切断生活史中某一个环节，以达到预防的目的。

（1）彻底清塘　鱼苗、鱼种放养以前用生石灰彻底清塘，每亩水深1米时用生石灰165千克，视生石灰的质量好坏和池塘中淤泥多少，再增减生石灰的用量或者用茶饼50千克，均可以达到杀灭椎实螺的效果。

（2）诱捕法　发病初期，可以用水草根须、杨柳树根及棕榈皮捆成把，插入发病池水中，每天早晨取出捆把，连续数天，可大大减少池塘中的椎实螺。

（3）加强饲养期防治措施 饲养期间发病，可用 0.3～0.5 毫克/升敌百虫（精制敌百虫粉含量为 80%）全池泼洒，效果良好。同时也可用 0.7 毫克/升浓度的硫酸铜全池泼洒，在一天后再用同样的浓度泼洒第二次，这样就能将椎实螺杀死。

第八章
鱼类防病养殖技术

第一节　鱼病流行病学

一、鱼病流行病学的概念

鱼病流行病学是研究鱼类疾病的发生原因、流行规律、防控措施及治疗方法的一门学科。该学科以鱼类疾病为研究对象，描述疾病分布、揭示其成因，以达到制定疾病防控措施、增进鱼类健康的目的。

二、鱼病流行病学的任务

鱼病流行病学的主要任务是探究病因、阐明病害分布规律及制定防治对策，以达到预防、控制、消灭鱼病及保障鱼类健康的目的。调查统计和实验是研究鱼类流行病的主要方法。通过对病害进行调查统计，了解疾病的传播、消长规律，确定疾病的地理分布、传播速度，了解疾病发生的季节性和周期性，确定其发病率、死亡率、致死率、传播率，弄清鱼病的传染源、传播途径、发生和传播的原因，以及影响传播的自然原因和社会因素，掌握切断传播途径、控制传染源、终止流行的措施和方法；通过对疾病进行实验研究，可以掌握病原的入侵与感染机制，掌握侵染途径，从而达到控制和消灭某种流行病的目的。

根据病害的发生规律，鱼病流行病学的任务可分为三阶段。第一阶段的任务是"揭示现象"，即对疾病流行或分布的现象进行描述；通过调查统计，用数量形式描述疾病的时间、空间分布及种群的发病率、患病率或死亡率等，将该病的发生情况、危害程度、流行规律进行数字化处理，达到对病害的基本认识；第二阶段为"找出原因"，即从分析现象入手找出流行与分布的规律和原因；第三阶段为"提供措施"，即利用前两阶段的结果，进一步制定预防、控制和消灭疾病的措施。

三、鱼病流行病学的研究范围

鱼病流行病学的研究范围主要包括以下内容。

（1）研究一定地区内各种鱼类疾病的种类、分布、流行情况。

（2）研究某种疾病在一定地区内的分布和流行情况。

（3）研究并阐明某种鱼类疾病在特定时间、地点、环境条件下的流行规律，以便能够有效地预防和控制其发生和流行。

（4）研究某些鱼类疾病的病因与发病机制，探索新的防控措施。

（5）研究某些病原的性质与功能，探索新的诊、检、防手段。

（6）研究影响某些鱼类疾病流行的外在因素，如自然环境的改变等。

四、鱼病流行病学研究的基本原则

鱼病流行病学研究的最终目的就是治疗患病鱼类、消灭疾病并制定预防疾病的措施。基本原则有以下两点。

1. 预防为主

为保证鱼类健康，在鱼病研究上应该坚持预防为主的原则。由于鱼类养殖于水体中，其摄食活动不易观察，少许患病个体及感染早期难以被及时发现，待观察到鱼体发病时，往往已经是群体感染了，同时，由于鱼体患病后难以隔离治疗，因此会造成鱼类的成批死亡。另外，对患病鱼的给药难度很大，病鱼食欲减退甚至不食，即便及时拌饲口服也收效甚微；而全池泼洒仅用于小面积的池塘，而对大水面也难于施用，并且用药量较大，对池水中的浮游生物也有杀灭作用。所以，要想减少或控制鱼类病害的发生，保证鱼类健康，必须坚持以预防为主，把鱼病减少或控制在最小范围内。

2. 规范用药

（1）严格执行国家兽药质量标准 水产养殖用药的质量标准有农业部第 1435 公告、第 1506 公告、第 1759 公告、第 1960 号公告和 2010 年版《中华人民共和国兽药典》、2010 年版、2011 年版和 2012 年版《国家兽药质量标准汇编》（第一册、第二册、第三册），以及 2013 年版的《兽药质量标准汇编（2006—2011 年)》。

（2）科学、合理使用药物 科学、合理使用渔药是保证水产品安全的重要措施。《水产养殖质量安全管理规定》第四章对水产养殖用药进行了规定：使用水产养殖用药应当符合《兽药管理条例》和农业部《无公害食品渔药使用准则》（NY 5071—2002）。使用药物的养殖水产品在休药期内不得用于人类食品消费；禁止使用假、劣兽药及农业部规定禁止使用的药品、其他化合物和生物制剂。原料药不得直接用于水产养殖；水产养殖单位和个人应当按照水产养殖用药使用说明书的要求或在水生生物病害防治员的指导下科学用药；水产养殖单位和个人应当填写《水产养殖用药记录》，该记录应当保存至该批水产品全部销售后 2 年以上。

（3）严格遵守休药期制度 药物进入动物体内，一般要经过吸收、代谢、排泄等过程，不会立即从体内消失。药物或其代谢产物以蓄积、贮存或其他方式保留在组织、器官或可食性产品中，具有较高的浓度。在休药期间，动物组织中存在的具有毒理学意义的残留通过代谢，可逐渐消除，直至达到"安全浓度"，即低于"允许残留量"，或完全消失。当然，休药期随动物种属、药物种类、制剂形式、用药剂量、给药途径及组织中的分布情况等不同而有差异。经过休药期，暂时残留在动物体内的药物被分解至完全消失或对人体无害的浓度。由此可见，休药期的规定是为了减少或避免供人食用的动物源性食品中残留药物超量，保证食品安全。

（4）合理利用中草药 中草药具有无药物残留、无激素、无耐药性、药源广、就地取材、价格低廉、疗效稳定、毒副作用小等优点，是生产无公害畜产品的重要生产资料。中草药不仅能抗菌、消炎、抗病毒、驱杀寄生虫，还含有丰富的维生素、矿物质、微量元素，在抗生素、磺胺类药物的抗药性越来越强、耐药菌株日益增多的情况下，开发利用中草药防治畜禽疾病显得非常重要，其剂型越来越多，用途也越来越广泛。

（5）正确使用渔用生物药品　应用天然或人工改造的微生物、寄生虫、生物毒素或生物组织及其代谢产物为原材料，采用生物学、分子生物学或生物化学等相关技术制成的、用于预防、诊断和治疗水产动物传染病和其他有关疾病的生物制剂。它的效价或安全性应采用生物学方法检定并有严格的可靠性。水产上应用最多的生物制品是疫苗，渔用疫苗是具有良好免疫原性的鱼类病原处理后制成的成品，用以接种水生动物能产生相应的特异性免疫力的渔用生物药品。

五、鱼病流行病学的研究方法

鱼病流行病学的研究方法包括现场调查、实验求证和推理分析。

1. 现场调查

现场调查的主要内容是观察和记录鱼类疾病种类与流行情况及其可能的病因。为了正确诊断鱼病，必须进行周密的调查和对患病鱼体的细致检查。调查主要包括：①鱼类饲养管理情况，即养殖鱼的种类、来源、养殖密度、清塘方法和池底情况、饵料种类、数量及质量、水源和水质情况等；②周围环境因子情况，即水源中是否有污染、水温的变化情况、鱼池周围的农田施肥施药情况、水中溶解氧的多少、鱼池中是否有某鱼类寄生虫的中间宿主、周围是否有某鱼类寄生虫的终末宿主等；③发病情况和用药记录，即发病时间、发病率、感染情况、死亡率、死亡剧烈程度、患病历史及用药情况等；④病鱼的全面检查，即选取症状明显但未死亡的病鱼，首先进行体表检查，然后解剖检查，观察各器官组织有无异常现象，如无法确定则需进一步实验分析。

2. 实验求证

实验求证是通过一系列的病原检测、攻毒及药敏等实验，观察和分析疾病的病因及其特征，为进一步制订治疗方案及防控措施提供理论基础。病原检测的方法除显微镜镜检外，还应用一些独特的分子生物学技术进行研究。近年来，随着分子生物学技术的飞速发展，鱼病快速诊断水平也得到了较大提高。鱼类疾病的实验室诊断技术已从常规的病原微生物分离鉴定、抗原抗体的免疫学检测，进入到了直接测定细菌和病毒的基因序列和结构分析的分子生物学水平。

3. 推理分析

推理分析是根据对鱼类疾病的调查结果，分析疾病发生的规律及影响疾病在鱼类群体中流行的各因素的关系，预测鱼类患病和疾病发生的概率，从而制定科学的防控措施，保障鱼类的健康。同时，根据病原特征制定合理的治疗方案，规范用药。

六、鱼病流行病学对水生动物医学发展的贡献

水生动物医学是用医学理念从事水生动物病害诊断和防控，是水产学的重要组成部分。它由先前的"鱼病学"逐渐扩大内涵和外延，演化而来。随着现代渔业的发展，形成了产业化的海水养殖、淡水养殖和工厂化养殖等高度集约化养殖方式，养殖品种（包括鱼、虾、蟹、贝、藻等）的多元化、池塘精养技术的提高和产量的猛增促进了"水生动（植）物医学"学科的形成和发展。只有建立在（兽）医学和水产养殖学理论与技术下的"水生动物医学"才能够承担解决水生动物病害频发问题的重任。

过去，由于从业人员没有"水生动物医学"理论和技术，对水产养殖过程中出现的病害问题的检验、诊断、用药和处置等存在方法简单、粗糙等问题，医疗效果不尽如人意，造成了众多"不治之症"、"不明病因病"等难解病例，发生多起误诊误治的医疗事故。部分兽医学方法的引入，虽起到了一定的作用，但由于水生动物医学和兽医学学科间的差异，渔医和兽医职能的不同，融合性不好，兽医直接到池塘、养鱼车间诊疗效果较差。由于人医和兽医缺乏对水生动物的生长、发育、繁殖、生理结构、营养、生活习性等方面

的基础知识，所以由他们直接给鱼、虾、蟹、贝、藻诊疗疾病存在明显的不足，但毋庸置疑，人类医学和兽医学是水生动物医学的重要基础之一。

水生动物医学是人类医学、兽医学、水生生物学和水产养殖学融合一体的交叉科学，是人类社会活动发展到当代的必然产物。水生动物医学将以医学的先进理念为指导，结合人医和兽医的成熟技术标准，形成水生动物医学独特的理论和临床技术体系。

七、鱼病流行病学的发展前景

为实现水产动物健康养殖，鱼病流行病学的前景主要有以下几个重要的趋势。

1. 针对重要养殖对象开展疾病预防，开展疫苗研制与应用技术研究

现阶段我国仅针对少数重大水产养殖病害开展了疫苗研究，如草鱼出血病、气单胞菌等，且在应用技术上还需进一步实践，这与我国目前水产养殖病害防治的实际需求还存在一定差距。未来我国水产养殖不仅要建立水产动物重要疫苗的研制体系，同时还要建立专业的疫苗生产设施，加快疫苗研制与应用速度，使科研技术更广泛地服务于广大水产养殖户，减少病害导致的经济损失。

2. 建立水产药物的研究平台，研究新型水产药物

我国水产药物一直是沿用兽医学和人类医学的研究成果，缺乏针对水产养殖对象的专用药物的研究平台和技术体系。所以，建立水产专用药物的开发和研究技术体系，能够有力地突破药物筛选的模型，使得水产药物的研发更加专业化和科学化，从而更好地保障我国水产养殖行业的健康发展，减少水产养殖病害，服务广大水产养殖农户增产增收。

3. 改善和优化养殖环境

水环境是开展水产养殖最为重要的生产要素，水环境的好坏直接影响水产养殖病害的发展和流行，养殖户做好水环境质量的控制对于养殖的成功十分重要。因此，养殖户应当做好以下几点：选择

合适的养殖模式和放养比例，充分地发挥不同养殖品种对于保持水环境的积极作用；要科学施肥，确保养殖水体能够具有丰富的水生浮游生物，从而更好地维持水环境的稳定；禁止滥用药物，超剂量的用药很有可能会使水环境的微生物出现生态失衡；多使用能够改良水质的微生物制剂，促进水环境的不断改善，提升水产养殖的经济效益。

第二节　免疫防病技术

免疫预防就是利用人工免疫方法增强生物体的自身免疫能力以达到预防疾病发生的目的。人工免疫是将人工制成的生物制品（如疫苗、菌苗、类毒素或细胞免疫制剂等）接种到鱼体，使鱼体自身产生对相应疾病的防御能力。水产上使用的生物制品主要为疫苗。

疫苗按其性质与成分分为单价苗、多价苗和联苗；按针对病原种类分为病毒疫苗、菌苗、寄生虫苗。根据制备方法可分为活疫苗、灭活疫苗、代谢产物和亚单位疫苗及生物技术苗。其中生物技术疫苗包括基因工程亚单位疫苗、合成肽疫苗、抗独特型抗体疫苗、基因工程活载体疫苗及 DNA 疫苗。

一、病毒病免疫防病技术

1. 草鱼出血病疫苗

草鱼出血病是由草鱼出血病病毒（grass carp hemorrhage virus，GCV）引起的、严重危害草鱼养殖的传染性疫病。

（1）常用疫苗种类　我国在草鱼出血病方面的鱼苗主要有以下三类。

① 组织疫苗　在草鱼出血病病原体尚未有明确定论时，养殖生产上已开始使用组织疫苗防控草鱼出血病，制备方法如下：取典型患病症状的鱼体肝、脾、肾和肌肉组织，无菌生理盐水冲洗后，加入生理盐水或磷酸缓冲液（PBS）制成 1∶10 匀浆液，离心取上清液，分别加入 800 单位/毫升青霉素和 800 微克/毫升链霉素及

0.1％福尔马林，56℃灭活 2 小时或 32℃灭活 72 小时，4～8℃可保存半年以上。使用方法：肌内或腹腔注射，免疫保护率可达 70％以上。

组织疫苗的制备技术和工艺比较简单，对设备要求不高，极易被各级水产技术单位掌握，因此推广和应用迅速。而且组织疫苗价格低廉、效果较好，受到广大养殖者的喜爱，尤其与肠炎病、烂鳃病和草鱼赤皮病一起制备的组织疫苗实际上成为了一种多联疫苗，在生产中表现出稳定的防控效果。

② 细胞疫苗　通过把病毒接种到细胞中，病毒繁殖出现病变后收获病毒再灭活制成的疫苗。我国已建立了 ZC-7901、CIK、PSF 等草鱼敏感细胞株，并掌握了其工厂化培养技术，为草鱼出血病细胞疫苗提供了强大的基础。草鱼出血病病毒大规模培养方法主要有两种：一种是采用微载体大规模培养细胞，即将细胞吸附在 GT-2 微载体上，再将微载体悬浮培养，单位体积培养液的细胞培养效率比静置培养高 20～25 倍，病毒滴度可提高 45 倍左右，但用于微载体细胞培养的生物反应器需要有全面的培养参数、气体控制设施，价格较为昂贵；另一种是采用旋转管进行细胞培养，WC21-891 旋转培养机可容纳 3000 毫升的血清瓶 21 个，单位培养液的细胞产量比静置培养高 3.5～5 倍，该装置及相应培养室要求较之生物反应器低廉，比较适合一般的实验室进行疫苗制备。

③ 弱毒活疫苗　制备方法：将野生病毒株接种于 PSF 细胞，于培养液中加入 1∶1000 浓度病毒液，29 代后获得性状稳定的减毒株 GCHV-892 株，去除培养液，其减毒效果保持稳定不变。减毒株对草鱼没有致病力，但有较好的免疫原性。目前，弱毒活疫苗已在广东、广西、福建、海南、湖北、湖南、四川、浙江、江苏等多个地区进行了区域性试验，免疫保护率高达 90％以上。

（2）临床应用情况

① 注射免疫法　生产上采用连续注射器注射的办法免疫，适用于 1 龄以上的草鱼。

② 浸泡免疫法　适用于草鱼夏花。具体方法有两种：一种是

尼龙袋充氧浸泡免疫法，在尼龙袋中加入疫苗并充足氧气，浸泡24小时，可使当年草鱼的成活率达60％以上；另一种是在上述方法的基础上进行改进，即在疫苗液中添加10毫克/升山莨菪碱后浸泡，浸泡时间可缩短到3小时。山莨菪碱药物的作用是促进血管微循环，调节免疫功能，促进鱼体对疫苗的吸收。这是我国鱼病工作者的首创，目前已经在鱼病防治领域广泛应用。

2. 传染性胰脏坏死病疫苗

传染性胰脏坏死病（infectious pancreatic necrosis，IPN）是由传染性胰脏坏死病病毒（IPNV）引起的虹鳟鱼苗、幼鱼的一种危害严重的病毒性疾病。IPNV有较强的免疫原性，可使鱼体产生较强的免疫应答。

（1）常用疫苗种类　IPNV疫苗已经商品化生产，主要有病毒灭活疫苗和基因工程重组疫苗。

基因工程重组疫苗制备方法：将VP2基因转入大肠杆菌或酵母菌，经过大量表达，获得相应蛋白，以100微克/尾腹腔注射免疫，8～14周可产生高效价的中和抗体，获得较好的免疫保护。

（2）临床应用情况　养殖生产中主要采用注射法免疫鲑、鳟，鱼体在水温10℃左右接种免疫21～30天后，产生较高的中和抗体。目前浸泡法还不能获得较好的免疫效果。

IPN疫苗虽然已获得了生产许可，但在实际应用中，其效果也有令人不满意之处。挪威近年来就出现了接种了IPN疫苗的鱼体，仍然暴发传染性胰脏坏死病而大量死亡的情况，其主要原因可能是对IPNV最敏感的30日龄鱼苗在这一时期鱼体处于自身本身免疫力低下、母源抗体的保护已基本失去的状态。

3. 传染性造血器官坏死病疫苗

传染性造血器官坏死病（infectious haematopoietic necrosis，IHN）是由传染性造血器官坏死病病毒（IHNV）引起虹鳟和红大麻哈鱼种阶段的急性病毒性传染病。

（1）常用疫苗种类　美国、日本及欧洲的水产病害研究者对IHN病毒的疫苗开展了深入研究，先后出现了病毒灭活疫苗、减毒疫苗、基因工程疫苗及 DNA 疫苗。

① 灭活疫苗　最早的 IHN 病毒疫苗是灭活疫苗，采用敏感细胞培养病毒后采用 β-丙内酯（β-propiolactone）灭活病毒。腹腔注射免疫虹鳟鱼可有效对 IHNV 的人工感染，此后进行了福尔马林的灭活试验。灭活疫苗注射免疫有较好的效果，而浸泡法免疫效果很不理想。

② 减毒疫苗　美国俄勒冈州立大学持续开展了 IHN 减毒疫苗方面的研究。减毒疫苗可用注射或浸浴方法免疫，均有较好的效果。实验对象主要是大马哈鱼，免疫保护可持续 110 天。减毒疫苗在美国一些渔场进行了较大规模的试验，各场间的结果有较大差异，特别对虹鳟表现出一定的毒性。

③ 基因工程疫苗　传染性造血器官坏死病病毒有 5 种结构蛋白，其中其免疫保护性抗原是一种糖蛋白。基因工程疫苗即将病毒的糖蛋白基因克隆，并在细菌中表达。糖蛋白的基因工程疫苗可用注射或浸浴方法免疫鱼体，但浸浴的免疫效果不如注射。与灭活疫苗相比，这种疫苗的价格要低廉得多，表现出更好的应用前景。

（2）临床应用情况　目前，养殖生产中主要采用注射法免疫鲑鳟鱼，在水温 10℃左右免疫鱼后，21～30 天后鲑鳟鱼可检测到中和抗体。综合文献报道的免疫效果：注射免疫成活率达 94％（未免疫组为 30％），减毒疫苗更是达到 95％以上，如采用浸浴免疫，福尔马林灭活疫苗的免疫保护力为 37.5％，基因工程亚单位疫苗的免疫保护力为 40％，减毒疫苗的免疫保护力达 94.4％。IHN 减毒疫苗的应用主要在北美、日本等地。

4. 斑点叉尾鮰病毒灭活疫苗

斑点叉尾鮰病毒病（channel catfish virus diseases，CCVD）是由斑点叉尾鮰病毒病（CCV）引起的、主要发生在斑点叉尾鮰鱼苗和鱼种阶段的疾病。

（1）疫苗的研究情况　一般认为，该病的疫苗应该为适用于鱼苗（1～10 厘米）浸浴免疫的疫苗，且免疫数量大、操作损伤小，以便进一步放养。但由于幼龄鱼的免疫能力较差，满足这些要求很不容易。

实验室先后有灭活疫苗和减毒疫苗应用，灭活疫苗采用 BB 细胞培养病毒灭活而成，但免疫效果较差，特别是采用浸浴免疫时，效果更不理想。减毒疫苗是将 CCVD 病毒用蟾胡鮎肾细胞 KIK 连续传 60 代后毒力完全消失的 V60 株，该毒株在 BB 细胞空斑直径仅为 0.38 毫米，而野生分离株为 1.16 毫米。用 V60 株制成的减毒疫苗，采用浸浴免疫可达到较为理想的效果，一次浸浴免疫保护力可达 23.9%，若一次免疫 3 周后进行第二次浸浴免疫，则免疫保护力可达 85%，基本上可满足生产上的需要。此外，还有用表面活化剂三硝基甲苯裂解病毒后获得病毒外壳亚单位疫苗，浸泡免疫疫苗有较好的效果。目前，各种疫苗尚处于实验室应用阶段。

（2）临床应用情况　对于 V60 减毒疫苗，通常是采用 6000 病毒/毫升的浓度浸浴 1～2 月龄斑点叉尾鮰，鱼体浸浴免疫前先用 8% NaCl 溶液浸浴 30～60 秒，再在疫苗液中浸浴 30 分钟，3 周后用同样方法加强浸浴免疫，对 CCVD 强毒株攻毒免疫保护力可达 85%。免疫效应期为 20 天左右，一次浸浴免疫期可达 90 天，若加强 1 次，免疫期可达到 150 天以上。

使用减毒疫苗通常要注意以下问题：CCV 病毒极不耐热，疫苗运输和保存过程中要注意不使疫苗失去效价，因此低温运输和保存是必要的；由于对病毒恢复毒力潜力的未知，出于养殖生产安全考虑，要将免疫过的与未被免疫的鱼隔离；在使用浸泡免疫方法时，若在第一次免疫后 3 周后再进行一次加强，则可获得较好的效果。另外，免疫水温最好能保持在 25℃以上。

5. 病毒性出血败血病疫苗

病毒性出血败血病（viral haemorrhagic septiaemia，VHS）是由病毒性出血败血病病毒（VHSV）引起虹鳟、溪鳟鱼种或 1 龄以上发病率、死亡率均高的疾病。

（1）常用疫苗种类　要有灭活疫苗及减毒疫苗。

灭活疫苗制备及使用：EPC 细胞培养 07/71 株，0.02% 的 β-丙内酯 15～20℃灭活 24 小时或 0.05% 的福尔马林灭活，腹腔注射免疫可获得 30～100 天的免疫期。

减毒疫苗制备及使用：减毒株有 Reva 株、F25（21）株。Reva 株是野生强毒株经 RTG 细胞连续培养 240 代的无毒株，以 $1×10^4$ CFU/毫升终浓度浸浴鱼体 1 小时，可使鱼获得较好的免疫保护力，免疫期可长达 120～150 天；F25（21）株是野生强毒株采用 EPC 细胞连续传代后获得的耐温变异株，免疫期可达 1～45 天。用 EPC 细胞传代减毒，是 VHSV 常用的减毒办法。减毒疫苗要保存在 −20℃ 或更低的温度。

（2）临床应用情况　VHSV 灭活疫苗进行的试验较多，但效果不稳定。减毒疫苗仅进行了小型的生产性试验，尚未开展大规模的试验。

6. 鲤春病毒血症疫苗

鲤春病毒血症（spring viremia of carp，SVC）是由鲤春病毒（SVCV）引起的危害鲤鱼和其他鲤科鱼类的急性出血性传染病。

（1）疫苗生产情况　AMP V-236 和 V-237 两种病毒株的灭活疫苗在欧洲获得生产许可，病毒含量为 10^4 $TCID_{50}$/毫升，与矿物油制成油乳液，12℃ 以下腹腔注射免疫。采用 EPC 细胞 SVCV 参考株，加入 $Al(OH)_3$ 胶吸附病毒，用 0.5% 福尔马林灭活，也有较好效果；SVC 的减毒疫苗一般用 BHK-21 和 FHM 细胞传代病毒至不再具有毒力，可用于注射及口服免疫。

（2）临床应用情况　水温 20℃ 以上，对于体重为 40～100 克的鱼腹腔注射 $6.3×10^4$ $TCID_{50}$/尾，口腹为 $3.1×10^4$ $TCID_{50}$/尾，免疫保护力分别为 90% 和 60%。但也有注射减毒疫苗后发生 SVC 的报道。

二、细菌病免疫防病技术

细菌菌苗一直是研究的热点，但是由于种种原因，国内的多数菌苗仍处于研究或生产性试用之中，还未达到大规模推广应用的阶段。

1. 弧菌疫苗

(1) 疫苗的研究开发情况 弧菌疫苗是当前最成功的鱼用疫苗之一，已经在美国、加拿大、日本及欧洲等地区进行商业化生产。日本商品化的灭活鳗弧菌疫苗为预防香鱼弧菌和鲑科鱼类弧菌病的疫苗，分别为 J-O-1 血清型和 J-O-1 与 J-O-3 血清型鳗弧菌制备的二价灭活疫苗，两种疫苗均采用浸浴免疫。北美洲和欧洲商品化的疫苗有单价疫苗（鳗弧菌疫苗、杀鲑弧菌疫苗）、二价疫苗（鳗弧菌和海鱼弧菌二价疫苗、鳗弧菌和杀鲑弧菌二价疫苗）和三价疫苗（鳗弧菌、杀鲑弧菌和杀鲑气单胞菌三价疫苗和鳗弧菌、杀鲑弧菌和鲁氏耶尔森菌三价疫苗）。

(2) 临床应用情况 弧菌疫苗可采用注射、浸浴、喷雾与口服接种，常用的是注射、浸浴和喷雾免疫方法。商品化弧菌疫苗一般以 10 倍稀释，浸泡鱼体 2 分钟或 100 倍稀释的疫苗液浸泡鱼体 10 分钟。弧菌疫苗的效应期为 10～15 天，免疫期一般可达在 6 个月以上。

2. 运动性气单胞菌败血症疫苗

运动性气单胞菌败血症是由气单胞菌（*Aeromonas* spp.）引起大多数淡水养殖品种及部分海水养殖品种的疾病。

(1) 运动性气单胞菌疫苗种类

① 嗜水气单胞菌灭活疫苗 主要是针对淡水鱼类细菌性败血症制备的灭活疫苗，以 0：97 的菌株为主要疫苗生产菌株（代表株为 J-1）。

制备工艺主要采用气升式发酵箱的大规模培养技术，并采用福尔马林灭活含有菌体和上清的全培养物；在鱼种放养前以疫苗浸浴 15～30 分钟，可获得对嗜水气单胞菌稳定的免疫力，免疫保护力达 70％以上，其中 188 天的免疫保护力最高可达 100％。这类疫苗自 1993 年冬季起开始在浙江、江苏、湖北、河北等省应用，是目前生产上应用最为普遍的疫苗，并于 2001 年获得了农业部新兽药证书。灭活疫苗的缺点是疫苗使用量较大，另外不同的气单胞菌血清型较多，因此仅能适用于病原菌株已经明确的病害，而对其他菌株导致的病害很难产生保护。

② 嗜水气单胞菌亚单位疫苗　采用气单胞菌主要致病因子研制的亚单位疫苗。常用的疫苗主要是溶血素或 S-层。溶血素是气单胞菌主要的致病因子，导致鱼体的各种临床症状，在不同的气单胞菌分离株间，溶血素的抗原变异较小，因此可以研制单一的适用于各种鱼病的疫苗。目前实验室主要采取提纯溶血素免疫各种动物，发现溶血素亚单位疫苗对多种来源的气单胞菌株均可产生较好的免疫保护。S-层是气单胞菌表面呈晶格状排列的蛋白，不同菌株间 S-层也相对变异较小，采用培养菌体提取 S-层可产生较好的交叉免疫保护。此外，还开展了气单胞菌溶血素与爱德华菌多糖偶联的亚单位偶联疫苗，这种疫苗可使鱼同时获得对两种菌的免疫能力。

③ 气单胞菌基因工程疫苗　方法是采用分子生物学技术克隆嗜水气单胞菌致病基因，构建大肠杆菌表达体系。用这种方法制备的鳖嗜水气单胞菌毒素基因工程疫苗，成功地应用于鳖的气单胞菌病防治中，保护力达 100%。

（2）临床应用情况　嗜水气单胞菌灭活疫苗主要用于淡水鱼类细菌性败血症的免疫预防中。自 1993 年起，已在浙江、江苏、湖北、河北等省推广应用，包括池塘、水库、湖泊、外荡等。普遍接受的浸浴方法是 1∶500 稀释疫苗浸浴 60 分钟或 1∶100 稀释浸浴 5～10 分钟两种方式，许多养殖场主要采用 1∶500 稀释浸泡，并加入 1% 食盐和 1～5 毫克/千克的山莨菪碱作为增效剂。通常浸浴免疫后免疫保护期可达 10 个月以上。

气单胞菌基因工程疫苗目前成本还较高，因此主要是在鳖场进行了应用试验。使用基因工程疫苗后，鳖的成活率比对照高 12.1%～19.2%。对其他细菌引起的病害具有一定的延缓作用。

3. 疖疮病疫苗

疖疮病（furuncolosis）是由灭鲑气单胞菌（*Aeromonas salmonicida*）引起的鱼类疾病。

（1）疫苗的研究开发情况　早在 1942 年，Duff 就采用灭鲑气单胞菌氯仿灭活菌体制成口服疫苗，并获得了较好的免疫保护。20世纪 70 年代中期，人们开展了大量的灭鲑气单胞菌疫苗研制工作。先后采用了灭活菌体、灭活胞外产物（ECP）、灭活菌体＋ECP、活疫苗和纯化抗原等方法，其中灭活菌体＋ECP 通常被认为是较为有效的疫苗。一般认为，灭鲑气单胞菌的培养上清中含有菌体的胞外产物（ECP），其中含有蛋白酶、毒素等成分，有较好的免疫保护作用，单独的 ECP 很少能取得理想的效果。此外，菌体表面的 A-蛋白是重要的保护抗原，是菌体入侵鱼体的重要因子。无毒菌株灭活后制成的疫苗没有预防效果，这是因为无毒菌株失去了A-蛋白。

（2）临床应用情况　养殖生产中应用的疫苗主要制造商有美国、加拿大的疫苗公司及挪威的 Alpharma 公司，疫苗的效应期在30 天左右，免疫持续期未见确切的资料。通常疖疮病疫苗采用注射、浸浴和口服的免疫方法。

近年来，疖疮病疫苗较多地采用多价疫苗的方式，常用的有鳗弧菌与杀鲑气单胞菌的二联疫苗或另加上鲁氏耶尔森菌或海鱼弧菌制成的三联疫苗。要取得好的免疫效果，疫苗使用后还应结合其他方法进行预防。疫苗使用水温以 20℃ 左右为宜。

4. 耶尔森菌疫苗

鲁氏耶尔森菌（*Yersinia ruckeri*）可引起虹鳟和大西洋鲑的红嘴病（enteric redmouth diseases，ERD）。

（1）疫苗的研究开发情况　耶尔森菌疫苗是目前最有效的疫苗之一，主要有灭活全菌苗，可免疫 3 克以上鱼体，免疫后在无病原苗的水域养殖 15 天以上即可放养至天然水域。免疫期可达 8～12周，如水体中存在适当的低度感染，免疫期可最长可达 1 年。对于水质环境较差、感染程度较高的水域，建议在 6 个月时加强免疫。近年来，该疫苗较多地与鳗弧苗、杀鲑气单胞菌等制成三联疫苗。

（2）临床应用情况　多联疫苗有注射及浸浴免疫两种方法，对注射用疫苗，通常加入非矿物油及葡聚糖作为佐剂，可有效促进鱼体免疫。浸浴免疫有两种方法：一是常规浸浴免疫，将疫苗稀释后浸浴鱼体 2～6 小时，采用本方法时需随时仔细观察鱼的情况；二是喷雾免疫，将疫苗液稀释后通过一定的压力喷出，喷雾鱼体 30～45 秒。

免疫的最佳水温为 20℃。

5. 爱德华菌疫苗

爱德华菌病（edwardsiellosis）是由爱德华菌引起的鱼类细菌性传染病。

（1）疫苗的研究开发情况　目前，主要是对两种危害严重的爱德华菌——迟缓爱德华菌、鮰爱德华菌开展疫苗研究工作。

迟缓爱德华菌疫苗是 0.5％福尔马林灭活疫苗（或 100℃热灭活 30 分钟）的菌体培养物或从培养菌体提取的 LPS 和培养上清液。现在主要使用的疫苗有灭活的全菌苗、菌体脂多糖（LPS）苗等。

鮰爱德华菌疫苗是用脑心浸出液培养基（BHI）28℃培养 24 小时，细菌浓度达到 1×10^9 个/毫升后，1％福尔马林灭活过夜、超声波 1 分钟破碎菌体，4℃保存，可用于注射或浸浴免疫。

鮰爱德华菌的主要保护抗原也是 LPS，但 LPS 单独浸浴或注射鱼体免疫效果很差，与弗氏完全佐剂（FCA）一起注射可达到理想的免疫保护，一次注射免疫保护力为 75％，二次注射免疫保护力可达 98.6％，单独注射 FCA 没有效果。此外，超声处理全菌疫苗浸浴鱼体的免疫保护力为 74.4％，未破碎菌体免疫保护力为 46.6％。

（2）临床应用情况　迟钝爱德华菌疫苗更多地应用于鳗鲡养殖中，注射疫苗剂量为 0.1 毫升腹腔注射，具体根据鱼体规格适当调整；鳗鲡免疫温度以 25～33℃ 为好，在 7～11℃ 不能获得有效的免疫保护。浸浴免疫可将疫苗作 1∶10 稀释，浸浴鳗鱼 1～4 分钟。通常免疫 1 周后鳗鲡可检测到较高的凝集抗体，3 周后达到峰值，到 12 周开始下降，但仍处于较高水平。

鮰爱德华菌疫苗可采用灭活菌体或 LPS 提取物注射或浸浴免疫，最佳免疫水温为 20～28℃，免疫最佳温度为 20℃。喷雾免疫也是北美常用的免疫方法。疫苗免疫 10 天后可出现抗体。

第三节　药物防治技术

一、药物在鱼病防治中的地位 ●●

渔药是用以预防、控制和治疗水产动植物的病虫害，促进养殖品种健康生长，增强机体抗病能力，改善养殖水体质量，以及提高增养殖渔业产量所使用的物质。渔药有其明显的特点，主要表现为其应用对象的特殊性以及易受环境因素影响两方面。应用对象主要是水产养殖动物，其次是水生植物以及水环境。渔药的使用受环境影响很大，水温、水质等都会影响渔药效果。目前，农业部已批准的水产养殖用药包括抗微生物药、中草药、抗寄生虫药、消毒剂、环境改良剂、疫苗、生殖及代谢调节药共七类。

使用药物防控鱼病是淡水鱼类病害防治重要而直接的手段，也是最有效和最经济的方式。很多高密度养殖区甚至完全依靠药物防治鱼病，对于其他防治措施却很少考虑。

二、几个重要概念 ●●

1. 药物的剂型和制剂

剂型是指经过加工调制，便于使用、保存和运输的一种形式，如注射型、片型、软膏型等。根据状态，剂型可分为液体、气体、固体、半固体。制剂是指某一药物成品，供药物防病、治病用的产品。

2. 局部作用和吸收作用

药物的作用方式按发挥作用的部位分为局部作用和吸收作用。前者是指药物在被吸收进入血液以前所发挥的作用，如外用消毒药对体表细菌的杀灭作用以及敌百虫对锚头鳋的作用等，吸收作用是指药物被吸收进入血液以后所发挥的作用。吸收作用的作用广泛，可涉及全身各个部位。但由于不同药物理化性质的不同，它们在体内的分布部位和停留时间（或体内过程）是不相同的。例如，磺胺嘧啶在脑组织中浓度较高，所以多用于脑部感染。因此，不同的药物有不同的适应症和作用规律，应详细了解。

3. 直接作用和间接作用

直接作用是指在药物的直接作用下，作用对象所发生的功能或形态变化。间接作用是指直接作用后通过神经反射或体液调节而发生的继发作用。抗菌药物的杀菌或抑菌作用都是直接作用。在水产药物中发挥间接作用的药物较少。

协同作用和拮抗作用：当两种以上药物合并使用时，其作用可因互相协助而加强，亦可互相抵消或减弱，前者叫协同作用，后者叫拮抗作用。配药时可利用其他药物的协同作用，以加强主药的治疗作用，而应注意避免拮抗作用的发生。但有时也可利用其他药物的拮抗作用以抵消主药的副作用。

4. 防治作用与不良反应

药物用于防治疾病，可产生有利于机体的防治作用，同时对机体也会产生一些不良反应。防治作用可分为预防作用和治疗作用。治疗作用又可分为对症治疗和对因治疗，即治标和治本。前者主要是减轻或消除疾病的症状，后者主要是消除病因。对因治疗能消除病因达到根治的效果，对症治疗不能消除病因，但能消除症状。在临床实践中，应遵循"急则治其标，缓则治其本，标本兼治"的原则。不良反应主要有两种情况，即副作用和毒性反应。前者是指药物在治疗剂量时引起的与防治作用无关的作用，一般都比较轻微。如磺胺药物在体内被乙酰化后形成乙酰碘胺。乙酰碘胺的溶解度较低，在尿液呈酸性时易在肾小管中析出而损害肾脏，这就是磺胺药的副作用。毒性反应一般是在用药剂量过大、疗程过长或个体对某种药物敏感性较高时出现。为避免毒性反应的发生，注意不要任意超过药物的常用规定量。

5. 耐药性

耐药性又称抗药性。病原微生物的耐药性分为天然耐药性和获得耐药性两种，前者属于细菌的遗传特性，例如绿脓杆菌对大多数抗生素均不敏感。获得耐药性，即通常所指的耐药性，是指病原菌在体内外反复接触抗菌药后产生了结构或功能的变异，成为对该抗菌药具有抗菌抗性的菌株，尤其在药物浓度低于 MIC 水平时更容易形成耐药菌株，对抗菌药的敏感性下降，甚至消失。某种病原菌对一种抗菌药产生耐药性后，往往对同一类的抗菌药也产生耐药性，这种现象称为交叉耐药性。例如，对一种磺胺类药物产生耐药性后，对其他磺胺类药物也都有耐药性，所以，在临床轮换使用抗菌药时，应选择不同类型的药物。病原菌对抗菌药产生耐药性是临床应用和食品安全的一个重要问题，不合理使用和滥用抗菌药是耐药性流行的重要原因。

6. 抗菌谱

抗菌药对病原菌具有抑制或杀灭作用的范围称为抗菌谱。仅对革兰阳性或革兰阴性菌产生作用的称为窄谱抗生素，除对细菌具有作用外，对支原体、衣原体或立克次体等也具有抑制作用的称为广谱抗生素。许多半合成抗生素和人工合成的抗菌药均具有广谱抗菌作用。抗菌谱是临床选用抗菌药物的基础。

7. 抗菌活性

抗菌活性是指抗菌药物抑制或杀灭病原菌的能力，不同种类抗菌药物的抗菌活性是有差异的，这也表明各种病原菌对不同的抗菌药物具有不同的敏感性，测定抗菌活性或病原菌敏感性一般是通过体外的方法进行的。测定方法包括试管法、微量法、平板法等的稀释法和采用纸片法等的扩散法及其他方法。稀释法可以测定抗菌药物的最小抑菌浓度（MIC）和最小杀菌浓度（MBC），是一种比较准确的方法。纸片法比较简单，通过测定抑菌圈直径的大小，来判定病原菌对药物的敏感性。这种方法的应用比较广泛，但只能定性和半定量，由于影响其结果的因素较多，故应力求做到材料和方法的标准化。临床选用抗菌药物之前，一般应做药敏试验，以选择对病原菌最敏感的药物，取得预期最好的治疗效果。

根据抗菌活性的强弱，临床上把抗菌药物分为抑菌药和杀菌药。抑菌药是指仅能抑制病原菌生长繁殖而无杀灭作用的药物，如四环素类、酰胺醇类和磺胺类等；杀菌药是指具有杀灭病原菌作用的药物,如氨基糖苷类和氟喹诺酮类。但是,抗菌药的抑制作用和杀灭作用不是绝对的,有些抑菌药物在高浓度时也表现出杀菌作用,而杀菌药物在低浓度时也仅有抑菌作用。

8. 药物的残留量和休药期

药物进入体内以后.要经历从吸收、分布、代谢到消除等一系列过程,最后从体内排出。这些过程是需要一定时间的,其时间长短主要与药物的理化性质和动物的种类等有关。药物从鱼体内彻底排除,有的只需要几天,而有的则需要几个月。残留量就是指养殖鱼类上市时,药物在其体内残留的含量。这个含量也许很低,但当人体长期摄入残留有药物的鱼时,药物有可能在人体内累积,继而对人体产生毒害并促进人体内的细菌产生耐药性。为此,许多国家对批准使用的药物规定了休药期。也就是说,如果使用了某种药物,必须在停药一段时间后才能上市销售,以便鱼体内药物的残留量达到最高允许浓度以下。

9. 药物的配伍禁忌

药物的配伍禁忌是指同一处方中不同药物配合使用时发生的不利变化。药物的配伍禁忌有三种情况,即药效性配伍禁忌、物理性配伍禁忌、化学性配伍禁忌。药效性配伍禁忌是指不同药物之间在药效上具有拮抗作用;物理性配伍禁忌是指药物之间发生一些如吸附等作用的物理变化,而影响药物的药效;化学性配伍禁忌是指不同药物混合后发生了化学反应,最终影响药效或增加毒性。

药物配伍禁忌的现象是很普遍的,所以应特别注意,许多药物都应该单独使用为好。例如:敌百虫和生石灰同时使用可产生毒性更大的敌敌畏;酸性药物和碱性药物的混合使用可能发生化学反应,而使药物失效;硫酸亚铁可降低含氯消毒剂的杀菌作用;沸石和活性炭等具有较强的吸附作用,其他药物应避免和它们混合使用;四环素类药物不宜与含铁、钙、铝、镁等的药物或饲料同服,因其可形成不易吸收的复合体而影响吸收,也不宜与碳酸氢钠同服,因后者使 pH 值较高,能降低其溶解度而影响其吸收;氨基糖苷类与头孢菌素类联合,可引起急性肾小管坏死;多黏菌素类与氨基糖苷类、头孢菌素类合用，可增加对肾小管的毒性。

10. 抗生素及其剂量单位

抗生素曾称抗菌素，是细菌、真菌、放线菌等微生物在生长繁殖过程中产生的代谢产物，在很低的浓度下就能抑制或杀灭其他微生物的化学物质。主要采用微生物发酵的方法进行生产，如青霉素、四环素等；也有少数抗生素（如甲砜霉素和氟苯尼考等）可用化学方法合成。另外，把天然抗生素进行结构改造或以微生物发酵产物为前体，生产了大量半合成抗生素（如头孢菌素等）。除了具有抗微生物作用外，有的抗生素主要具有驱杀寄生虫的作用，如阿维菌素类。在水产养殖过程中用得比较多的是酰胺醇类、四环素和氨基糖苷类。

抗生素的剂量常用重量和效价来表示。化学合成和半合成的抗菌药物都以重量表示，生物合成的抗生素以效价表示，并同时注明与效价相对应的重量。效价是以抗菌效能（活性部分）作为衡量的标准，因此，效价的高低是衡量抗生素质量的相对标准。效价以"单位（U）"来表示。

理论效价是指抗生素纯品的重量与效价单位的折算比率。一些合成、半合成的抗生素多以其有效部分的一定重量（多为 1 微克）作为一个单位，如链霉素、土霉素等均以纯游离碱 1 微克作为一个单位。

少数抗生素则以其某一特定的盐的 1 微克或一定重量作为一个单位，例如金霉素和四环素均以其盐酸盐纯品 1 微克为 1 单位。青霉素则以国际标准品青霉素 G 钠盐 0.6 微克为 1 单位。

非合成的抗生素通常采用特定的单位来表示效价，不采用重量单位。

三、用药方法及其特点分析

用药方法是否得当关系到治疗的成效。即使有了正确的诊断、有效的药物而没有正确的投药方法，仍然不能达到治疗目的。在我国用药方法主要有以下八种。

1. 内服法

内服给药是指将药物均匀拌入饵料中制成药饵，投喂后药物进入消化道并被吸收进入鱼体血液循环。将药物敷在草料上投喂的方法虽也属于内服，但一般不主张采用，因为药物在水中容易散失。将药物制成药饵，虽然药物在水中的损失少，但也有不利的方面，如药物在制成品中容易变质变性，更重要的是由于药物已按一定比例掺入饵料中，当鱼的摄食率下降时，投喂这种药饵就可能达不到预定剂量和效果。

内服药物用量少，操作方便，不污染环境，对鱼体不产生应激反应。最大缺点是治疗效果受池鱼摄食能力的影响。由于许多疾病的最先症状就是食欲减弱或丧失，所以宜在发病早期使用。这种给药方法对滤食性鱼类（如鲢、鳙）和摄食活性生物饵料的鱼类（如鳜）有一定困难。

2. 泼洒法

泼洒是采用对某些病原体有较大的杀灭效果，而对鱼、虾类等动物安全的药物，以一定的浓度均匀地泼洒在养殖水池中的一种方法。需要做到药物充分溶解和均匀泼洒，所有个体都可接触到药物。使用该法时必须正确计算出养殖水体的体积和用药量。遍洒法的用药量大，药物一般不能被有效地吸收进入鱼体内，药效容易受环境因素的影响，同时对环境及环境生物也有不利影响，且作用时间过长有时会影响鱼体的免疫功能。注意，抗生素不能用于遍洒给药。

3. *药浴法 (浸洗法)*

药浴是指在小体积的水体中短时间使用高浓度药物，强制鱼类受药，以杀死其体表和鳃上的病原体。通常在转池和运输过程及治疗观赏鱼类疾病时常采用这种方法。该法的用药量少，治疗效果好。但操作相对麻烦，其使用范围受到一定限制，且易出现中毒和缺氧等事故，须十分谨慎，要掌握好药物浓度和药浴时间，出现异常及时疏散。此外，由于过高的药物浓度和机械操作会造成鱼体的强烈应激反应，影响其摄食和抗病力。

4. 挂袋法

挂袋给药是指将药物装入布袋或竹篓中挂于网箱或池塘的食场附近或其他流水环境中，利用药物的缓慢扩散发挥长时间的预防或治疗作用。挂袋给药时应设法控制药物的释放速度，释放过快需要频繁补充药物，而且还可能引起药物中毒。如果在食场挂袋，需做到药物浓度是在鱼能忍受的范围内，否则会影响鱼进入食场。

5. 注射法

注射分肌内注射和腹腔注射。肌内注射一般在背鳍前与侧线的中部即鱼体最厚部位，与鱼体呈 $30°\sim 40°$ 的角度，向头部方向进针。注射深度根据鱼体大小，以不达脊椎骨为度。肌内注射适用于对肌肉组织无刺激性的药物。腹腔注射进针部位在腹鳍和侧线的中部偏上方，如技术熟练，药液不会漏出，比肌内注射效果好。此外，在腹鳍内侧基部斜向胸鳍方向进针是值得提倡的注射方法。注射给药的药物吸收快，效果好，但操作麻烦，对鱼的刺激相对较大，多用于亲鱼和少数名贵鱼类。

6. 局部涂抹法

又称涂擦法。捕起患病水生动物，用湿纱布或毛巾将水生动物包裹住，然后直接将药液滴在病灶处或用棉花蘸药液涂抹，以杀死病原生物或防止伤口被感染。主要用于亲鱼或名贵鱼类体表病灶的处理。常用的药物制剂有药膏、紫药水、碘酒和双氧水等。由于鱼的体表很滑，有时药膏不易涂抹上去。这种给药方法通常在治疗鳖疖疮病时采用。

7. 间接投药法

间接投药法是指先将药物投喂给治疗对象的饵料生物，然后再将这种接受了药物的饵料生物投喂给治疗对象。例如，鳜只能摄食活性饵料而不能摄食颗粒饵料，故只能先将药物投于饵科鱼摄食，再转投于鳜鱼。有些海水鱼类也属于这种情况。

8. 灌服法

实际是一种强制性内服法。该法是将水生动物麻醉，然后用橡胶导管把调制好的药液灌入胃或肠，灌毕将其放于盛有清水的容器中暂养，直至病愈或视病情进行第二次灌药。此法一般只适用于少量的大型水生动物。

四、使用药物的基本原则

（1）渔用药物的使用应以不危害人类健康和不破坏水域生态环境为基本原则。

（2）水生动物增养殖过程中对病害的防治，坚持"全面预防，积极治疗"的方针，强调"以防为主、防重于治，防、治结合"的原则。

（3）渔药的使用应严格遵循国务院、农业部有关规定，严禁使用未经取得生产许可证、批准文号、生产执行标准的渔药。

（4）在水产动物病害防治中，推广使用高效、低毒、低残留渔药，建议使用生物渔药、生物制品。

（5）病害发生时应对症用药，防止滥用渔药与盲目增大用药量或增加用药次数、延长用药时间。

（6）食用鱼上市前，应有休药期。休药期的长短应确保上市水产品的药物残留量必须符合 NY 5070 要求。

（7）水产饲料中药物的添加应符合 NY 5072 要求，不得选用国家规定禁止使用的药物或添加剂，也不得在饲料中长期添加抗菌药物。

参 考 文 献

［1］ Duff D C B. Article Usage Statistics Center The Oral Immization of Trout Against Bacterium Salmonicida. J *Immol*，1942（44）：87-94.

［2］ Scoatt D. Bergenetal design principles for ecological engineering. *Ecological Engineering*，2001，18（2）：201-210.

［3］ Steven T，Paul R A，Michael D G，et al. Aquaculture sludge removal and stabilization within created wetlands. *Aquaculture Engineering*，1999，18（4）：81-92.

［4］ Wang Jaw-Kai. Conceptual design of a microolkae-based recirculating oyster and shrimp system. *Aquacultural Engineering*，2003，28（1）：37-46.

［5］ 陈昌齐．论池塘养殖技术改进．淡水渔业，1999，29（2）：41-43.

［6］ 陈军，徐皓，倪琦，刘晃．我国工厂化循环水养殖发展研究报告．渔业现代化，2009，36（4）：1-7.

［7］ 官少飞．庭院渔业与工厂化养殖新技术．南昌：江西科学技术出版社，2009.

［8］ 郭根喜，陶启友．我国深水网箱养殖技术及发展展望（上、中、下）．科学养鱼，2004，7-9：10-11.

［9］ 何义进．常用清塘药物的种类及使用方法．科学养鱼，2005，3：23.

［10］ 胡玉松，冯本伟，袁泉．鱼类池塘养殖技术．现代农业科技，2013，14：255-256.

［11］ 黄聪年．我国工厂化养殖水处理系统模式初探．海洋渔业，2000，4：168-170.

［12］ 黄艳平，杨先乐，湛嘉，等．水产动物疾病控制的研究和进展．上海水产大学学报，2004，13（1）：60- 66.

［13］ 贾敬德．大水面鱼类增养殖与渔业环境保护．淡水渔业，1993，23（2）：42-45.

［14］ 金谋平．网箱的设计与网箱养殖技术．现代农业科技，2008，15：295-297.

［15］ 雷慧僧．池塘养鱼学．上海：上海科学技术出版社，1981.

［16］ 李谷．复合人工湿地-池塘养殖生态系统特征与功能．北京：中国科学院研究生院，2005.

［17］ 李家乐．池塘养鱼学．北京：中国农业出版社，2011.

［18］ 李祖军，李建红．湖泊大水面养殖技术．当代水产，2010，4：69-70.

［19］ 刘大安．水产工厂化养殖及其技术经济评价指标体系．中国渔业经济，2009，3（27）：97-105.

［20］ 刘兴国，刘兆普，徐皓，顾兆俊，朱浩．生态工程化循环水池塘养殖系统．农业工程学报，2010，26（11）：237-244.

［21］ 刘宗进，朱瑞云，赵爱学，刘军．池塘放养模式存在问题及对策．科学养鱼，2007，5：43.

[22] 孟思好，孟长明，陈昌福．浅析渔药滥用原因与药物残留的危害（上）．科学养鱼，2012，(1)：86-86.

[23] 农业部渔业局．中国渔业年鉴．北京：中国农业出版社，2010.

[24] 农业部渔业局．中国渔业年鉴．北京：中国农业出版社，2013.

[25] 邱标增．大水面池塘养鱼增产增效的六项措施．养殖技术顾问，2013，12：121.

[26] 荣超凡．大水面养殖要点．渔业致富指南，2013，19：75.

[27] 汪建国等．鱼病防治用药指南．北京：中国农业出版社，2012.

[28] 王德铭，葛蕊芳，吴兰彰，等．鲩、青鱼传染性肠炎的研究Ⅰ：肠炎菌苗疫苗的研究．水生生物学集刊，1962，(1)：22-29.

[29] 王武．鱼类增养殖学．北京：中国农业出版社，2005.

[30] 王显银，戴银根．网箱养鱼新技术．南昌：江西科学技术出版社，2009.

[31] 王玉堂．疫苗在水产养殖病害防治中的作用及应用前景（连载二）．中国水产，2013，(4)：50-52.

[32] 王玉堂．疫苗在水产养殖病害防治中的作用及应用前景（连载一）．中国水产，2013，(3)：42-45.

[33] 王芸，郑宗林．微生态制剂在水产养殖中的应用研究进展．饲料与畜牧：新饲料，2013，(2)：18-24.

[34] 徐皓，刘兴国，吴凡．池塘养殖系统模式构建主要技术与改造模式．中国水产，2009，8：7-9.

[35] 战文斌．水产动物病害学．北京：中国农业出版社，2004，3-5.

化学工业出版社同类优秀图书推荐目录

ISBN	书　名	定价（元）
21172	水产高效健康养殖丛书——鳜鱼高效养殖与疾病防治技术	25
20849	水产高效健康养殖丛书——河蟹高效养殖与疾病防治技术	29.8
20699	水产高效健康养殖丛书——南美白对虾高效养殖与疾病防治技术	25
20398	水产高效健康养殖丛书——泥鳅高效养殖与疾病防治技术	20
20149	水产高效健康养殖丛书——黄鳝高效养殖与疾病防治技术	29.8
20094	水产高效健康养殖丛书——龟鳖高效养殖与疾病防治技术	29.8
21171	水产高效健康养殖丛书——小龙虾高效养殖与疾病防治技术	25
18413	水产养殖看图治病丛书——黄鳝泥鳅疾病看图防治	29
14390	水产致富技术丛书——泥鳅高效养殖技术	23
19047	水产生态养殖技术大全	30
18413	水产养殖看图治病丛书——黄鳝泥鳅疾病看图防治	29
18389	水产养殖看图治病丛书——观赏鱼疾病看图防治	35
18391	水产养殖看图治病丛书——常见虾蟹疾病看图防治	35
18240	水产养殖看图治病丛书——常见淡水鱼疾病看图防治	35
15561	水产致富技术丛书——福寿螺田螺高效养殖技术	21
15481	水产致富技术丛书——对虾高效养殖技术	21
15001	水产致富技术丛书——水蛭高效养殖技术	23
14982	水产致富技术丛书——经济蛙类高效养殖技术	21
14390	水产致富技术丛书——泥鳅高效养殖技术	23
14384	水产致富技术丛书——黄鳝高效养殖技术	23

ISBN	书　　名	定价（元）
13547	水产致富技术丛书——龟鳖高效养殖技术	19.8
13162	水产致富技术丛书——淡水鱼高效养殖技术	23
13163	水产致富技术丛书——小龙虾高效养殖技术	23
13138	水产致富技术丛书——河蟹高效养殖技术	18

邮购地址：北京市东城区青年湖南街 13 号化学工业出版社（100011）

服务电话：010-64518888/8800（销售中心）

如要出版新著，请与编辑联系。

编辑联系电话：010-64519829，E-mail：qiyanp@126.com。

如需更多图书信息，请登录 www.cip.com.cn。